零基础Python
从入门到精通

零壹快学 编著

U0334629

SPM
南方传媒

广东人民出版社

·广州·

图书在版编目（CIP）数据

零基础Python从入门到精通 / 零壹快学编著．—广州：广东人民出版社，2019.8
（2024.2重印）

ISBN 978-7-218-13617-2

Ⅰ．①零…　Ⅱ．①零…　Ⅲ．①软件工具—程序设计　Ⅳ．①TP311.561

中国版本图书馆CIP数据核字（2019）第111492号

Ling Jichu Python Cong Rumen Dao Jingtong
零 基 础 Python 从 入 门 到 精 通

零壹快学　编著

出 版 人：肖风华

责任编辑：陈泽洪
封面设计：画画鸭工作室
内文设计：奔流文化
责任技编：吴彦斌

出版发行：广东人民出版社
地　　址：广州市越秀区大沙头四马路10号（邮政编码：510199）
电　　话：（020）85716809（总编室）
传　　真：（020）83289585
网　　址：http://www.gdpph.com
印　　刷：东莞市翔盈印务有限公司
开　　本：889毫米×1194毫米　1/16
印　　张：26.5　　字　　数：530千
版　　次：2019年8月第1版
印　　次：2024年2月第10次印刷
定　　价：69.80元

历经七十多年的发展，无论是对于国内数以十万计的学习者而言，还是在有着多年培训经验的编者们看来，学习编程语言，仍存在不小的难度，甚至有不少学习者因编程语言的复杂多变、难度太大而选择了中途放弃。实际上，只要掌握了其变化规律，即使再晦涩难懂的计算机专业词汇也无法阻挡学习者们的脚步。对于初学者来说，若有一本能看得懂，甚至可以用于自学的编程入门书是十分难得的。为初学者提供这样一本书，正是我们编写本套丛书的初衷。

零壹快学以"零基础，一起学"为主旨，针对零基础编程学习者的需求和学习特点，由专业团队量身打造了本套计算机编程入门教程。本套丛书的作者都从事编程教育和培训工作多年，拥有丰富的一线教学经验，对于学习者常遇到的问题十分熟悉，在编写过程中针对这些问题花费了大量的时间和精力来加以阐释，对书中的每个示例反复推敲，加以取舍，按照学习者的接受程度雕琢示例涉及的技术点，力求成就一套真正适合初学者的编程书籍。

本套丛书涵盖了Java、PHP、Python、JavaScript、HTML、CSS、Linux、iOS、Go语言、C++、C#等计算机语言，同时借助大数据和云计算等技术，为广大编程学习者提供计算机各学科的视频课程、在线题库、测评系统、互动社区等学习资源。

◆　课程全面，聚焦实战

本套丛书涵盖多门计算机语言，内容全面、示例丰富、图文并茂，通过通俗易懂的语言讲解相关计算机语言的特性，以点带面，突出开发技能的培养，既方便学习者了解基础知识点，也能帮助他们快速掌握开发技能，为编程开发设计积累实战经验。

◆　专业团队，紧贴前沿

本套丛书作者由一线互联网公司高级工程师、知名高校教师和研究所技术人员等组成，线上线下同步进行专业讲解及点评分析，为学习者扫除学习障碍。与此同时，团队在内容研发方向上紧跟当前技术领域热点，及时更新，直击痛点和难点。

◆ **全网覆盖，应用面广**

本套丛书已全网覆盖Web、APP和微信小程序等客户端，为广大学习者提供包括计算机编程、人工智能、大数据、云计算、区块链、计算机等级考试等在内的多门视频课程，配有相关测评系统和技术交流社区，互动即时性强，可实现在线教育随时随地轻松学。

Python是全球最流行的编程语言之一，被各大互联网公司广泛使用，涉及Web开发、自动化测试、数据分析甚至人工智能等领域。与其他语言相比，Python编程语言更简洁易用、有丰富的第三方扩展、学习成本低，而这也是Python迅速发展的重要原因。

2008年12月3日，Python 3.0版本正式对外发布，解决了文字编码等一系列历史遗留问题，这也标志着Python 3的时代到来。在仔细查阅了Python 3版本的所有改动和Python的内核源码后，我们编写了这本关于Python 3.4的书——《零基础Python从入门到精通》，希望能帮助广大读者快速入门，并掌握Python部分最新的特性。

本 书 内 容

本书在编写上遵循由易到难、循序渐进的原则，大体结构划分如下。

◆ **基础知识**：第1~3章，主要介绍了Python的概况、安装以及基础语法，帮助读者打好基础，快速进入Python的学习之中。

◆ **核心技术**：第4~11章，主要介绍Python的核心应用，包括简单的数据结构、流程控制、函数、字符串、数组、面向对象编程、错误与异常处理、日期和时间等，帮助读者掌握Python的核心操作。

◆ **高级应用**：第12~18章，主要介绍多线程与并行、正则表达式、邮件处理、MySQL数据库、Python操作MySQL数据库、加密与解密技术和网络编程等，帮助读者向更高层次的Python应用操作迈进。

◆ **实战演练**：第19章，手把手教读者从零开始创建Django站点项目，增强读者的实战能力。

本 书 特 点

◆ **全面讲解，涵盖Python 3**。市面上主流Python库、Python 2将会在2020年1月1日停止更新，所以本书除了介绍Python的基础内容和核心技术外，还加入了最新版本Python 3的特性，知识点覆盖更全面、更深入。另外，为便于读者区分，书中对于Python 3的相关内容会清楚地加以标注说明。

◆ **示例丰富，贴近场景**。本书提供了丰富的代码示例，而且每段代码后都有解释，便于读者清晰理解代码含义。这些示例大多选自工作中的各类场景，力求做到编程场景化，让读者可以感受真实的企业编程，提高分析解决问题的能力，增加实战操作经验。

◆ **视频教学，动手操作。** 本书每一章都配有教学视频，直观展示了Python程序运行的效果，并配有通俗易懂的解释。对于复杂的内容，包括程序的安装、代码调试等，视频中会详细讲解每一步操作，便于新手理解。

◆ **知识拓展，难度提升。** 本书在每一章末尾设有"小结"和"知识拓展"部分。通过在"知识拓展"部分中列举一些重要或有一定难度的知识点，为有能力的读者提供更多的拓展类学习内容，多维度强化自身的学习，加深对Python的理解。

◆ **线上问答，及时解惑。** 为确保广大读者的学习能够顺利进行，我们提供了在线答疑服务，希望通过这种方式及时解决读者在学习Python的过程中所遇到的困难和疑惑。

• 本书配套资源（可扫下方二维码获取）

◆ **大量的代码示例。** 通过运行这些代码，读者可以进一步巩固所学的知识。

◆ **零壹快学官方视频教程。** 力求让读者学以致用，加强实战能力。

◆ **在线答疑。** 为读者解惑，帮助读者解决学习中的困难，快速掌握要点。

• 本书适用对象

◆ 编程的初学者、爱好者和自学者

◆ 高等院校和培训学校的师生

◆ 职场新人

◆ 准备进入互联网行业的再就业人群

◆ "菜鸟"程序员

◆ 初级程序开发人员

零壹快学微信公众号

《零基础Python从入门到精通》从初学者角度出发，详细讲述了Python编程语言所有的基础知识点和开发实战中需要的编程必备技能。全书内容通俗易懂，代码示例丰富，步骤清晰，图文并茂，可以使读者轻松掌握编程方法，活学活用，是一本实用的Python入门书，也是在开发实战中必备的Python参考手册。

编者

2019年7月

目 录
CONTENTS

## 第 1 章

走进 Python

 1.1　**Python编程语言概述**

　　Python，是一种广泛使用的高级编程语言。相比于C++或Java，Python能够让开发者用更少的代码表达想法。不管是小型程序还是大型程序，Python都能让程序的结构更加清晰明了。作为一种解释型语言，Python的设计强调代码的可读性和简洁的语法。

1.1.1　Python的历史

　　1989年的圣诞节期间，吉多·范罗苏姆（Guido van Rossum）为了在阿姆斯特丹打发时间，决定开发一个新的脚本解释语言，作为ABC语言的后裔。

　　那个年代流行的是Pascal、C、Fortran等编程语言，设计这些语言的初衷就是为了让机器运行得更快。而为了增进效率，语言也迫使程序员像计算机一样思考，以便能写出符合计算机口味的程序。吉多知道如何使用C语言写出自己想要的功能，但是整个编写过程很烦琐，需要耗费大量的时间，他对这种编程方式感到苦恼。那时候Unix的管理员用Shell去编写一些简单的脚本以进行一些重复的系统维护工作，比如数据备份、用户管理等。Shell可以只使用几行就实现许多C语言下上百行的程序，然而Shell只是调用命令，并不能调用计算机的所有功能。

　　吉多希望有一种编程语言能实现像C语言那样全面调用计算机的功能接口，同时又可以像Shell那样轻松编程。当时他在荷兰国家数学与计算机科学研究中心工作，并参与ABC语言的开发。开发ABC语言的目的是教导非专业的程序员学习如何开始写程序，ABC语言希望让语言变得容易阅读、容易使用、容易记忆、容易学习，并以此来激发人们学习编程的兴趣。

　　在吉多本人看来，ABC语言非常优雅和强大，并且还是专门为了非专业程序员而设计的。但是ABC语言的设计还存在一些致命的问题，比如可扩展性差，不能直接操作文件系统等。最终ABC

语言并没有成功，究其原因，吉多认为是这种语言的非开放性造成的。他决心在Python中避免这一错误，并在后来获取了非常好的效果。

1991年，Python的第一个版本在吉多的Mac机上诞生了。它是用C语言实现的，并且能够调用C语言的库文件，完美结合了C语言和Shell的特点。

Python 2.0于2000年10月16日发布，实现了完整的垃圾回收功能，并且支持Unicode。同时，整个开发过程更加透明，社区对开发进度的影响逐渐扩大。

Python 3.0于2008年12月3日发布，此版本不完全兼容之前的Python源代码。不过，很多新特性后来也被移植到旧的Python 2.6和2.7版本中。

图1.1.1　Python的作者吉多·范罗苏姆（Guido van Rossum）

1.1.2　Python的设计哲学与应用范围

Python的设计哲学是"优雅""明确""简单"。

Beautiful is better than ugly.

Explicit is better than implicit.

Simple is better than complex.

Complex is better than complicated.

Flat is better than nested.

Sparse is better than dense.

Readability counts.

Special cases aren't special enough to break the rules.

Although practicality beats purity.

Errors should never pass silently.

Unless explicitly silenced.

In the face of ambiguity, refuse the temptation to guess.

There should be one—and preferably only one—obvious way to do it.

Although that way may not be obvious at first unless you're Dutch.

Now is better than never.

Although never is often better than *right* now.

If the implementation is hard to explain, it's a bad idea.

If the implementation is easy to explain, it may be a good idea.

Namespaces are one honking great idea—let's do more of those!

优美胜于丑陋，

明晰胜于隐晦。

简单胜于复杂，

复杂胜于繁芜。

扁平胜于嵌套，

稀疏胜于密集。

可读性很重要。

虽然实用性比纯粹性更重要，

但特例并不足以把规则破坏掉。

错误状态永远不要忽略，

除非你明确地保持沉默，

直面多义，永不臆断。

最佳的途径只有一条，然而它并非显而易见——谁叫你不是荷兰人？（这里指吉多·范罗苏姆）

置之不理或许会比慌忙应对要好，

然而现在动手远比束手无策更好。

难以解读的实现不会是个好主意，

容易解读的或许才是。

名字空间就是个顶呱呱的好主意。

让我们想出更多的好主意！

在Python解释器内运行"import this"就会看到这段"Python格言"。Python开发者的设计哲学是"用一种方法，最好是只有一种方法来做一件事"。在设计Python语言时，如果面临多种选择，Python开发者一般会拒绝花俏的语法，而选择明确的、没有或者很少有歧义的语法。由于这种设计观念的差异，Python源代码通常具备更好的可读性，并且能够支撑大规模的软件开发。

Python能做什么?

◇ 网站后台

Python有大量成熟的Web框架,如Django、Flask、Bottle、Tornado等。

◇ 网络爬虫

知名的Scrapy爬虫框架就是用Python实现的,只需要几行代码就能实现一个复杂的爬虫项目。

◇ 科学计算

Python有像NumPy、Pandas这样的科学计算库,完全可以代替R语言和MATLAB。

◇ 机器学习

通用机器学习可以使用sklearn,深度学习有谷歌的TensorFlow和脸书的PyTorch,这些都是业界最流行的Python机器学习框架。就连著名的阿尔法围棋(AlphaGo)也是使用Python编写的。

◇ 大数据

Spark和Hadoop都开发了Python的接口,所以用Python处理大数据非常方便。

◇ 系统运维

流行的Linux操作系统无论是Ubuntu还是CentOS都预装Python,方便系统维护人员使用。

1.1.3　Python 2和Python 3

初学Python的读者在打开Python官方网站(https://www.python.org)下载Python时,总会看到有两个可供下载的版本:Python 2.7和Python 3.X。从版本号上来看Python 3.X明显高于2.7,但是为什么官方要提供两个下载版本呢?两个版本之间有什么区别?

Python 3.0发布于2008年。Python 2的最后一个版本2.7在2010年发布,当时宣布2.X版本的Python不会再有新的功能加入,2.7将是Python 2的最后一个主要版本。目前3.X版本正处于积极的发展阶段,并且已经出现了超过五年的稳定版本,包括2012年的3.3和2014年的3.4。这意味着所有最新的、最前沿的改进只会在Python 3中出现更新。

Python 3解决了Python 2中的一些历史遗留问题,例如更好的Unicode编码支持。此外,语言的部分核心也做了调整,以便新手更容易学习,并且与其他编程语言更加一致。由于Python 3解决了这些疑难杂症,所以Python 3并不能完全兼容Python 2编写的程序。

然而多年来,由于Python的广泛应用,Python 2的生态系统已经积累了大量高质量的软件。某些软件(特别是公司内部的软件)由于长时间没有更新,所以并不能在Python 3中良好地运行。

那么我们该用哪个版本呢?

官方已经宣布Python 2的最后一个主要版本2.7将会在2020年结束支持，这意味着2020年后无论Python 2发现多大的漏洞，官方都不会进行维护。

所幸的是，大部分常见的应用程序或第三方库已经完美兼容Python 3了，而且官方提供了一系列的工具和文档来帮助开发者从Python 2迁移到Python 3，另外还提供了一些方法让程序可以同时在Python 2与Python 3上运行，所以我们并不需要担心自己写的程序无法运行。

如果是新的程序，那么我们应当优先考虑使用Python 3。如果是对历史遗留的Python 2程序进行维护，那么我们就继续使用Python 2，但是我们应当尽早把现有的Python 2程序迁移到Python 3上，以便日后扩展和维护管理。

1.2　学好Python的建议

1.2.1　Python语言的特点

Python是一门动态类型的解释型语言。作为解释型语言，Python不需要像Pascal或者C++那样在运行之前先通过编译器进行漫长的编译过程生成二进制文件之后才能运行，Python程序只需要在运行的操作系统上安装Python解释器就可以运行。在运行期间，解释器将代码逐行解释为机器码之后再运行。作为动态类型的编程语言，Python拥有动态类型系统，相对于C++和Java等静态类型语言，Python在运行时才进行类型检查，并且随时可以改变变量的类型。读者会在深入学习本书之后体会到动态类型系统的优点。Python还有成熟的垃圾回收功能，能够自动管理内存使用，并且支持多种编程范式，包括面向对象、命令式、函数式和过程式编程，其本身拥有一个巨大而广泛的标准库。

Python解释器本身几乎可以在所有的操作系统中运行。Python的正式解释器CPython是用C语言编写的，是一个由社群驱动的自由软件，目前由Python软件基金会管理。

虽然Python被归类为脚本语言，但实际上许多大规模软件开发项目和公司例如谷歌、土豆网、今日头条、豆瓣以及知乎等网站都广泛地使用Python作为其开发语言。与其他如Shell Script、VBScript等只能处理简单任务的脚本语言不同，Python几乎能处理所有需要计算机处理的任务。

Python本身被设计为可扩展的，并非所有的特性和功能都集成到语言核心之中。Python提供了丰富的API（Application Programming Interface，应用程序编程接口）和工具，以便程序员能够轻松地使用C、C++、Cython来编写扩展模块。Python编译器本身也可以被集成到其他需要脚本语言的程序内。因此，有很多人把Python当作一种"胶水语言"使用，将其他语言编写的程序进行集成和封装。许多公司会在性能要求极高的部分使用C或者C++开发，然后使用Python调用相应的模块，这充分体现了Python开发快的优势。当然，其中的缺点也十分明显，Python并没有像汇编语言、C、

C++和Java语言那样运行高效，但是大部分情况下Python的执行效率能完全满足需求。

1.2.2 如何学习Python?

在没有编程基础的情况下，从头开始学习任何一门编程语言都会比较困难，经常会不知道从哪里开始学起，即使看懂了，自己也写不出代码，结果中途放弃。通过本节，希望大家可以知道如何更好地学习Python。

学习编程语言，一开始最重要的就是学习这门语言的语法，语法就类似这门编程语言的词汇表。学习Python的过程中同样需要不断地学习Python语法，查阅相关代码，自己动手写每一个简短的例子。本书每一个知识点之后都有"动手写"的例子部分，每一个例子都是可以实际运行的，动手运行每个例子有助于初学者更好地理解Python。

书中有大量的代码示例，前期可以照着书中的代码示例进行拷贝，在达到一定熟练度之后，就要尝试自己编写代码。不用担心自己写错代码会怎么办，或者不知道该如何发现错误代码——由于IDE（Integrated Development Environment，集成开发环境）有代码报错功能，自己写的代码格式有问题时，会有明显的错误提示。

在经过不断地重复练习，对很多语法有了一定的认识之后，我们就要开始举一反三。比如在学习文件操作这一章节时，书中会讲到用Python写文件，这里就可以举一反三：Python有几种写文件的方式？这几种写文件方式的执行结果是什么？如果两个Python程序同时向一个文件写内容会怎么样……学习新知识的时候，要不断地提出问题，然后通过编写代码进行测试，最终才会找到答案，这样你的知识覆盖面也才会更加全面。

在熟练编写简单的代码之后，就要开始学习如何使用它来创建小程序。此时，我们将从小项目开始，继续加深对Python语法的学习。开发各种小型项目、小的场景，是一种很好的学习方式，编写一个小项目，就要用到各种以前学到的知识。继续以文件章节为例子，比如我们想做一个简易的日志系统，就会用到Python文件函数、字符串处理函数以及时间相关函数，一个小小的项目就可以把我们所学到的知识关联起来。当然，本书也会提供很多小项目给大家练手，小项目还有很多优点，比如易于调试，而且可以作为自己的开发例子，我们可以从中获得小小的成就感。

找一些正在学习Python的人或者有经验的Python开发者一起合作编写代码，在合作过程中，你会学到一些你之前没有注意到的知识点。逛Python技术社区，查看大家提交的各种Python问题，并尝试去回答，这点非常重要。那些问题都是大家在学习或工作中遇到的真实问题，尝试去解决这些问题，会让你变得更优秀。

还有一点就是需要学好英语。虽然大部分Python相关的文档都有中文，但是新的技术和知识都是以英语作为首发的语言的，并且许多讨论组也将英语作为沟通语言。

 **Python官方文档**

Python官方网站有不少新手教程以及Python语言的全部内容，在开发过程中有任何疑惑都可以查阅文档中的记录以及示例。文档中详细写明了Python中各个功能的使用场景和参数定义以及源码。读者可以在官网https://docs.python.org/3/查找最新的文档。

Python官方文档的语言是英语，正如前文所说的，想要学好Python编程语言，读者朋友们也需要学好英语。也有不少热心的网友对官方文档进行了中文翻译，大家可以自行上网搜索。

 常用软件

1. 开发工具（IDE或编辑器）

Python开发工具有许多，IDE的功能比较强大，工程师通过IDE进行代码开发时，一般IDE都会提供代码提示、文件和目录管理、代码搜索和替换、查找函数等功能。文本编辑器功能比较简单，但是有的编辑器例如Microsoft Visual Studio Code和Sublime等也可以通过安装插件来达到IDE所提供的大部分功能。

（1）Microsoft Visual Studio Code，是一个由微软开发的，同时支持Windows、Linux和Mac OS操作系统并且开放源代码的文本编辑器，它支持调试，并内置了Git版本控制功能，同时也具有开发环境功能，例如代码补全、代码片段、代码重构等。该编辑器支持用户自定义配置，例如改变主题颜色、键盘快捷方式、编辑器属性和其他参数，还支持扩展程序并在编辑器中内置了扩展程序管理的功能。

（2）PyCharm，是由JetBrains公司出品的IDE工具，集成了一些系列开发功能，如Python包管理、虚拟环境管理、框架整合和Git等。PyCharm大大节省了程序开发时间，运行更快速，代码可以自动更新格式，支持多个操作系统。PyCharm有免费的开源社区版和收费版两个版本，免费的开源社区版功能要比收费版功能少一些。

2. 代码管理工具

一个网站通常由多个开发人员共同完成，代码管理工具可以记录一个项目从开始到结束的整个过程，追踪项目中所有内容的变化情况，如增加了什么内容、删除了什么内容、修改了什么内容等等。它还可以管理网站的版本，可以清楚地知道不同版本之间的异同点，如版本2.0相较于版本1.0多了什么内容和功能等。开发人员可以通过代码管理工具进行权限控制，防止代码混乱，提高安全性，避免一些不必要的损失和麻烦。

（1）SVN（Subversion），是一个开源的集中式版本控制系统，管理随时间改变的数据，所有数据集中存放在中央仓库（Repository）。Repository就好比一个普通的文件服务器，不过它会记住每一次文件的变动，这样你就可以把代码文件恢复到旧的版本，或是浏览代码文件的变动历史。

（2）Git，是一个开源的分布式版本控制系统，和SVN功能类似，但Git的每台电脑都相当于一个服务器，代码是最新的，比较灵活，可以有效、高速地处理项目版本管理。全球最大的代码托管网站GitHub，采用的也是Git技术。

3. 其他工具

（1）JIRA，是Atlassian公司出品的项目与事务跟踪工具，可以使用此工具进行网站bug管理、缺陷跟踪、任务跟踪和敏捷管理等。

（2）Redmine，是用Ruby编程语言开发的一套跨平台项目管理系统，通过项目（Project）的形式把成员、任务（问题）、文档、讨论以及各种形式的资源组织在一起，用大家参与更新任务、文档等内容的方式来推动项目的进度，同时系统利用时间线索和各种动态的报表形式来自动向成员汇报项目进度，并提供Wiki、新闻台等，还可以集成其他版本管理系统和bug跟踪系统。

（3）XMind，一款实用的思维导图软件，可以使用XMind画产品架构图、项目流程图、功能分解图等，简单易用、美观、功能强大，拥有高效的可视化思维模式，具备可扩展、跨平台、稳定的性能，真正帮助用户提高生产率，促进有效的沟通及协作。

（4）TeamCola，由国内团队开发的时间管理工具，能较好地解决时间问题，而其管理的时间颗粒度为半小时，也不会过多增加管理成本。

1.5 Python开发社区

国外比较知名的社区有：

GitHub（https://www.github.com）；

Python Forum（https://python-forum.io）；

Python邮件组（https://www.python.org/community/lists/）等。

国内比较知名的Python开发社区有：

CSDN（https://www.csdn.net）；

开源中国（https://www.oschina.net）；

V2EX（https://www.v2ex.com）等。

>> 第 ② 章
安装和运行 Python 《

②.1 在Windows上安装Python

在本节中，我们将指导你在Windows上安装Python。Python可以在所有主流的Windows操作系统上运行，包括但不限于Windows XP、Windows Vista、Windows 7、Windows 8、Windows 8.1和Windows 10。只要不是太老旧的电脑都是可以顺利运行Python的，并且Python只占用很小的内存，所以并不需要担心电脑硬件不达标而无法使用。

Python的实现有很多版本，例如官方版本的CPython、ActiveState公司的ActivePython和Continuum Analytics公司的Anaconda。

CPython：这是由Python软件基金会创建的官方标准的Python实现，也是最流行的Python实现。除了解释器和标准库之外，它还包括了Python解释器（例如，SQLite的二进制文件）的第三方组件。CPython使用C语言实现，添加第三方内置组件pip，为它编写的二进制文件很难在其他Python实现上使用。

ActivePython：ActiveState公司发行的一套企业级二进制Python编程调试工具，带有IDE。ActivePython有三个发行版本：社区版、商业版和企业版，可用于任何操作系统，和其他Python兼容。ActivePython调用CPython内核，预安装了数十种流行的第三方库，并通过数学函数库增加了许多数学和科学数据库来进行性能改进。

Anaconda：Python的主要用途就是数据分析和机器学习，Continuum Analytics公司的Anaconda在这一方面的使用最广泛。像ActivePython一样，它捆绑了许多常见的Python数据库和统计数据库，并使用了英特尔优化版本的数学库。Anaconda还提供了自己用于管理的第三方库的安装程序，通过管理其二进制依赖关系，更轻松地将这些软件包保持在最新状态。

CPython为免费开源版，ActivePython和Anaconda都有提供开源社区版以及商业版。很多第三方

Python库都是针对*nix系统做优化，而ActivePython和Anaconda都对大部分常见的库重新编译并对Windows做了优化。虽然ActivePython和Anaconda本身背后是由商业公司驱动，但难能可贵的是他们提供了免费版本来满足开发者的需求。由于Anaconda默认预制了更多的第三方库，所以本章节以Anaconda版为例讲解如何在Windows下安装Python。

2.1.1 安装Python

用任意浏览器访问https://www.anaconda.com/distribution/，你将看到有关Anaconda的下载列表。由于该网站和Python版本更新频繁，版本号、网站内容可能与下列截图不同。请根据你的电脑操作系统类型和位数，选择并下载合适的版本（一般选择Python 3.6以上的版本，此处以Python 3.6为例，如图2.1.1）。

当下载完成后，双击安装程序进行安装。请接受大部分默认设置，唯一需要注意的是选择为自己安装还是为所有用户安装。如果你是管理员，请为所有用户安装，否则请选择为自己安装（如图2.1.2）。

如果你使用的是Windows Vista或更新的版本，你可能会看到一个弹出窗口，询问你是否允许安装程序对该设备进行修改，请点击"是"（或"允许"等表示同意的回应），以便安装程序能顺利进行，之后只需点击"Next"以及"Install"按键耐心等待安装程序进行安装即可。

安装完成之后Anaconda会提示你是否安装Microsoft Visual Studio Code，你可以根据自己情况选择是否安装。后面2.1.3节会介绍如何单独安装Microsoft Visual Studio Code，所以你无须担心错过选择安装。

当Python安装完成后，你会看见在开始菜单下新增了几个项目（如图2.1.3），这说明Anaconda的安装已顺利完成。

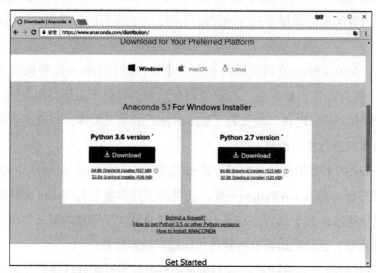

图 2.1.1 下载Anaconda的Windows安装程序

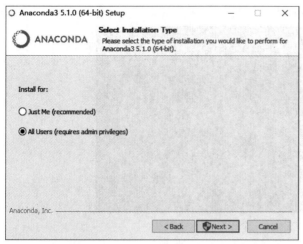

图 2.1.2 注意选择为自己安装还是为所有用户安装   图 2.1.3 Anaconda的开始菜单项目

2.1.2 运行Python

Python提供了一种交互的模式来方便开发人员快速工作并整合系统。我们安装完Anaconda后，找到开始菜单项打开Anaconda Prompt。在其中的命令行输入"python"并按下回车键，如果看到如图2.1.4所显示的画面，就说明Python已被正确安装并运行。

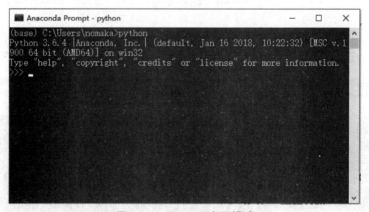

图 2.1.4 Python 交互模式

图中的">>>"标记表示Python的交互模式正在等待用户输入内容。我们在其中输入：

```
print("Hello World!")
```

并按下回车键（Enter键），屏幕上显示如图2.1.5的界面。

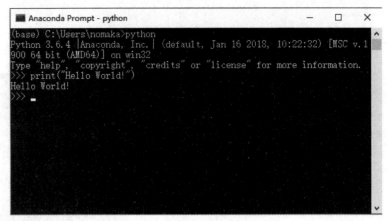

图 2.1.5　第一个程序

恭喜你！你已经完成了你在Windows上的第一个Python程序！

2.1.3　安装文本编辑器

一般纯文本编辑器都可以编辑Python代码，但不是所有的文本编辑器使用起来都友好方便。这里我们以Anaconda推荐的免费开源编辑器Microsoft Visual Studio Code为例，进行安装说明。

使用任意浏览器访问https://code.visualstudio.com/，直接点击首页的Download for Windows（如图2.1.6）。

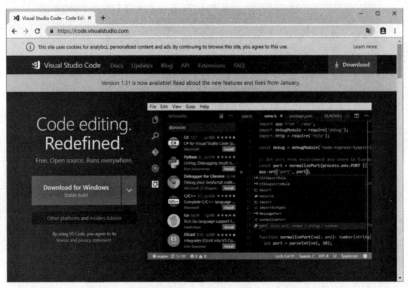

图 2.1.6　下载Microsoft Visual Studio Code

下载完成后，打开安装程序安装Microsoft Visual Studio Code。如同安装其他应用程序一样，请接受大部分设置，并根据自己的情况修改安装目录进行安装。安装完成之后，我们就能在开始菜单下看到新安装的Microsoft Visual Studio Code了（如图2.1.7）。

图 2.1.7 安装完成的Microsoft Visual Studio Code

打开新安装的Microsoft Visual Studio Code，使用快捷键"Ctrl+Shift+X"打开扩展选项卡，在输入框中输入"Python"搜索插件，点击搜索到的第一个插件Python的"安装"按键（如图2.1.8），安装速度视当时的网速而定。

图 2.1.8 安装Python插件

当绿色"安装"按键变成蓝色"重新加载"时，说明插件已安装完成，请点击"重新加载"。完成后单击"文件"，选择"新建文件"，之后就可以看到编辑界面了。然后在编辑框中输入：

```
print("Hello World!")
```

接着单击左上角的"文件"命令，选择"保存"并以文件名"hello.py"保存文件，注意文件名必须以".py"作为后缀进行保存（如图2.1.9）。保存完成之后我们可以看到代码由原先的白色文字变成了彩色文字。

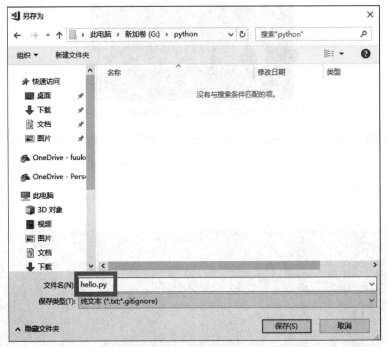

图 2.1.9　保存文件

如果右下角提示"建议这种类型的文件使用"Python"扩展"，请点击"安装"。安装完之后同样点击蓝色按键"重新加载"。重新加载完之后如果右下角提示"Linter pylint is not installed"，请点击"Install"进行安装（如图2.1.10）。

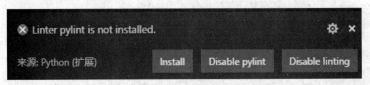

图 2.1.10　安装插件

之后，窗口左下角会出现黄色文字"Select Python Environment"，请点选黄色文字，如果Anaconda已正确安装的话，Microsoft Visual Studio Code会列出我们所安装的Anaconda。请选择列出的Anaconda，选择完毕之后，左下角的黄色文字会变成白色并显示Anaconda版本。

如果想要运行我们刚才编写的hello.py程序，只需打开在前一章节安装好的Anaconda Prompt，并在黑色的命令行窗口中输入"python"加空格，再加上我们保存的hello.py文件的路径，然后按下回车键即可，如图2.1.11所示。

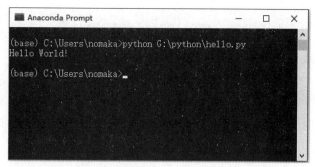

图 2.1.11 运行Python

恭喜你！成功在Windows下运行了第一个脚本文件！

 在Mac上安装Python

在本节中，我们将介绍在Mac OS上安装Python 3的方法，并使用Microsoft Visual Studio Code作为Python的文本编辑器（当然，你可以根据自己的喜好来安装不同的文本编辑器）。

Mac OS X自带了Python，然而系统自带的Python版本与Python官网最新的稳定版本相比可能已经过时了，所以我们还是需要安装更新的版本。

2.2.1 安装Python

在正式安装之前，应先安装C编译器。最快的方式是在Mac OS的终端下运行以下命令：

```
xcode-select-install
```

以此来安装Xcode命令行工具。你也可以从Mac应用商店下载完整版的Xcode。需要注意的是，执行Xcode的全新安装完成后，须在终端下执行命令"xcode-select-install"来安装命令行工具。

尽管Mac OS X系统附带了大量Unix工具，但是熟悉Linux系统的人员在使用时会发现缺少了一个重要的组件——合适的包管理工具，而Homebrew正好填补了这个空缺。

安装Homebrew只需打开终端或个人常用的终端模拟器并运行（请在一行中运行命令）：

```
/usr/bin/ruby -e "$(curl -fsSL https://raw.githubusercontent.com/
Homebrew/install/master/install)"
```

运行这段脚本，界面将会列出它会新增修改的文件详情，并会在安装开始前提示你。Homebrew安装完成后，需将其所在路径插入到 PATH环境变量的最前面，即在你所登录用户的 ~/.profile 文件末尾加上这一行：

```
export PATH=/usr/local/bin:/usr/local/sbin:$PATH
```

接下来关闭当前终端并重新打开就可以开始安装Python 3：

```
brew install python
```

该命令将持续一段时间，请耐心等待命令执行完毕。

2.2.2 运行Python

Python提供了一种交互的模式来方便开发人员快速工作并整合系统。我们安装完Python后，打开终端，在其中的命令行中输入"python3"并按回车键，如果看到如图2.2.1的画面就说明Python已正确安装并运行。

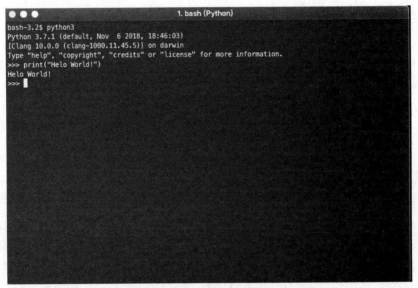

图 2.2.1 在Mac上安装Python

图中 ">>>" 标记表示Python的交互模式正等待用户输入内容。我们在其中输入：

```
print("Hello World!")
```

并按下回车键，恭喜你！你已经完成了你在Mac上的第一个Python程序！

2.2.3 安装文本编辑器

一般纯文本编辑器都可以编辑Python代码，但并不是所有的文本编辑器使用起来都友好方便。这里我们以免费开源的编辑器Microsoft Visual Studio Code为例，进行安装说明。

使用任意浏览器访问https://code.visualstudio.com/，直接点击首页的Download for Mac即可（如图2.2.2）。

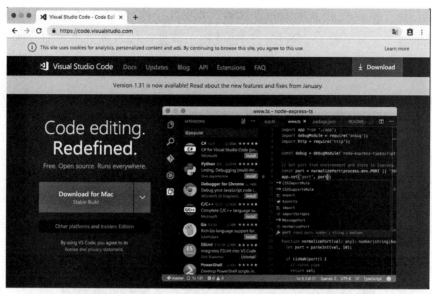

图 2.2.2　下载Microsoft Visual Studio Code

下载完成后，打开安装程序安装Microsoft Visual Studio Code。如同安装其他应用程序一样，请接受大部分设置，然后进行安装。

打开新安装的Microsoft Visual Studio Code，使用快捷键"Ctrl+Shift+X"打开扩展选项卡，在输入框中输入"python"搜索插件，点击搜索到的第一个插件Python的"安装"按键（如图2.2.3），安装速度视当时的网速而定，请耐心等待。

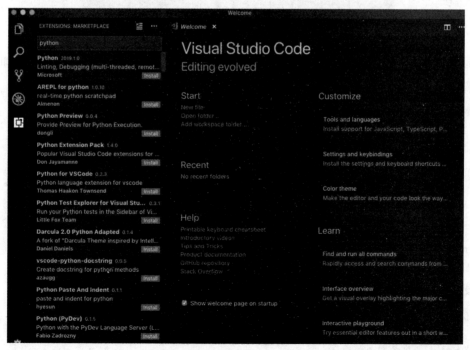

图 2.2.3　安装Python插件

当绿色"安装"按键变成蓝色"重新加载"时，说明插件已安装完成，请点击"重新加载"。完成后单击"文件"命令，选择"新建文件"后就可以看到编辑界面。然后在编辑框中输入：

```
print("Hello World!")
```

接着单击左上角"文件"命令，选择"保存"并以文件名"hello.py"保存文件，注意文件名必须以".py"作为后缀进行保存（如图2.2.4）。保存完成之后我们可以看到代码由原先的白色文字变成了彩色文字。

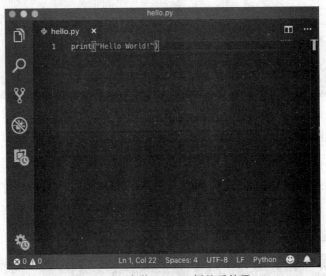

图 2.2.4　安装 Python插件后效果

想要运行刚才编写的hello.py程序，我们只需打开终端，并在终端中输入"python"加空格，再加上我们保存的hello.py文件的路径，然后按下回车键即可。

恭喜你！成功地在Mac下运行了第一个脚本文件！

 2.3　**在Linux上安装Python**

本节主要介绍Linux下安装Python 3的方法。由于Linux有众多发行版本，本节只会以Ubuntu 16.04和CentOS 7作为示例进行安装介绍，其他发行版本请参考相关发行版本手册。

2.3.1　安装Python

如果你使用的是Ubuntu 16.04，那么你只需在终端中运行：

```
apt-y install python3
```

如果你使用的是CentOS 7，那么你只需在终端中运行：

```
yum-y install epel-realease
yum update
yum-y install python34
```

2.3.2　运行Python

Python提供了一种交互的模式来方便开发人员快速工作并整合系统。我们安装完Python后，打开终端，在其中的命令行输入python3（注意请不要漏掉最后的3）并按下回车键，如果看到如图2.3.1的画面就说明Python已经正确安装并运行。

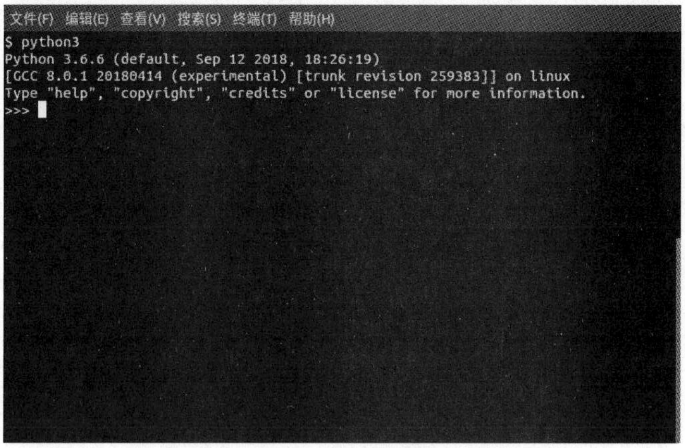

图 2.3.1　在Linux上安装Python

图中的"＞＞＞"标记表示Python的交互模式正在等待用户输入内容，我们在其中输入：

```
print("Hello World!")
```

并按下回车键，屏幕上显示如图2.3.2的界面。

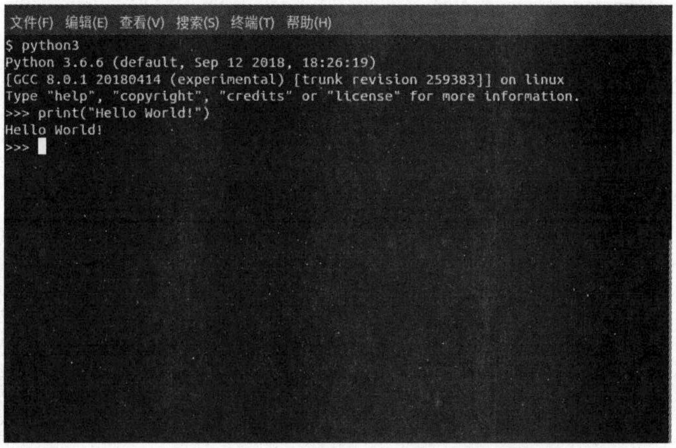

图 2.3.2　在Linux上运行Python

恭喜你！你已经完成了你在Linux上的第一个Python程序！

 2.4 小结

本章主要介绍了在三种主流操作系统上安装和运行Python 3的过程。Python不仅仅可以在三大主流操作系统上运行，甚至还能在iPhone、Android手机上运行，感兴趣的读者可以自行查找资料摸索研究。下一章将开始讲解如何使用Python编程，并编写一系列简单的Python应用程序。

第 3 章
小试 Python

3.1 开始Python编程

计算机，顾名思义就是用来做计算的机器，那么计算机程序理所当然地需要处理各种计算。接下来将介绍一些使用Python实现简单计算的例子。

3.1.1 数字

最常见的计算当然是数字间的运算。你可以把Python解释器当作一个简单的计算器，使用方式很简单，你只要在其中输入一些数学表达式即可：

动手写3.1.1

```
01  >>> 3 + 2
02  5
03  >>> 8-6
04  2
05  >>> 16-3 * 2
06  10
07  >>> (17-2) / 5
08  3.0
09  >>> 8 / 5
10  1.6
```

例子中的这些整数（如3、2、16）在Python中我们归类为int（integer，整数）类型，带有小数的数字（如3.0、1.6）我们称之为float（浮点型）。在之后的章节中我们将会看到更多的数字类型。

在Python 3中，"/"永远返回一个浮点类型的数。想要让除法最后返回一个整数类型的结果，你可以使用"//"操作符（注意："//"操作符只会去除小数点后的数字，并不会进行四舍五入操作）。想要获取两数相除后的余数可以使用"%"操作符。

动手写3.1.2

```
01  >>> 7 / 3
02  2.3333333333333335
03  >>> 7 // 3
04  2
05  >>> 7 % 3
06  1
```

同样，Python也提供指数计算方式，你可以使用"**"操作符来计算指数。

动手写3.1.3

```
01  >>> 5 ** 2
02  25
03  >>>2 ** 7
04  128
```

如果我们想让上次计算的结果再参与计算，那么我们可以使用变量存储结果。使用"="操作符来给变量赋值，在交互模式中赋值操作的结果不会被显示出来。

动手写3.1.4

```
01  >>> width = 100
02  >>> height = 3*7
03  >>> width * height
04  2100
```

如果一个变量未被定义过（未被赋值过）就被使用，那么Python解释器将会显示一个错误提示：

```
>>> x
Traceback (most recent call last):
  File "<stdin>", line 1, in <module>
NameError: name 'x' is not defined
```

如果在计算中既有整数又有浮点数，那么Python会先把整数转换成浮点数，然后再计算。

动手写3.1.5

```
01  >>> 5*7.1+3
02  38.5
```

除了本章演示的int（整数）和float（浮点）类型，Python还支持其他数据类型，比如decimal（定点数）和fraction（分数），同时Python也内置了对复数的支持，开发人员可以使用"j"或者"J"来定义复数的虚部（例如：4+3j）。

3.1.2 字符串

除了数字，Python还可以处理字符串。在Python中可以使用"'"（单引号）或"""（双引号）括起来代表字符串，也可以使用"\"（反斜线）操作符来对特殊字符转义。

动手写3.1.6

```
01  >>> 'How are you'
02  'How are you'
03  >>> 'I\'m fine'
04  "I'm fine"
05  >>> "I'm fine"
06  "I'm fine"
```

在交互式解释器中，输出字符串用引号括起来，特殊字符用反斜线转义。虽然这有时看起来不同于输入（封闭引号可能会改变），但这两个字符串是等价的。如果字符串包含单引号且不带双引号，那么该字符串将用双引号括起来，否则将用单引号括起来。print()函数通过省略封闭引号并打印转义字符和特殊字符来产生更易读的输出。

动手写3.1.7

```
01  >>> "I'm fine"
02  "I'm fine"
03  >>> print("I'm fine")
04  I'm fine
```

如果您不希望字符被"\"转义，我们可以在字符串引号前加上一个"r"。

```
>>> print("c:\windows\name")   # 注意\n 会被转义成换行符
c:\windows
ame
>>> print(r"c:\windows\name")
c:\windows\name
```

23

如果想表示多行字符串，我们可以使用" """…""" "三个双引号或" '''…''' "三个单引号把字符串括起来。每行结尾都会被自动加上一个换行符，如果不想输出换行符，可以在每行的最后加入"\"来避免输出换行符。

动手写3.1.8

```
01  print("""\
02  How are you?
03  I'm fine.
04  """)
```

将会输出以下内容（注意"\"后没有换行）：

```
How are you?
I'm fine.
```

Python中可以使用"+"来连接两个字符串，使用"*"来重复字符串。

动手写3.1.9

```
01  >>>3 * 'am' + 'fine'
02  'amamamfine'
```

两个或者多个字符串相邻，解释器会自动合并字符串。

动手写3.1.10

```
01  >>>'Py' 'thon'
02  'Python'
```

我们可以使用这个技巧来生成较长的字符串。

动手写3.1.11

```
01   >>>text = ("Follow live text commentary from "
02  ···   "day two of the Masters at Augusta National")
03   >>> text
04  'Follow live text commentary from day two of the Masters at
Augusta National'
```

注意这只适合在两个文字之间，不能用在字符串或表达式之间。

动手写3.1.12

```
01  >>> prefix = 'Py'
02  >>> prefix 'thon'
03  SyntaxError: invalid syntax
04  >>> (3 * 'am') 'fine'
05  SyntaxError: invalid syntax
```

如果你想连接两个变量或者一个变量和一个字面量，请使用"+"操作符。

动手写3.1.13

```
01  >>> prefix + 'thon'
02  'Python'
```

Python可以很方便地使用"索引"的方式获取到字符串中某个位置的字符（字符其实就是长度为1的字符串）。

动手写3.1.14

```
01  >>> word = 'Python'
02  >>> word[0]
03  'P'
04  >>> word[5]
05  'n'
```

如果索引是负数，那么就会从字符串的右边开始往左计算位置（注意：–0和0都表示第一个字符，倒序从下标–1开始）。

动手写3.1.15

```
01  >>> word = 'Python'
02  >>> word[-1]
03  'n'
04  >>> word[-2]
05  'o'
06  >>> word[-6]
07  'P'
```

如果我们想获取字符串中的一段字符串，我们可以使用一种叫作"切片"的操作。

动手写3.1.16

```
01  >>> word = 'Python'
02  >>> word[0:2]
03  'Py'
04  >>> word[2:5]
05  'tho'
```

如果省略方括号中"："左边的数字，Python就会认为我们要获取从0开始的字符串。如果省略方括号中"："右边的数字，那么Python会认为我们要获取到最后一个字符。

动手写3.1.17

```
01  >>> word = 'Python'
02  >>> word[:2]
03  'Py'
04  >>> word[2:]
05  'thon'
06  >>> word[2:] + word[:2]
07  'thonPy'
08  >>> word[:]
09  'Python'
10  >>> word[-2:]
11  'on'
```

记住切片工作原理的一种方式是将索引视为字符间的指向，第一个字符的左边缘编号为0，然后，一串n个字符的最后一个字符的右边缘具有索引n，例如：

```
 +---+---+---+---+---+---+
 | P | y | t | h | o | n |
 +---+---+---+---+---+---+
 0   1   2   3   4   5   6
  -6  -5  -4  -3  -2  -1
```

第一行数字给出字符串中索引0……6的位置，第二行给出相应的负指数。索引word[i:j]表示从i到j的片段，由标记为i和j的边缘之间所有的字符组成，如下所示，word[1:3]为"yt"。

```
 +---+---+---+---+---+---+
 | P | y | t | h | o | n |
 +---+---+---+---+---+---+
 | 0 | 1 | 2 | 3 | 4 | 5 |
```

对于非负数指数，如果两者都在边界内，那么切片的长度就是指数的差值。例如，word[1:3]的长度是2。

如果索引超出了原来字符串的长度，那么Python解释器将会报错。

动手写3.1.18

```
01  >>> word[100]
02  IndexError: string index out of range
```

但是如果使用的是切片方式，Python解释器就会忽略这个错误。

动手写3.1.19

```
01  >>> word[4:100]
02  'on'
03  >>> word[100:]
04  ''
```

在Python中，字符串是不能被改变的，无论是索引还是切片方式都只能获取字符串而不能被赋值。（Python提供了一些其他方法可对字符串进行"更改"，其实是生成了新的字符串，例如replace函数等等，在之后的章节将会详细讲解相关函数。）

动手写3.1.20

```
01  >>> word[0] = 'a'
02  TypeError: 'str' object does not support item assignment
03  >>> word[1:] = 'ab'
04  TypeError: 'str' object does not support item assignment
```

如果想要一个和原来不一样的字符串，就只能再创建一个新的字符串。

动手写3.1.21

```
01  >>>'J' + word[1:]
02  'Jython'
03  >>> new_word = 'Hello J' + word[1:]
04  >>> new_word
05  'Hello Jython'
```

Python有个内置函数"len()"，它可以返回字符串的长度。

动手写3.1.22

```
01  >>> len('word')
02  4
03  >>> w='你好'
04  >>> len(w)
05  2
```

本小节主要讲解了Python中字符串的简单操作，在之后的章节我们会介绍更多更复杂的字符串操作。

3.1.3　列表

上两小节我们简单介绍了数字和字符串两种类型，但Python里也有将许多数据组合在一起的复合数据类型，其中最通用的就是"列表"（list）了。在列表中，Python可以支持存放不同类型的数据，但是通常情况下还是存放相同类型的数据。

动手写3.1.23

```
01  >>> squares = [1, 1, 2, 3, 5, 8]
02  >>> squares
03  [1, 1, 2, 3, 5, 8]
```

列表也能像字符串一样，使用索引和切片的方式来获取部分元素。

动手写3.1.24

```
01  >>> squares = [1, 1, 2, 3, 5, 8]
02  >>> squares[0]
03  1
04  >>> squares[4]
05  5
06  >>> squares[-1]
07  8
08  >>> squares[-3:]
09  [3, 5, 8]
```

但是如果一个列表变量赋值给另一个变量，它只会拷贝变量的地址，而不会拷贝里面的内容。如果改变其中一个变量的内容，那么另一个也会跟着一起改变。后续章节会详细介绍其中的原理。

动手写3.1.25

```
01  >>> a = [1, 2]
02  >>> b = a
03  >>> b[0]
04  1
05  >>> b[0] = 3
06  >>> b
07  [3, 2]
08  >>> a
09  [3, 2]
```

所有的切片操作都会返回一个新的列表，这意味着我们可以使用切片复制列表。

动手写3.1.26

```
01  >>> a = [1, 2]
02  >>> b = a[:]
03  >>> b[0]
04  1
05  >>> b[0] = 3
06  >>> b
07  [3, 2]
08  >>> a
09  [1, 2]
```

3.2　其他常见类型

3.2.1　字面量

字面量又称字面常量。在计算机科学中，字面量是用于表达代码中一个固定值的表示法。几乎所有的计算机编程语言都具有对基本字面量的表示，Python也不例外，最常见的字面量就是字符串。例如：

动手写3.2.1

```
01  >>> "01kuaixue"
02  '01kuaixue'
03  >>> 10
04  10
05  >>> 20
06  20
```

通俗来讲，字面量就是字符本身表面上的定义，例如10就是数字10。

3.2.2　布尔类型

布尔型是最简单的数据类型，只有两个值：False（假）和True（真），例如：

动手写3.2.2

```
01  >>> 1 == 2
02  False
03  >>> 10 == 10
04  True
05  >>> False == False
06  True
```

3.2.3　常量

所谓常量，就是不能变的变量，比如常用的数字常数 π 就是一个常量。Python在语法上并没有定义常量，大多数的编程语言常常使用全是大写的变量名表示常量，所以一般约定：如果名字全是大写的变量就不要去修改它。

3.3　运算符

Python数据是通过使用操作运算符来进行操作的，与数学运算符类似。操作运算符接受一个或多个参数，并生成一个新的值，本节将详细介绍这些操作运算符。

3.3.1　算术运算符

算术运算符用在数学表达式中，作用和在数学中的作用是一样的。表3.3.1列出了Python常用的算术运算符。

表3.3.1　Python常用的算术运算符

操作符	描述	示例
+	加法：运算符两侧的值相加	a + b
−	减法：左操作数减去右操作数	a − b
*	乘法：操作符两侧的值相乘	a * b
/	除法：左操作数除以右操作数	a / b
%	取模：左操作数除以右操作数的余数	a % b
**	幂：返回 a 的 b 次幂	a ** b
//	取整除：返回商的整数部分	a // b

"动手写3.3.1"中，分别使用几种算术运算符进行运算。

动手写3.3.1

```
01  >>> a = 10
02  >>> b = 20
03  >>> c = 7
04  >>> d = 25
05  >>> a + b
06  30
07  >>> a + b + c
08  37
09  >>> a - b
10  -10
11  >>> a - b - c
12  -17
13  >>> a * b
14  200
15  >>> a * b * c
16  1400
17  >>> a / b
18  0.5
19  >>> a / b / c
20  0.07142857142857142
21  >>> a % b
22  10
23  >>> a ** c
24  10000000
25  >>> a // b
26  0
27  >>> d // c
28  3
```

3.3.2　比较运算符

比较运算符是指对符号两边的变量进行比较的运算符，包括比较大小、相等、真假等。如果比较结果是正确的，返回True（真），否则返回False（假）。

表3.3.2　Python常用的比较运算符

操作符	描述	示例
==	等于：比较对象是否相等	a == b
!=	不等于：比较两个对象是否不相等	a != b
>	大于：返回 a 是否大于 b	a >b
<	小于：返回 a 是否小于 b	a < b
>=	大于等于：返回 a 是否大于等于 b	a >= b
<=	小于等于：返回 a 是否小于等于 b	a <= b

动手写3.3.2

```
01  >>> a = 123
02  >>> a < 100
03  False
04  >>> a > 100
05  True
06  >>> a <= 200
07  True
08  >>> a <= 123
09  True
10  >>> a == 123
11  True
12  >>> a != 123
13  False
14  >>> a == 100
15  False
```

3.3.3　赋值运算符

　　最常用的赋值运算符是"="（等于号），表示把右边的结果值赋值给左边的变量。其他的赋值运算符大多都是算术运算符和赋值运算符的简写。

表3.3.3　Python赋值运算符

操作符	描述	示例	展开形式
=	右边值赋值给左边	a = 100	a = 100
+=	右边值加到左边	a += 10	a = a + 10

（续上表）

操作符	描述	示例	展开形式
-=	右边值减到左边	a -= 10	a = a - 10
*=	左边值乘以右边	a *= 10	a = a * 10
/=	左边值除以右边	a /= 10	a = a / 10
%=	左边值对右边做取模	a %= 10	a = a % 10
**=	左边值对右边进行幂运算	a **= 10	a = a ** 10
//=	左边值整除右边	a //= 10	a = a // 10

动手写3.3.3

```
01  >>> a = 100
02  >>> a
03  100
04  >>> a += 10
05  >>> a
06  110
07  >>> a -= 10
08  >>> a
09  100
10  >>> a *= 10
11  >>> a
12  1000
13  >>> a /= 10
14  >>> a
15  100.0
16  >>> a %= 10
17  >>> a
18  0.0
19  >>> a = 100
20  >>> a **= 2
21  >>> a
22  10000
23  >>> a //= 9
24  >>> a
25  1111
```

3.3.4 位运算符

Python定义了位运算符，它应用在两个数的运算上，会对数字的二进制所有位数进行从低到高的运算。

表3.3.4　Python常用的位运算符

操作符	描述	示例
&	按位与，如果相对应位都是1，则结果为1，否则为0	a &b
|	按位或，如果相对应位都是0，则结果为0，否则为1	a | b
^	按位异或，如果相对应位值相同，则结果为0，否则为1	a ^b
~	按位取反，运算符翻转操作数里的每一位，即0变成1，1变成0	~a
<<	按位左移运算符，左操作数按位左移右操作数指定的位数	a <<b
>>	按位右移运算符，左操作数按位右移右操作数指定的位数	a >>b

位运算符是计算机的基础操作，但在实际应用中较少使用，此处不进行详细介绍，了解即可。

3.3.5 逻辑运算符

逻辑运算符在Python中非常重要，它广泛应用在逻辑判断上。

表3.3.5　Python常用的逻辑运算符

操作符	描述	示例
and	逻辑与，当且仅当两个操作数都为真，条件才为真	a and b
or	逻辑或，两个操作数任何一个为真，条件则为真	a or b
not	逻辑非，用来反转操作数的逻辑状态。如果条件为True，则逻辑非运算符将得到False	not a

动手写3.3.4

```
01  >>> True and True
02  True
03  >>> True and False
04  False
05  >>> True or False
06  True
07  >>> not False
08  True
```

3.3.6 关键字in和is

Python中有两个关键字in和is。in关键字用于判断是否包含在指定的序列中（后续章节将会对序列详细地进行展开介绍）。is关键字用于判断两个标识符是不是引用于同一个对象。

动手写3.3.5

```
01  >>> 5 in (1, 2, 5, 8, 10)
02  True
03  >>> 5 in (1, 2, 8, 10)
04  False
05  >>> 5 not in (1, 2, 8, 10)
06  True
07  >>> a = 20
08  >>> b = 20
09  >>> a is b
10  True
11  >>> b = 30
12  >>> a is b
13  False
```

is与==的区别：is 用于判断两个变量引用对象是否为同一个，==用于判断引用变量的值是否相等。

3.4 表达式

表达式是Python最重要、最基础的组成元素。在Python中，绝大部分代码都是表达式。对于表达式的定义，我们可以简单理解为"任何有值的东西"。例如变量就是一个表达式，表达式num=123，表示的是将123赋值给变量num。

下面的代码由两个表达式组成：

```
name='Python'
language='Python'
```

对于变量值相同的情况，Python支持连续赋值，虽然只有一行，但依旧是由两个表达式组成：

```
name=language='Python'
```

表达式的赋值顺序是从右到左，为了增强代码的可读性，一般一个表达式占据一行。

 小结

本章介绍了Python语言的基础语法，重点介绍了Python的常见数据类型和运算符操作。另外读者需要对计算机基本概念有所了解，避免在实际开发工作中造成困惑。在使用各种类型时，需要对各种类型有所区分，例如了解数字123和字符串"123"的不同。这些都是编程基础里最为基础的知识，需要重点掌握。

 知识拓展

3.6.1 运算符优先级

运算符并不是完全遵循从左到右的顺序的。只有相同级别的运算符才遵循从左到右计算，否则优先级高的运算符优先计算。这就类似于数学计算中乘法优先于加法。表3.6.1按优先级从高到低的顺序列出了所有运算符。

表3.6.1　Python运算符优先级

操作符	描述
**	指数 (最高优先级)
~+-	按位翻转、一元加号和减号 (最后两个的方法名为 +@ 和 –@)
*/ % //	乘、除、取模和取整除
+ –	加法、减法
>><<	右移运算符和左移运算符
&	位 'AND' 运算
^|	位运算符
<= <>>=	比较运算符
<> == !=	等于运算符
= %= /= //= -= += *= **=	赋值运算符
is	is 关键字
in	in 关键字
and or not	逻辑运算符

3.6.2　注释

当程序变得越来越大、代码变得越来越复杂时，阅读起来也会变得越来越困难。由于程序的各个代码段之间紧密衔接，要了解整个程序的功能就非常困难。在日常开发中，阅读者经常会一时难以弄清楚一段代码在做什么以及为什么要这么写。

因此，在程序中加入自然语言来介绍或者描述代码段是相当重要的，这类似于给代码做笔记，这种笔记称为"注释（Comments）"。Python中的注释必须以"#"开头。

注释可以单独列一行，也可以放在句尾。

动手写3.6.1

```
01  >>># 将默认颜色设置成白色
02  >>> color = "white"
03  >>> color = "yellow" # 颜色改为黄色
```

第一行代码从"#"符号开始的内容都会被编译器忽略，这部分不会对程序产生任何影响。注释的目的是让自己和别人更快地了解程序的功能，它一般放在代码的上方或者尾部，对一段代码或一个方法进行文字说明，以帮助阅读者理解这段代码的含义。注意注释不要放在代码块的下面，因为这不利于人们对其的理解。

第 4 章
数据结构

4.1 通用序列操作

Python中有六种内置序列（有些内置函数也能返回一些特殊序列，可以对它进行一些通用的序列操作），其中有三种基本序列类型比较常见：列表、元组和字符串。本节主要介绍这些序列类型的通用操作。

Python中的大部分序列都可以进行通用操作，包括索引、切片、相同类型序列相加、乘法、成员资格、长度、最大值和最小值。在3.1节里已经介绍过字符串的索引获取和一些简单的列表操作，本节将对列表和元组的更多操作展开详细讲解。

4.1.1 索引

在前一章我们已经学习了列表可以根据索引下标来获取元素的值。在本章节中，序列的每个元素都分配了一个数字，代表了它在序列中的索引位置。Python中的索引从"0"开始计数，第一个是"0"，第二个是"1"，以此类推。通过索引对序列的元素进行访问，例如：

动手写4.1.1

```
01  #!/usr/bin/env python3
02  # -*- coding: utf-8 -*-
03
04
05  # 列表
06  x1 = [1, 2, 3, 4]
07  print("列表")
```

```
08  print(x1[0])
09  print(x1[1])
10
11  print("---------")
12  # 元组
13  x2 = (1, 2, 3, 4)
14  print("元组")
15  print(x2[0])
16  print(x2[1])
```

执行结果如下：

```
列表
1
2
---------
元组
1
2
```

从执行结果中我们可以发现，序列中的元素是从 "0" 开始从左往右编号的，元素通过编号进行访问。索引使用的语法都是一样的：变量后面加中括号，在括号中输入所需元素的编号。

在Python中，索引非常灵活，不仅可以从左往右编号，还可以从右往左编号。例如：

动手写4.1.2

```
01  #!/usr/bin/env python3
02  # -*- coding: utf-8 -*-
03
04  # 列表
05  x1 = [1, 2, 3, 4]
06  print("列表")
07  print(x1[-1])
08  print(x1[-2])
09
10  print("---------")
11  # 元组
```

```
x2 = (1, 2, 3, 4)
print("元组")
print(x2[-1])
print(x2[-2])
```

执行结果如下：

```
列表
4
3
---------
元组
4
3
```

从执行结果中我们可以看到，Python也可以从右边往左边索引，只要在前面加个“-”（负号）即可。

4.1.2　切片

在3.1节中，我们已经看到了列表和字符串的切片操作。事实上，在Python中不是只有列表和字符串可以进行切片操作，而是所有的序列类型都可以进行切片操作。例如：

动手写4.1.3

```
#!/usr/bin/env python3
# -*- coding: utf-8 -*-

# 列表
x1 =  [1, 2, 3, 4]
print("列表")
print(x1[0:3])
print(x1[2:3])

print("---------")
# 元组
x2 = (1, 2, 3, 4)
print("元组")
```

```
14  print(x2[0:3])
15  print(x2[2:3])
16
17  print("---------")
18  # 字符串
19  x3 = "1234"
20  print("字符串")
21  print(x3[0:3])
22  print(x3[2:3])
```

执行结果如下：

```
列表
[1, 2, 3]
[3]
---------
元组
(1, 2, 3)
(3,)
---------
字符串
123
3
```

从执行结果中我们可以看出切片操作的实现需要提供两个索引作为边界，第一个索引的元素包含在切片内（闭区间），第二个索引的元素不包含在切片内（开区间）。类似于数学区间"[a, b)"，切片内容满足这个区间，a是切片的第一个参数，b是切片的第二个参数，b不包含在切片中。

同样地，切片也支持负数，也就是按从右往左的顺序的索引获取切片。例如：

动手写4.1.4

```
01  #!/usr/bin/env python3
02  # -*- coding: utf-8 -*-
03
04
```

```
05   # 列表
06   x1 =  [1, 2, 3, 4]
07   print("列表")
08   print(x1[-3:3])
09
10   print("---------")
11   # 元组
12   x2 = (1, 2, 3, 4)
13   print("元组")
14   print(x2[-3:3])
15
16   print("---------")
17   # 字符串
18   x3 = "1234"
19   print("字符串")
20   print(x3[-3:3])
```

执行结果如下：

```
列表
 [2, 3]
---------
元组
(2, 3)
---------
字符串
23
```

这个例子和3.1节的原理一样。

```
+---+---+---+---+
| 1 | 2 | 3 | 4 |
+---+---+---+---+
  0   1   2   3
 -4  -3  -2  -1
```

根据这个表格，不难理解示例中输出的结果。和3.1节中的切片一样，序列的索引下标可以超出其真实的索引长度，例如：

动手写4.1.5

```
01  #!/usr/bin/env python3
02  # -*- coding: utf-8 -*-
03
04
05  # 列表
06  x1 =  [1, 2, 3, 4]
07  print("列表")
08  print(x1[3:10])
09
10  print("---------")
11  # 元组
12  x2 = (1, 2, 3, 4)
13  print("元组")
14  print(x2[3:10])
15
16  print("---------")
17  # 字符串
18  x3 = "1234"
19  print("字符串")
20  print(x3[3:10])
```

执行结果如下：

```
列表
[4]
---------
元组
(4,)
---------
字符串
4
```

所有的序列的切片都有个默认的"a""b"值（这里的"a"和"b"对应前面例子中所说的
"第一个参数"和"第二个参数"），即"a"的默认值是0，"b"的默认值是到序列的最后（包
含最后一个元素）。例如：

动手写4.1.6

```
01  #!/usr/bin/env python3
02  # -*- coding: utf-8 -*-
03
04
05  # 列表
06  x1 =  [1, 2, 3, 4]
07  print("列表")
08  print(x1[3:])
09  print(x1[:3])
10
11  print("---------")
12  # 元组
13  x2 = (1, 2, 3, 4)
14  print("元组")
15  print(x2[3:])
16  print(x2[:3])
17
18  print("---------")
19  # 字符串
20  x3 = "1234"
21  print("字符串")
22  print(x3[3:])
23  print(x3[:3])
```

执行结果如下:

```
列表
[4]
[1, 2, 3]
---------
元组
(4,)
(1, 2, 3)
---------
字符串
4
123
```

执行结果符合预期。根据上面的执行结果可知，如果切片的两个索引都设置为空，那自然获取整个序列。例如：

动手写4.1.7

```
01  #!/usr/bin/env python3
02  # -*- coding: utf-8 -*-
03
04  # 列表
05  x1 =  [1, 2, 3, 4]
06  print("列表")
07  print(x1[:])
08
09  print("---------")
10  # 元组
11  x2 = (1, 2, 3, 4)
12  print("元组")
13  print(x2[:])
14
15  print("---------")
16  # 字符串
17  x3 = "1234"
18  print("字符串")
19  print(x3[:])
```

执行结果如下：

```
列表
[1, 2, 3, 4]
---------
元组
(1, 2, 3, 4)
---------
字符串
1234
```

结果中输出的是整个序列。

在进行切片时，我们可以根据需求提供起始位置和结束位置来获取任意的序列，不过这种方式获取到的序列都是连续的。如果我们要获取非连续的序列，那该怎么办呢？

对于这种情况，Python的切片提供了第三个参数：步长。默认情况下步长为"1"。例如：

动手写4.1.8

```
01  #!/usr/bin/env python3
02  # -*- coding: utf-8 -*-
03
04
05  # 列表
06  x1 =  [1, 2, 3, 4, 5, 6, 7]
07  print("列表")
08  print(x1[1:5])
09  print(x1[1:5:1])
10
11  print("---------")
12  # 元组
13  x2 = (1, 2, 3, 4, 5, 6, 7)
14  print("元组")
15  print(x2[1:5])
16  print(x2[1:5:1])
17
18  print("---------")
19  # 字符串
20  x3 = "1234567"
21  print("字符串")
22  print(x3[1:5])
23  print(x3[1:5:1])
```

执行结果如下：

```
列表
[2, 3, 4, 5]
[2, 3, 4, 5]
---------
元组
(2, 3, 4, 5)
(2, 3, 4, 5)
---------
字符串
```

```
2345
2345
```

　　从执行结果来看，设置步长为"1"和不设置步长是一样的，说明默认步长为"1"。如果设置步长为"2"，则得到的序列是从开始到结束每隔"1"个元素的序列。例如：

　　动手写4.1.9

```
01  #!/usr/bin/env python3
02  # -*- coding: utf-8 -*-
03
04  # 列表
05  x1 =  [1, 2, 3, 4, 5, 6, 7]
06  print("列表")
07  print(x1[1::2])
08  print(x1[1::3])
09
10  print("---------")
11  # 元组
12  x2 = (1, 2, 3, 4, 5, 6, 7)
13  print("元组")
14  print(x2[1::2])
15  print(x2[1::3])
16
17  print("---------")
18  # 字符串
19  x3 = "1234567"
20  print("字符串")
21  print(x3[1::2])
22  print(x3[1::3])
```

　　执行结果如下：

```
列表
[2, 4, 6]
[2, 5]
---------
元组
(2, 4, 6)
```

```
(2, 5)
---------
字符串
246
25
```

从以上执行结果可以看出，使用步长的方式是很灵活的，只需在切片后再添加 ":" 并输入想要的步长即可。不过需要注意的是，步长参数不支持 "0"。例如：

动手写4.1.10

```
01  #!/usr/bin/env python3
02  # -*- coding: utf-8 -*-
03
04
05  # 列表
06  x1 =  [1, 2, 3, 4, 5, 6, 7]
07  print("列表")
08  print(x1[1::0]) # 错误
09
10  print("---------")
11  # 元组
12  x2 = (1, 2, 3, 4, 5, 6, 7)
13  print("元组")
14  print(x2[1::0]) # 错误
15
16  print("---------")
17  # 字符串
18  x3 = "1234567"
19  print("字符串")
20  print(x3[1::0]) # 错误
```

Python解释器会输出 "ValueError: slice step cannot be zero" 的错误信息，提示用户切片的步长不能为 "0"。那步长可以是负数吗？

动手写4.1.11

```
01  #!/usr/bin/env python3
02  # -*- coding: utf-8 -*-
03
04  # 列表
```

```
05  x1 =  [1, 2, 3, 4, 5, 6, 7]
06  print("列表")
07  print(x1[5::-1])
08  print(x1[5::-2])
09
10  print("---------")
11  # 元组
12  x2 = (1, 2, 3, 4, 5, 6, 7)
13  print("元组")
14  print(x2[5::-1])
15  print(x2[5::-2])
16
17  print("---------")
18  # 字符串
19  x3 = "1234567"
20  print("字符串")
21  print(x3[5::-1])
22  print(x3[5::-2])
```

执行结果如下：

```
列表
[6, 5, 4, 3, 2, 1]
[6, 4, 2]
---------
元组
(6, 5, 4, 3, 2, 1)
(6, 4, 2)
---------
字符串
654321
642
```

　　从执行结果可以看出，Python解释器并没有输出错误信息，说明Python支持负数作为步长。那负数作为步长获取到的是什么呢？正如例子中输出的，当负数作为步长时，Python会从序列的尾部开始向左获取元素，直到第一个元素为止。正数的步长则是从序列的头部开始从左往右获取元素，负数则正好相反。所以正数的步长开始点必须小于结束点，而负数的步长开始点则必须大于结束点。

4.1.3 序列相加

序列之间可以使用"+"（加号）进行连接操作。例如：

动手写4.1.12

```
01  #!/usr/bin/env python3
02  # -*- coding: utf-8 -*-
03
04
05  # 列表
06  x1 =  [1, 2, 3,] +  [ 4, 5, 6, 7]
07  print("列表")
08  print(x1)
09
10  print("---------")
11  # 元组
12  x2 = (1, 2, 3,) + (4, 5, 6, 7)
13  print("元组")
14  print(x2)
15
16  print("---------")
17  # 字符串
18  x3 = "123" + "4567"
19  print("字符串")
20  print(x3)
```

执行结果如下：

```
列表
[1, 2, 3, 4, 5, 6, 7]
---------
元组
(1, 2, 3, 4, 5, 6, 7)
---------
字符串
1234567
```

从结果中可以看出，序列和序列之间通过加号连接，连接后的结果还是相同类型的序列，列表和列表连接的结果仍是列表，元组和元组连接的结果仍是元组，字符串和字符串连接的结果仍是字符串，但是要注意不同类型的序列是不能做连接的。例如：

动手写4.1.13

```
01  #!/usr/bin/env python3
02  # -*- coding: utf-8 -*-
03
04  # 错误
05  [1, 2, 3] + (1, 2, 3)
06
07  "123" +  [1, 2, 3]
08
09  (1, 2, 3) + "123"
```

上面这段代码如果执行的话会收到类似 "can only concatenate list (not "tuple") to list" 的错误提示。这个错误信息告诉我们，Python解释器只能在相同类型的序列之间做连接操作。

4.1.4　序列重复

在上一小节我们学到了序列可以使用 "+"（加号）做连接操作。在Python中，序列不仅可以做 "加法"，还可以使用 "*"（星号）做 "乘法"。例如：

动手写4.1.14

```
01  #!/usr/bin/env python3
02  # -*- coding: utf-8 -*-
03
04
05  # 列表
06  x1 =  [1, 2, 3,] * 5
07  print("列表")
08  print(x1)
09
10  print("---------")
11  # 元组
12  x2 = (1, 2, 3,) * 5
13  print("元组")
14  print(x2)
15
16  print("---------")
17  # 字符串
18  x3 = "123" * 5
```

```
19  print("字符串")
20  print(x3)
```

执行结果如下：

```
列表
 [1, 2, 3, 1, 2, 3, 1, 2, 3, 1, 2, 3, 1, 2, 3]
---------
元组
(1, 2, 3, 1, 2, 3, 1, 2, 3, 1, 2, 3, 1, 2, 3)
---------
字符串
123123123123123
```

从执行结果中不难看出，"*"可以帮助我们复制多份序列，这样创建一个重复序列就非常简便了。通常这些重复序列会被用在序列的初始化阶段，帮助我们做一些重复性的工作。

4.1.5 成员资格

成员资格指判断一个元素是否包含在序列中，Python中使用运算符"in"来判断。"in"运算符会判断左边的元素是否包含在右边的序列中，如果包含就会返回True（真），如果不包含则会返回False（假）。例如：

动手写4.1.15

```
01  #!/usr/bin/env python3
02  # -*- coding: utf-8 -*-
03
04
05  # 列表
06  print("列表")
07  print(5 in  [1, 2, 3, 4, 5, 6, 7])
08  print("Hi" in [1, 2, 3, 4, 5, 6, 7])
09
10  print("---------")
11  # 元组
12  print("元组")
13  print(5 in (1, 2, 3, 4, 5, 6, 7))
14  print("Hi" in (1, 2, 3, 4, 5, 6, 7))
15
```

```
16  print("---------")
17  # 字符串
18  print("字符串")
19  print("5" in "1234567")
20  print("Hi" in "1234567")
```

执行结果如下：

```
列表
True
False
---------
元组
True
False
---------
字符串
True
False
```

从执行结果我们可以看出，"in"运算符可以判断指定的元素是否包含在序列中。但是要注意，只有当元素的类型和值都完全一致，才算是有包含在序列中，比如数字"5"和字符串""5""就是两种不同的元素。还有一点需要注意的是，如果判断字符串序列是否包含元素，则所参与运算的元素必须是字符串。例如：

动手写4.1.16

```
01  #!/usr/bin/env python3
02  # -*- coding: utf-8 -*-
03
04
05  # 错误
06  print(5 in "1234567")
```

若执行这段代码，Python解释器会输出错误信息："TypeError: 'in <string>' requires string as left operand, not int"。从错误信息我们不难看出，Python解释器要求如果"in"操作符的右边是字符串，那么左边也必须是字符串。

4.1.6　长度、最小值、最大值和求和

Python提供了不少通用方法可以给存储数字的序列使用。例如：

动手写4.1.17

```
01  #!/usr/bin/env python3
02  # -*- coding: utf-8 -*-
03
04
05  # 列表
06  x1 =  [1, 2, 3, 4, 5, 6, 7]
07  print("列表")
08  print("列表长度", len(x1))
09  print("列表最小值", min(x1))
10  print("列表最大值", max(x1))
11  print("列表求和", sum(x1))
12
13  print("---------")
14  # 元组
15  x2 = (1, 2, 3, 4, 5, 6, 7)
16  print("元组")
17  print("元组长度", len(x2))
18  print("元组最小值", min(x2))
19  print("元组最大值", max(x2))
20  print("元组求和", sum(x2))
21
22
23  print("---------")
24  # 字符串
25  x3 = "1234567"
26  print("字符串")
27  print("字符串长度", len(x3))
28  print("字符串最小值", min(x3))
29  print("字符串最大值", max(x3))
```

执行结果如下：

```
列表
列表长度 7
列表最小值 1
```

```
列表最大值 7
列表求和 28
---------
元组
元组长度 7
元组最小值 1
元组最大值 7
元组求和 28
---------
字符串
字符串长度 7
字符串最小值 1
字符串最大值 7
```

从执行结果我们可以看出，len函数可以获取序列的长度，min函数可以获取序列的最小值，max函数可以获取序列的最大值，sum函数可以对序列求和。但是要注意sum函数求和的要求是序列的元素必须都是int，由于字符串序列的元素都是字符串，所以sum函数无法对字符串序列求和。

 列表

在前面一些章节我们已经大体接触过列表，可以看出列表的功能是很强大的，它是Python的重要数据结构之一，所以本节将详细讲解和列表相关的操作。

4.2.1 列表更新

列表可以通过索引获取其中的单个元素，也可以通过索引更新其中的元素，使用方法就和变量赋值一样方便。例如：

动手写4.2.1

```python
01  #!/usr/bin/env python3
02  # -*- coding: utf-8 -*-
03
04
05  a1=[1, 2, 3, 4, 5]
06  print(a1[2])
```

```
07  a1[2] = "Hello"
08  print(a1)
```

执行结果如下：

```
3
[1, 2, 'Hello', 4, 5]
```

从执行结果我们可以看到，一个列表是可以存储不同类型的数据的，并且修改的新元素也不需要和原来的元素类型一致。但是要注意，更新列表的索引必须是已存在的索引，不能对超出列表长度的索引更新元素。例如：

动手写4.2.2

```
01  #!/usr/bin/env python3
02  # -*- coding: utf-8 -*-
03
04  # 错误
05  a1 = [1, 2, 3, 4, 5]
06  a1[10] = "Hello"
```

执行这个例子，Python解释器会输出错误信息 "IndexError: list assignment index out of range"，提示我们索引超出了列表的范围。

4.2.2 增加元素

列表不能通过索引来添加元素，索引只能修改更新现有的元素。如果想要添加新元素，可以使用append方法在列表的最后追加新元素。例如：

动手写4.2.3

```
01  #!/usr/bin/env python3
02  # -*- coding: utf-8 -*-
03
04  a1 = [1, 2, 3, 4, 5]
05  a1.append("Hello")
06  print(a1)
```

执行结果如下：

```
[1, 2, 3, 4, 5, 'Hello']
```

从执行结果我们看出，append直接在原来的列表上新增了一个元素。但是要注意，append每次只能新增一个元素，如果想新增多个元素就要使用extend方法，例如：

动手写4.2.4

```
01  #!/usr/bin/env python3
02  # -*- coding: utf-8 -*-
03
04  a1 =  [1, 2, 3, 4, 5]
05  a1.append([6, 7])
06  print("append")
07  print(a1)
08
09  print("------------------")
10
11  a2 =  [1, 2, 3, 4, 5]
12  a2.extend([6, 7])
13  print("extend")
14  print(a2)
```

执行结果如下：

```
append
[1, 2, 3, 4, 5,[6, 7]]
------------------
extend
[1, 2, 3, 4, 5, 6, 7]
```

从执行结果我们能很容易看出append和extend两种方法的不同效果，append无论后面是单个元素还是一个列表，都会把它当成一个新元素追加在原来的列表的后面，而extend则会展开，把新列表拆开追加在原来的列表后面。

append和extend两种方法都是在列表的最后追加元素，那有没有什么办法可以在列表中间插入元素呢？Python里当然也提供了相应的方法，就是方法insert，例如：

动手写4.2.5

```
01  #!/usr/bin/env python3
02  # -*- coding: utf-8 -*-
03
04  a1 =  [1, 2, 3, 4, 5]
05  print(a1)
```

```
06  print("insert")
07  a1.insert(2, "Hello")
08  print(a1)
```

执行结果如下：

```
[1, 2, 3, 4, 5]
insert
[1, 2, 'Hello', 3, 4, 5]
```

insert方法需要传递两个参数，第一个参数表示要插入的新元素的位置，第二个参数表示要插入的新元素。insert和append一样，一次只能新增一个元素。

4.2.3　删除元素

能够添加元素，自然也可以删除元素。Python也提供了好几种对列表删除元素的方法。

（1）pop函数用于移除列表中的一个元素（默认是最后一个元素），并且返回该元素的值。例如：

动手写4.2.6

```
01  #!/usr/bin/env python3
02  # -*- coding: utf-8 -*-
03
04  a1 =  [1, 2, 3, 4, 5]
05  print(a1)
06  print("pop()")
07  r1 = a1.pop()
08  print("result", r1)
09  print("list", a1)
10  print("----------------")
11  a2 =  [1, 2, 3, 4, 5]
12  print("pop(2)")
13  r2 = a2.pop(2)
14  print("result", r2)
15  print("list", a2)
```

执行结果如下：

```
[1, 2, 3, 4, 5]
```

```
pop()
result 5
list  [1, 2, 3, 4]
----------------
pop(2)
result 3
list  [1, 2, 4, 5]
```

从执行结果中可以看到，pop函数可以删除指定位置的元素，并且把这个元素作为返回值返回，如果不指定位置则默认选择最后一个元素。

（2）不但可以根据位置删除元素，还可以根据元素内容来对元素进行删除。remove方法就提供了这样的功能，例如：

动手写4.2.7

```
01  #!/usr/bin/env python3
02  # -*- coding: utf-8 -*-
03
04  a1 =  ["Hello", "Google", "Baidu", "QQ"]
05  print(a1)
06  print("remove")
07  a1.remove("Baidu")
08  print(a1)
```

执行结果如下：

```
['Hello', 'Google', 'Baidu', 'QQ']
remove
['Hello', 'Google', 'QQ']
```

"remove"会删除查找到的第一个元素，并且没有返回值。

（3）不但可以使用列表自带的方法对列表元素进行删除，也可以使用关键字"del"来删除列表元素，例如：

动手写4.2.8

```
01  #!/usr/bin/env python3
02  # -*- coding: utf-8 -*-
03
04  a1 =  ["Hello", "Google", "Baidu", "QQ"]
```

```
05  print(a1)
06  print("del")
07  del a1[2]
08  print(a1)
```

执行结果如下：

```
['Hello', 'Google', 'Baidu', 'QQ']
del
['Hello', 'Google', 'QQ']
```

关键字"del"后是指定的列表元素和索引，从例子中可以看出，"del"删除了其中一个元素，元素数量从四个变成了三个。"del"不仅可以删除列表的元素，还能删除其他元素，具体操作会在后续章节里做详细介绍。

4.2.4 查找元素

Python提供了index方法用于查找元素在列表中的索引位置，例如：

动手写4.2.9

```
01  #!/usr/bin/env python3
02  # -*- coding: utf-8 -*-
03
04  a1 = ["Hello", "Google", "Baidu", "QQ"]
05  print("Baidu index is", a1.index("Baidu"))
06  print("QQ index is", a1.index("QQ"))
```

执行结果如下：

```
Baidu index is 2
QQ index is 3
```

但是要注意，如果元素不在列表中，Python解释器就会输出错误信息。例如：

动手写4.2.10

```
01  #!/usr/bin/env python3
02  # -*- coding: utf-8 -*-
03
04  # 错误
05  a1 = ["Hello", "Google", "Baidu", "QQ"]
06  print("Taobao index is", a1.index("Taobao"))
```

运行这个例子，Python解释器会显示错误提示"ValueError: 'Taobao' is not in list"，告诉我们这个元素不在列表中。

4.2.5　队列的其他操作

（1）reverse方法可以反转队列，和"[::-1]"类似，但是reverse方法修改的是原来的队列，并且没有返回值。例如：

动手写4.2.11

```python
01  #!/usr/bin/env python3
02  # -*- coding: utf-8 -*-
03
04  a1 = [1, 2, 3, 4, 5]
05  print(a1)
06  print("reverse")
07  a1.reverse()
08  print(a1)
```

执行结果如下：

```
[1, 2, 3, 4, 5]
reverse
[5, 4, 3, 2, 1]
```

（2）count方法用于统计某个元素在列表中出现的次数。例如：

动手写4.2.12

```python
01  #!/usr/bin/env python3
02  # -*- coding: utf-8 -*-
03
04  a1 = ["Hello", "Google", "Baidu", "QQ", "01", "Hello"]
05  print(a1)
06  print(a1.count("Hello"))
07  print(a1.count("Taobao"))
```

执行结果如下：

```
['Hello', 'Google', 'Baidu', 'QQ', '01', 'Hello']
2
0
```

（3）sort方法用于对列表进行排序，还可以自定义排序方式，但由于篇幅关系，这里不做展开描述。sort会修改并对原列表排序，没有返回值，例如：

动手写4.2.13

```
01  #!/usr/bin/env python3
02  # -*- coding: utf-8 -*-
03
04  a1 = [1, 100, 74, 16, 3]
05  print(a1)
06  print("sort")
07  a1.sort()
08  print(a1)
```

执行结果如下：

```
[1, 100, 74, 16, 3]
sort
[1, 3, 16, 74, 100]
```

4.3 元组

元组与列表十分相似，大部分方法都通用，但是元组与列表的最大区别是列表可以修改、可以读取、可以删除，而元组创建之后则不能修改，不能删除单个元素，但是可以删除整个元组。

4.3.1 定义元组

元组定义大体上和列表类似，定义元组时只需要用"("和")"把元素括起，并用","把元素隔开就可以了。例如：

动手写4.3.1

```
01  #!/usr/bin/env python3
02  # -*- coding: utf-8 -*-
03
04  a1 = (1, 2, 3)
05  print(a1)
06  print(type(a1))
```

执行结果如下：

```
(1, 2, 3)
<class 'tuple'>
```

但是要注意，如果元组只有一个元素，则这个元素后面必须要有"，"，否则元素就还是其原来的类型。例如：

动手写4.3.2

```
01  #!/usr/bin/env python3
02  # -*- coding: utf-8 -*-
03
04  a1 = (1)
05  print(a1, type(a1))
06
07  a2 = (1,)
08  print(a2, type(a2))
09
10  a3 = ("Hello")
11  print(a3, type(a3))
12
13  a4 = ("Hello",)
14  print(a4, type(a4))
```

执行结果如下：

```
1 <class 'int'>
(1,) <class 'tuple'>
Hello <class 'str'>
('Hello',) <class 'tuple'>
```

从执行结果可以看到，如果只有一个元素，单单使用"()"是不够的，还需要在最后加上"，"，才能定义一个元组。

4.3.2 删除元组

由于元组不能修改，所以元组也不能单独删除部分元素，要删除只能删除整个元组。例如：

动手写4.3.3

```
01  #!/usr/bin/env python3
02  # -*- coding: utf-8 -*-
03
```

```
04   a1 = (1, 2, 3, 5)
05   del a1
06   # 错误
07   print(a1)
```

运行这段代码，Python解释器会在"print"的时候输出错误提示"NameError: name 'a1' is not defined"，这个提示说明了变量"a1"未定义，而我们成功删除了元组"a1"。

4.3.3　元组的其他操作

元组虽然不能修改，但是列表所支持的查询方法基本上元组都支持。也正是因为元组不能修改，所以元组的查询速度要比列表更快。

（1）count方法用于统计某个元素在元组中出现的次数。例如：

动手写4.3.4

```
01   #!/usr/bin/env python3
02   # -*- coding: utf-8 -*-
03
04   a1 = ("Hello", "Google", "Baidu", "QQ", "01", "Hello")
05   print(a1)
06   print(a1.count("Hello"))
07   print(a1.count("Taobao"))
```

执行结果如下：

```
('Hello', 'Google', 'Baidu', 'QQ', '01', 'Hello')
2
0
```

（2）index方法用于查找元素在元组中的索引位置，例如：

动手写4.3.5

```
01   #!/usr/bin/env python3
02   # -*- coding: utf-8 -*-
03
04   a1 = ("Hello", "Google", "Baidu", "QQ")
05   print("Baidu index is", a1.index("Baidu"))
06   print("QQ index is", a1.index("QQ"))
```

执行结果如下：

```
Baidu index is 2
QQ index is 3
```

 4.4 字典

4.4.1 定义字典

字典（dict）类型就和它的名字一样，可以像查字典一样去查找。其他一些语言里也有类似的类型，如PHP中的Array，Java中的HashMap。定义字典非常简单，例如：

动手写4.4.1

```
01  #!/usr/bin/env python3
02  # -*- coding: utf-8 -*-
03
04  english = {
05    "we": "我们",
06    "world": "世界",
07    "company": "公司",
08  }
09
10  print(english, type(english))
```

执行结果如下：

```
{'we': '我们', 'world': '世界', 'company': '公司'} <class 'dict'>
```

从例子中我们可以很容易地看出，字典的元素是成对出现的，每个元素都是由 ":" 和键值对（":" 左边的称为键或者Key，":" 右边的称为值或者Value）构成，元素和元素之间用 "," 分隔，整个字典用花括号 "{}" 包围。字典的键必须是唯一、不重复的，如果是空字典（一个元素都没有），则可以直接使用 "{}" 表示。例如：

动手写4.4.2

```
01  #!/usr/bin/env python3
02  # -*- coding: utf-8 -*-
03
04  empty = {}
```

```
05
06  print(empty, type(empty))
```

执行结果如下：

```
{} <class 'dict'>
```

4.4.2　使用字典

在Python中，字典其实就是一组键值对。这在赋值字典变量的时候就可以看出，字典元素都是成对出现的，每个元素必须要有键和对应的值。访问字典跟查字典一样，需要用键去"查找"值。例如：

动手写4.4.3

```
01  #!/usr/bin/env python3
02  # -*- coding: utf-8 -*-
03
04  english = {
05      "we": "我们",
06      "world": "世界",
07      "company": "公司",
08  }
09
10  print("world", english["world"])
```

执行结果如下：

```
world 世界
```

从例子中可以看到，使用dict就像查字典一样，用类似列表索引的语法查找键对应的值。但是要注意，这种方法只能获取已存在的键值对，如果尝试访问不存在的键，Python将会显示错误信息。例如：

动手写4.4.4

```
01  #!/usr/bin/env python3
02  # -*- coding: utf-8 -*-
03
04  english = {
05      "we": "我们",
06      "world": "世界",
```

```
07     "company": "公司",
08   }
09
10   # 错误
11   print("city", english["city"])
```

运行这个例子时，Python解释器将会显示错误信息"KeyError: 'city'"来提示我们"city"这个键不存在。

字典和列表一样，都是一种可修改的结构，所以我们也能对字典进行修改。修改的方式和列表有些类似，例如：

动手写4.4.5

```
01   #!/usr/bin/env python3
02   # -*- coding: utf-8 -*-
03
04   english = {
05     "we": "我们",
06     "world": "城市",
07     "company": "公司",
08   }
09
10   print(english)
11   english["world"] = "世界"
12   print(english)
```

执行结果如下：

```
{'we': '我们', 'world': '城市', 'company': '公司'}
{'we': '我们', 'world': '世界', 'company': '公司'}
```

从这个例子的执行结果来看，我们成功修改了"world"对应的值。字典新增元素和修改元素的语法是一样的，例如：

动手写4.4.6

```
01   #!/usr/bin/env python3
02   # -*- coding: utf-8 -*-
03
04   english = {}
05
```

```
06  print(english)
07  english["city"] = "城市"
08  print(english)
```

执行结果如下：

```
{}
{'city': '城市'}
```

我们先定义一个空字典，里面没有任何元素，然后我们使用像修改字典一样的语法去添加新的元素，将元素远程添加到原来的空字典中，十分方便。

由于字典和列表一样，都是可以被修改的类型，所以字典中的元素自然也能被删除，例如：

动手写4.4.7

```
01  #!/usr/bin/env python3
02  # -*- coding: utf-8 -*-
03
04  english = {
05      "we": "我们",
06      "city": "城市",
07      "company": "公司",
08  }
09
10  print(english)
11  del english["city"]
12  print(english)
```

执行结果如下：

```
{'we': '我们', 'city': '城市', 'company': '公司'}
{'we': '我们', 'company': '公司'}
```

从结果中看到，del关键字同样也可以删除字典的元素。

4.4.3 字典的其他操作

字典和列表一样也有许多方法，这些方法非常有用，因此本小节主要讲解一些针对字典的方法。

（1）clear方法可以用于清空字典的所有元素，使字典变成空字典，而不需要一个一个地删除元素，例如：

动手写4.4.8

```
01  #!/usr/bin/env python3
02  # -*- coding: utf-8 -*-
03
04  english = {
05    "we": "我们",
06    "city": "城市",
07    "company": "公司",
08  }
09
10  print(english)
11  english.clear()
12  print(english)
```

执行结果如下：

```
{'we': '我们', 'city': '城市', 'company': '公司'}
{}
```

（2）使用copy方法可返回一个具有相同键值对的新字典。字典和列表一样，如果只是赋值的话则只是引用之前的内容，但如果做修改就会改变原先的字典内容。copy方法类似于列表的"[:]"语法，相当于完整地复制了一份新的副本。例如：

动手写4.4.9

```
01  #!/usr/bin/env python3
02  # -*- coding: utf-8 -*-
03
04  english1 = {
05    "we": "我们",
06    "world": "世界",
07    "company": "公司",
08  }
09
10  english2 = english1
11  english3 = english1.copy()
12
13  print("english1", english1)
14  print("english2", english2)
```

```
15   print("english3", english3)
16
17
18   print("---------------------")
19   print("change english2")
20   english2["city"] = "城市"
21
22   print("english1", english1)
23   print("english2", english2)
24   print("english3", english3)
25
26   print("---------------------")
27   print("change english3")
28   english3["school"] = "学校"
29
30   print("english1", english1)
31   print("english2", english2)
32   print("english3", english3)
```

执行结果如下：

```
english1 {'we': '我们', 'world': '世界', 'company': '公司'}
english2 {'we': '我们', 'world': '世界', 'company': '公司'}
english3 {'we': '我们', 'world': '世界', 'company': '公司'}
---------------------
change english2
english1 {'we': '我们', 'world': '世界', 'company': '公司', 'city': '城市'}
english2 {'we': '我们', 'world': '世界', 'company': '公司', 'city': '城市'}
english3 {'we': '我们', 'world': '世界', 'company': '公司'}
---------------------
change english3
english1 {'we': '我们', 'world': '世界', 'company': '公司', 'city': '城市'}
english2 {'we': '我们', 'world': '世界', 'company': '公司', 'city': '城市'}
english3 {'we': '我们', 'world': '世界', 'company': '公司', 'school': '学
校'}
```

从例子的执行结果我们可以发现，使用copy方法对获取到的字典做修改，原始的字典不受影响。使用copy就像重新写了一个新的字典，只是元素恰巧和原来的字典相同。注意copy进行的拷贝是浅拷贝，如果字典的元素值也是字典，那么copy只会影响最外层字典，元素内部还是引用。可以

用深拷贝解决此类问题，此处不做讲解，有兴趣的读者可以自行查阅相关资料了解技术细节。

（3）fromkeys方法用于创建一个新字典，用序列中的元素作为字典的键，第二个参数为字典所有参数对应的初始值，例如：

动手写4.4.10

```
01  #!/usr/bin/env python3
02  # -*- coding: utf-8 -*-
03
04  seq = ("name", "age", "class")
05
06  student1 = dict.fromkeys(seq)
07  print("不指定默认值", student1)
08
09  student2 = dict.fromkeys(seq, 15)
10  print("指定默认值", student2)
```

执行结果如下：

```
不指定默认值 {'name': None, 'age': None, 'class': None}
指定默认值 {'name': 15, 'age': 15, 'class': 15}
```

（4）使用get方法返回键对应的值，如果字典不存在对应的键则返回默认值。例如：

动手写4.4.11

```
01  #!/usr/bin/env python3
02  # -*- coding: utf-8 -*-
03
04  english = {
05    "we": "我们",
06    "world": "世界",
07    "company": "公司",
08  }
09
10  print("world: ", english.get("world"))
11  print("city: ", english.get("city"))
12  print("city: ", english.get("city", "未知"))
```

执行结果如下：

```
world: 世界
city:  None
city:  未知
```

从执行结果可以看到，get方法不会因为键值对不存在而像使用索引获取键值对那样输出错误信息。get方法是如果获取不到则可以使用我们指定的默认值作为获取的变量值。

（5）使用keys方法返回一个列表，里面包含了字典的所有键。例如：

动手写4.4.12

```
01  #!/usr/bin/env python3
02  # -*- coding: utf-8 -*-
03
04  english = {
05    "we": "我们",
06    "city": "城市",
07    "company": "公司",
08  }
09
10  print(english.keys())
```

执行结果如下：

```
dict_keys(['we', 'city', 'company'])
```

keys方法常常用来判断一个键是否存在于字典中，可以与"in"操作符组合使用。例如：

动手写4.4.13

```
01  #!/usr/bin/env python3
02  # -*- coding: utf-8 -*-
03
04  english = {
05    "we": "我们",
06    "world": "世界",
07    "company": "公司",
08  }
09
10  print("是否存在 world ? ", "world" in english.keys())
11  print("是否存在 city ? ", "city" in english.keys())
```

执行结果如下：

```
是否存在 world ?  True
是否存在 city ?  False
```

（6）使用values方法返回一个列表，里面包含了字典的所有值。例如：

动手写4.4.14

```
01  #!/usr/bin/env python3
02  # -*- coding: utf-8 -*-
03
04  english = {
05    "we": "我们",
06    "city": "城市",
07    "company": "公司",
08  }
09
10  print("english中的值: ", english.values())
```

执行结果如下：

```
english中的值:  dict_values(['我们', '城市', '公司'])
```

（7）使用items方法返回一个列表，里面包含了所有键的列表和所有值的列表（准确地说items返回的并不是一个list类型，只是类似list，在这里不展开说明）。例如：

动手写4.4.15

```
01  #!/usr/bin/env python3
02  # -*- coding: utf-8 -*-
03
04  english = {
05    "we": "我们",
06    "city": "城市",
07    "company": "公司",
08  }
09
10  print(english.items())
```

执行结果如下：

```
dict_items([('we', '我们'), ('city', '城市'), ('company', '公司')])
```

由于字典不能直接应用于for循环中，所以我们可以使用items方法来遍历字典。例如：

动手写4.4.16

```
01  #!/usr/bin/env python3
02  # -*- coding: utf-8 -*-
03
04  english = {
05    "we": "我们",
06    "world": "世界",
07    "company": "公司",
08  }
09
10  for k, v in english.items():
11    print(k, "=>", v)
```

执行结果如下：

```
we => 我们
world => 世界
company => 公司
```

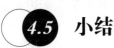 **小结**

本章重点介绍了Python语言中最为常见的数据结构——列表、元组和字典。需要重点掌握序列的索引和下标，第一个下标是从"0"开始的，最后一个下标是数组长度"–1"。序列有很多常见操作，其中对序列的创建、新增、删除和查找尤为重要。读者需要掌握序列的基本操作和使用方法，这对后续学习复杂类型的对象有很大帮助。

 **知识拓展**

4.6.1　集合

Python中有一种内置类型叫作集合（Set），它是一个非常有用的数据结构。它与列表（List）的行为类似，唯一区别在于集合不会包含重复的值。

定义集合：

动手写4.6.1

```
01  #!/usr/bin/env python3
02  # -*- coding: utf-8 -*-
03
04  empty = set() # 注意空集合不能使用 {} 定义
05  print("空集合", empty)
06  number = {1, 2, 3}
07  print("数字集合", number)
08  mix = set([1, "您好", 3.14])
09  print("混合类型集合", mix)
```

执行结果如下：

```
空集合 set()
数字集合 {1, 2, 3}
混合类型集合 {3.14, 1, '您好'}
```

定义集合的时候需要注意：如果是空集合（不包含任何元素的集合），必须使用set()定义；如果包含元素，则可以使用花括号"{}"定义集合，也可以使用set加上列表来定义。

在集合中添加元素可以使用add方法，例如：

动手写4.6.2

```
01  #!/usr/bin/env python3
02  # -*- coding: utf-8 -*-
03
04  number = {1, 2, 3}
05  print(number)
06  number.add(5)
07  print(number)
08  number.add(2)
09  print(number)
```

执行结果如下：

```
{1, 2, 3}
{1, 2, 3, 5}
{1, 2, 3, 5}
```

从执行结果我们可以发现：add方法在添加新元素时，如果新的元素与原来的元素没有重复，则正常添加元素，如果新的元素与原集合中的元素相同，则不会添加新的元素。这样保证了集合元素的唯一性。

在集合中删除元素可以使用remove方法，例如：

动手写4.6.3

```
01  #!/usr/bin/env python3
02  # -*- coding: utf-8 -*-
03
04  number = {1, 2, 3, 4, 5}
05  print(number)
06  number.remove(3)
07  print(number)
08  number.remove(5)
09  print(number)
```

执行结果如下：

```
{1, 2, 3, 4, 5}
{1, 2, 4, 5}
{1, 2, 4}
```

注意：remove方法并不能用于不存在的元素，如果元素不存在，Python解释器将会输出错误信息。

Python中的集合可以看成数学意义上的无序和无重复元素的集合，并且Python自带的集合类型支持很多数学意义上的集合操作，例如：

动手写4.6.4

```
01  #!/usr/bin/env python3
02  # -*- coding: utf-8 -*-
03
04  n1 = {1, 3, 5}
05  n2 = {2, 7 , 1, 3}
06
07  print("n1", n1)
08  print("n2", n2)
09  print("交集", n1 & n2)
10  print("并集", n1 | n2)
```

```
11  print("差集", n1 - n2)
12  print("对称差集", n1 ^ n2)
```

执行结果如下：

```
n1 {1, 3, 5}
n2 {1, 2, 3, 7}
交集 {1, 3}
并集 {1, 2, 3, 5, 7}
差集 {5}
对称差集 {2, 5, 7}
```

可以发现，集合能够很方便地帮助我们做一些数学意义上的集合操作。

4.6.2　列表推导式、字典推导式和集合推导式

Python支持三种推导式（或者称为解析式），分别对应列表、字典和集合。它能够以非常自然、简单的方式构建列表、字典或集合，就像数学家做的那样。

列表推导式的语法：用中括号括起来，中间使用for语句，后面跟着if语句用作判断，满足条件的传到for语句前面用作构建的列表。例如：

动手写4.6.5

```
01  #!/usr/bin/env python3
02  # -*- coding: utf-8 -*-
03
04  a1 = [x for x in range(5)]
05  print(a1)
06  odd = [x for x in range(10) if x % 2 != 0]
07  print(odd)
```

执行结果如下：

```
[0, 1, 2, 3, 4]
[1, 3, 5, 7, 9]
```

列表推导式最擅长的方式就是对整个列表分别做相同的操作，并且返回得到一个新的列表。

第二种是字典推导式，字典推导式和列表推导式类似。字典的元素是成对出现的，所以推导式定义的时候也是成对生成键值对。例如：

动手写4.6.6

```
01  #!/usr/bin/env python3
02  # -*- coding: utf-8 -*-
03
04  d1 = {n: n**2 for n in range(5)}
05  print(d1)
06
07  d2 = {v: k for k, v in d1.items()}
08  print(d2)
```

执行结果如下：

```
{0: 0, 1: 1, 2: 4, 3: 9, 4: 16}
{0: 0, 1: 1, 4: 2, 9: 3, 16: 4}
```

最后要介绍的是集合推导式。集合推导式基本上和列表推导式没什么区别，但是集合推导式会帮我们去除重复的元素，并且不使用中括号，而是使用花括号。例如：

动手写4.6.7

```
01  s1 = {i**2 for i in  [-1, -5, 1, 2, -2]}
02  print(s1)
```

执行结果如下：

```
{1, 4, 25}
```

>> 第 **5** 章
流程控制 《

所有编程语言在编写时都要遵照语言结构和流程控制，它们控制了整个程序运行的步骤。流程控制包括顺序控制、条件控制和循环控制。所谓顺序控制，就是按照正常的代码执行顺序，从上到下、从文件头到文件尾依次指定每条语句。

5.1 if判断

本章开始不会出现 ">>>" 的标记，也不会使用Python交互模式运行，请参考第2章中运行Python源代码文件的方法执行本章示例。

5.1.1 if语句

几乎所有的语言都有if语句，if语句按照条件选择执行不同的代码。Python的if语句格式如下：

```
if 表达式:
    语句1
    语句2
    ……
```

注意示例中 "语句1" "语句2" 前的缩进（相对于if行有四个空格开头）不能省略。每条if语句的核心都是一个值是 "True" 或 "False" 的表达式，这种表达式被称为条件测试。Python根据条件测试的值为 "True" 还是 "False" 来决定是否执行if语句中的代码。如果条件测试的值为 "True"，Python就执行紧跟在if语句后面的代码块；如果值为 "False"，Python就忽略这些代码不去执行。

动手写5.1.1

```
01  #!/usr/bin/env python3
02  # -*- coding: utf-8 -*-
03
04  x = True
05  if x:
06      print("It's True!")
```

执行结果如下：

```
It's True!
```

从执行结果来看，if语句中的代码块被执行，说明"x"的条件测试值是"True"。如果把"x"改成"False"：

动手写5.1.2

```
01  #!/usr/bin/env python3
02  # -*- coding: utf-8 -*-
03
04  x = False
05
06  if x:
07      print("It's True!")
```

这个例子的执行结果是没有输出的，说明代码块中的print语句没有被执行，表明"if"后的条件测试值是"False"。

"if"后的条件测试不只支持布尔类型，后面也可以使用数字，例如：

动手写5.1.3

```
01  #!/usr/bin/env python3
02  # -*- coding: utf-8 -*-
03
04  x = 18
05
06  if x:
07      print("x is", x)
```

执行结果如下：

```
x is 18
```

从执行结果来看，条件测试适用于数字。如果使用数字来作为"if"的判断条件，则只有数字"0"的条件测试结果是"False"。例如：

动手写5.1.4

```
01  #!/usr/bin/env python3
02  # -*- coding: utf-8 -*-
03
04  x = 0
05
06  if x:
07      print("x is not zero")
```

这个例子的执行结果是没有输出的，说明代码块中的print语句没有被执行，表明"if"后的条件测试值是"False"。

如果条件测试的内容是字符串，则只有字符串是空字符串时条件测试的结果是"False"，其余字符串都是"True"。

动手写5.1.5

```
01  #!/usr/bin/env python3
02  # -*- coding: utf-8 -*-
03
04  x = "Hello"
05
06  if x:
07      print("x is", x)
```

执行结果如下：

```
x is Hello
```

动手写5.1.6

```
01  #!/usr/bin/env python3
02  # -*- coding: utf-8 -*-
03
04  x = ""
05
06  if x:
07      print("Hello World")
```

这个例子的执行结果是没有输出的，说明代码块中的print语句没有被执行，表明"if"后的条件测试值是"False"。

不单是字符串，条件测试中空列表、空元组、空字典也是"False"。

动手写5.1.7

```
01  #!/usr/bin/env python3
02  # -*- coding: utf-8 -*-
03
04  x1 =  []
05  x2 =  [1, 2]
06
07  if x1:
08      print("x1")
09
10  if x2:
11      print("x2")
12
13  x3 =  ()
14  x4 =  (15,3)
15
16  if x3:
17      print("x3")
18
19  if x4:
20      print("x4")
21
22  x5 = {}
23  x6 = {"Hello": "World"}
24
25  if x5:
26      print("x5")
27
28  if x6:
29      print("x6")
```

执行结果如下：

```
x2
x4
x6
```

从这个例子的执行结果可以看出：字典、列表和元组类型的数据，当它们不包含任何元素时，条件测试的结果是"False"，不执行if语句中的代码；当它们有包含任何元素时，条件测试的结果是"True"，执行if语句中的代码。

还有一种情况的条件测试结果也是"False"，那就是"None"。当"if"的条件是"None"时，也不会执行if语句中的代码。

5.1.2 else语句

else语句很好理解，当"if"的条件测试为"False"的时候执行"else"后的语句，"else"是"if"语句的可选项，并且不一定非要有"else"。注意"else"不能单独出现，必须跟在"if"后面。例如：

动手写5.1.8

```
01  #!/usr/bin/env python3
02  # -*- coding: utf-8 -*-
03
04  x = 0
05
06  if x:
07      print("x is not zero")
08  else:
09      print("x is zero")
```

执行结果如下：

```
x is zero
```

从这个例子可以看出：数字"0"的条件测试是"False"，所以"if"后的语句不会被执行，但是"else"后的语句正确执行了。

5.1.3 elif语句

有时候可能会需要测试多个条件，单纯的"if...else"并不能满足所有需求，这种情况下就可以使用"elif"。"elif"和"else"一样都是"if"的可选项，并且"elif"也不能单独出现，必须跟在"if"后面。例如：

动手写5.1.9

```
01  #!/usr/bin/env python3
02  # -*- coding: utf-8 -*-
```

```
03
04   x = 89
05
06   if x > 90:
07        print("优")
08   elif x > 80:
09        print("良")
10   elif x > 60:
11        print("及格")
```

执行结果如下：

良

从执行的结果看，代码执行了第一个"elif"后面的语句。虽然"x"等于"89"满足"x>80"和"x>60"，但是"if...elif"只会执行第一条条件测试是"True"的语句，其他内容都会被忽视。注意：如果有"elif"，则"else"必须在最后，不能插在"elif"之前。

动手写5.1.10

```
01   #!/usr/bin/env python3
02   # -*- coding: utf-8 -*-
03
04   x = 49
05
06   if x > 90:
07        print("优")
08   elif x > 80:
09        print("良")
10   elif x > 60:
11        print("及格")
12   else:
13        print("不及格")
```

执行结果如下：

不及格

从执行结果看到，"x"变量不满足"if"和"elif"的条件，所以执行了"else"后的语句。

5.2 循环

程序一般是顺序执行的，Python提供了各种控制结构，允许更复杂的执行路径。循环允许我们多次执行相同的语句而不需要重复代码。Python中主要有两种循环结构：while循环和for循环。本节主要介绍这两种循环的使用。

5.2.1 while循环

while循环是Python中最简单的循环语句，它的语法格式如下：

```
while表达式：
    语句1
    语句2
    ……
```

注意示例中"语句1""语句2"前的缩进（相对于while行有四个空格开头）不能省略。

执行流程如下：

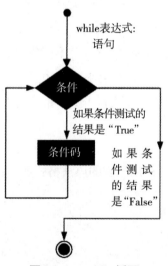

图5.2.1　while循环

while语句后的表达式和if语句后的表达式一样，都是条件测试。只有条件测试的结果是"True"时才会执行"while"循环体内的语句。例如：

动手写5.2.1

```
01  #!/usr/bin/env python3
02  # -*- coding: utf-8 -*-
03
```

```
04  x = 1
05
06  while x <= 10:
07      print(x)
08      x += 1
```

执行结果如下：

```
1
2
3
4
5
6
7
8
9
10
```

执行结果是打印出1~10的数字。注意"x+= 1"不能省略，否则会产生无限循环或者死循环，因为如果没有"x+=1"，那么变量"x"将永远小于"10"，while语句中的"x <= 10"条件测试则永远是"True"，那么"print(x)"将会一直执行下去，最终可能导致系统资源被耗尽。

5.2.2 for循环

for循环有个比while循环更丰富的作用，它的语法格式如下：

```
for变量 in 序列:
    语句1
    语句2
    ......
```

执行流程如下：

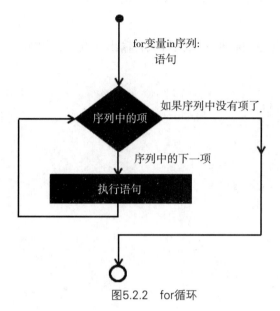

图5.2.2 for循环

语法格式中的序列可以是列表、元组等可迭代对象。可迭代对象的概念将会在后续章节详细展开介绍，本节先以列表和元组举例。例如：

动手写5.2.2

```
01  #!/usr/bin/env python3
02  # -*- coding: utf-8 -*-
03
04  for x in (1, 2, 3, 4, 5, 6, 7, 8, 9, 10):
05      print(x)
```

执行结果如下：

```
1
2
3
4
5
6
7
8
9
10
```

从执行结果中可以看到，变量"x"逐一遍历"in"后元组里的每个元素，遍历完所有元素之后结束循环。

在日常使用中我们经常会遇到需要多次执行或者输出的例子，例如：

动手写5.2.3

```
01  #!/usr/bin/env python3
02  # -*- coding: utf-8 -*-
03
04  for x in (0, 1, 2):
05      print("Hello World!")
```

执行结果如下：

```
Hello World!
Hello World!
Hello World!
```

执行结果输出了三个"Hello World!"。如果我们需要输出100个或者1000个"Hello World!"该怎么办呢？当然，我们可以写个很长的列表，里面包含了1000个元素。不过大可不必这么麻烦，Python中内置的range函数可以帮助我们处理此类问题。后续章节会详细介绍函数，本章只要知道range的使用方式即可。

range有两种使用方式，第一种是给定一个数字，例如10，range就会返回一个类似列表（其实并不是列表，是一个可迭代对象，后续章节会详细讲解，本章只要把它当作类似列表即可）。例如：

动手写5.2.4

```
01  #!/usr/bin/env python3
02  # -*- coding: utf-8 -*-
03
04  for x in range(10):
05      print(x)
```

执行结果如下：

```
0
1
2
3
4
5
```

```
6
7
8
9
```

执行结果输出了从"0"到"9"的10个数字，这是range函数的一种用法。

range的第二种用法是给定range函数的开始和结束数字，并且定义增长步进（如果不定义则默认是1）。例如：

动手写5.2.5

```
01  #!/usr/bin/env python3
02  # -*- coding: utf-8 -*-
03
04  for x in range(1, 10):
05      print(x)
```

执行结果如下：

```
1
2
3
4
5
6
7
8
9
```

从结果可以看出，程序输出了9个数字（注意："10"并不会输出），说明range输出的是从"1"到小于"10"的数字。

我们同样可以设置步进来限制生成的序列的步长，例如：

动手写5.2.6

```
01  #!/usr/bin/env python3
02  # -*- coding: utf-8 -*-
03
04  for x in range(1, 10, 2):
05      print(x)
```

执行结果如下：

```
1
3
5
7
9
```

从执行结果可以看出，程序输出了步长为2、从1到9的数字序列，说明range函数输出了我们期望的结果。

5.2.3　break和continue语句

前面介绍中的循环都会按部就班地一直执行下去，直到不满足条件，退出循环体。有时候可能情况比较复杂，需要跳过或者退出循环体，这时候break和continue语句就派上用场了。break的作用是立即退出循环体，直接结束循环。例如：

动手写5.2.7

```
01  #!/usr/bin/env python3
02  # -*- coding: utf-8 -*-
03
04  for i in range(10):
05      if i > 5:
06          break
07      print(i)
```

执行结果如下：

```
0
1
2
3
4
5
```

这个循环体中添加了if语句来判断变量"i"是否大于5，如果大于5则不再执行之后的循环。从执行结果看，break成功地退出了循环体。

continue的作用和break有点类似，不过continue并不会退出循环体，而是跳过当前的循环体执行之后的循环，例如：

动手写5.2.8

```
01  #!/usr/bin/env python3
02  # -*- coding: utf-8 -*-
03
04  for i in range(10):
05      if i == 5:
06          continue
07      print(i)
```

执行结果如下：

```
0
1
2
3
4
6
7
8
9
```

从执行结果中发现并没有数字"5"，说明continue被执行，跳过了后面的print语句。

 ## 5.3　小结

本节介绍了Python语言中常见的流程控制，分别有if条件判断语句和循环语句。通过本章的学习，读者应该对Python编程中的流程控制有所掌握，同时在实际工作中能够灵活运用流程控制语句。

5.4　知识拓展

5.4.1　pass语句

在Python中的pass语句是空语句，其作用是保持程序结构的完整性。pass不做任何操作，一般用作占位语句。例如：

动手写5.4.1

```python
01  #!/usr/bin/env python3
02  # -*- coding: utf-8 -*-
03
04  for i in range(10):
05      if i == 3:
06          pass
07      else:
08          print(i)
```

执行结果如下：

```
0
1
2
4
5
6
7
8
9
```

从执行结果可以看出，pass并没有做任何操作。那为什么需要这样的语句呢？这不得不从Python的缩进说起。

缩进在Python中至关重要。在Python中，行首的空格用来决定逻辑行的缩进层次，从而决定语句的分组。这意味着同一层次的语句必须要有相同的缩进，每一组这样的语句称为一个块。前面的if、while、else和for等都已经遇到了一行结尾是"："、后一行必须是有行首空白的情况（一般需要相对于前一行多四个空格）。不止是流程控制，在后续章节要讲到的函数、类等语法中也会用到缩进（行首空格，一般一组缩进四个空格）。在Python中，如果语法的缩进不正确，就会引起程序出错，例如：

动手写5.4.2

```python
01  #!/usr/bin/env python3
02  # -*- coding: utf-8 -*-
03
04  # 错误示例
05
```

```
06  i = 3
07   print(3)
08  print(5)
```

当运行这个程序的时候（注意第一个"print"之前的空格），将会得到以下错误信息：

```
 print(3)
 ^
IndentationError: unexpected indent
```

Python的这个信息告诉我们这个程序的语法是无效的，也就是说程序的编写是不正确的，所以不能随意地开始新的语法块。

那pass的作用是什么呢？正如本节开头所讲的，其作用就是"保持程序结构的完整性"。因为流程控制之后的一行必须是有缩进的语法块，然而有时候可能并不需要执行什么东西或者在编写程序的时候还没有想好要如何编写执行内容，这时候为了保持程序结构的完整性，就需要用到pass来占位。例如：

动手写5.4.3

```
01  #!/usr/bin/env python3
02  # -*- coding: utf-8 -*-
03
04  # 错误示例
05
06  x = 35
07
08  if x == 35:
09      # TODO
10  else:
11      print("x 不是 35")
```

运行这个例子也会收到一个错误信息：

```
IndentationError: expected an indented block
```

Python解释器期望能有一个缩进的语法块，但是由于没有任何语法块提供，所以程序无法执行，这时候就可以使用pass来占位：

动手写5.4.4

```
01  #!/usr/bin/env python3
```

```
02   # -*- coding: utf-8 -*-
03
04
05   x = 35
06
07   if x == 35:
08       # TODO
09       pass
10   else:
11       print("x 不是 35")
```

使用pass占位后，程序就可以顺利执行了，虽然我们可能没有想好要做什么，但是并不影响后续程序的运行。

5.4.2 循环语句中的else

在Python中，不只if可以和else组合，while和for也可以和else组合出现。

在和while组合出现的else后的代码块，会在while后的条件测试为"False"时执行。例如：

动手写5.4.5

```
01   #!/usr/bin/env python3
02   # -*- coding: utf-8 -*-
03
04   count = 0
05   while count < 5:
06       print(count, " is  less than 5")
07       count = count + 1
08   else:
09       print(count, " is not less than 5")
```

执行结果如下：

```
0  is  less than 5
1  is  less than 5
2  is  less than 5
3  is  less than 5
4  is  less than 5
5  is not less than 5
```

从执行结果可以看到，最后一个count为"5"，不满足while后的条件测试，所以就执行了else后的语句。但是需要注意，如果中途break退出循环是不会执行else后的代码块的。例如：

动手写5.4.6

```
01  #!/usr/bin/env python3
02  # -*- coding: utf-8 -*-
03
04  count = 0
05  while count < 5:
06      print(count, " is less than 5")
07      if count == 3:
08          break
09      count = count + 1
10  else:
11      print(count, " is not less than 5")
```

执行结果如下：

```
0  is  less than 5
1  is  less than 5
2  is  less than 5
3  is  less than 5
```

可以看到中途break退出循环，else后的代码块并没有执行。同样地，for后面组合的else与此情况大同小异，例如：

动手写5.4.7

```
01  #!/usr/bin/env python3
02  # -*- coding: utf-8 -*-
03
04  for count in range(5):
05      print(count, "in for segment")
06  else:
07      print(count, "in else segment")
```

执行结果如下：

```
0 in for segment
```

```
1 in for segment
2 in for segment
3 in for segment
4 in for segment
4 in else segment
```

可以看到else后的代码块被正确执行了。同样，如果是由于break操作退出的for循环，是不会执行else后的代码块的，例如：

动手写5.4.8

```
01 #!/usr/bin/env python3
02 # -*- coding: utf-8 -*-
03
04 for count in range(5):
05     print(count, "in for segment")
06     if count == 3:
07         break
08 else:
09     print(count, "in else segment")
```

执行结果如下：

```
0 in for segment
1 in for segment
2 in for segment
3 in for segment
```

从执行结果可以看出，由于是break退出的for循环，所以else后的代码块没有被执行。

>> 第 6 章
函　数

6.1　函数的概念

在编程中，我们经常要调用相同或者类似的操作，这些相同或者类似的操作是由同一段代码完成的，而函数的出现，可以帮助我们避免重复编写这些代码。函数的作用就是把相对独立的某个功能抽象出来，使之成为一个独立的实体。

例如，我们开发一个支持人与人之间对话的社交网站，"对话"这个功能实现起来比较复杂，我们可以将它封装为一个函数，每次调用函数就可以发起对话。大型网站都有日志功能，所有重要操作都会记录日志，而日志处理需要由多行Python文件操作的相关代码组成，将这些代码组装为函数，每次写日志调用此函数即可。

Python在全世界被广泛使用的一个原因，就是Python中有大量的内置函数，这些内置函数可以帮助我们快速构建各种场景的网站，下面开始讲解Python函数。

6.2　函数的定义

定义一个函数只要以"def"开头即可。

```
def function_name(arg1, arg2):
    function body
    return value
```

◇ 函数名（function_name）：和Python中其他的标识符命名规则相同，有效的函数名以字母或下划线开头，后面可以跟字母、数字或下划线，函数名应该能够反映函数所执行的任务。

97

注意Python中的函数名区分大小写，字母相同但是大小写不同的函数视为两个不同的函数。

◇ 函数参数（arg1,arg2）：调用一个函数时可以传递的参数。参数可以有一个或者多个，也可以没有参数。

◇ 函数内容（function body）：任何有效的代码都可以出现在函数内部。注意函数内容相对于定义函数的"def"行需要缩进四个空格。

◇ 函数返回值（return value）：函数执行完成后返回的值。也可以不返回任何内容，不返回内容可视为返回"None"。

动手写6.2.1

```
01  #!/usr/bin/env python3
02  # -*- coding: utf-8 -*-
03
04  def introduce(name):
05      print("Hello", name)
06
07  introduce("world")
08  # Hello world
09  introduce('零壹快学')
10  # Hello 零壹快学
```

执行结果如下：

```
Hello world
Hello 零壹快学
```

函数名为"introduce"，接受1个参数"name"，没有返回值。一共调用了两次函数，每次都会输出如注释中的文字。

6.3 函数参数

在创建函数时，可以设置参数，也可以不设置参数。对于设置参数的函数，当调用函数时需要向函数传递参数，被传入的参数称为实参，而函数定义时的参数为形参。

Python中函数的参数可以分成以下几种类型：

◇ 必须参数。

◇ 关键字参数。

◇ 默认参数。

◇ 可变参数。

◇ 组合参数。

6.3.1 必须参数

必须参数，顾名思义就是函数定义的参数调用时必须传入，并且在调用的时候数量和顺序必须和定义函数时的参数保持一致。例如：

动手写6.3.1

```
01  #!/usr/bin/env python3
02  # -*- coding: utf-8 -*-
03
04  def add(a, b):
05      print("a + b =", a+b)
06
07  add(1, 2)
```

执行结果如下：

```
a + b = 3
```

如果我们少传入一个参数：

动手写6.3.2

```
01  #!/usr/bin/env python3
02  # -*- coding: utf-8 -*-
03
04  def two_arg_function (arg1, arg2):
05      print("第一个参数", arg1)
06      print("第二个参数", arg2)
07
08  two_arg_function(1)  # 错误！
```

执行结果如下：

```
TypeError: two_arg_function() missing 1 required positional argument:
'arg2'
```

这一执行结果告诉我们，调用函数时函数缺少了一个必要的参数。

如果我们多传入一个参数：

动手写6.3.3

```
01  #!/usr/bin/env python3
02  # -*- coding: utf-8 -*-
03
04  def one_arg_function(arg1):
05      print("第一个参数", arg1)
06
07  one_arg_function(1, 2) # 错误!
```

执行结果如下:

```
TypeError: one_arg_function() takes 1 positional argument but 2 were
given
```

这一执行结果告诉我们,函数只需要一个参数,但是调用时给了两个参数。

通过以上例子我们可以发现,调用函数时必须保证参数的数量与定义函数时的参数数量一致。

6.3.2 关键字参数

使用关键字参数可以不按函数定义时的参数的顺序来调用函数,Python解释器能够根据函数定义时的参数名来匹配参数。例如:

动手写6.3.4

```
01  #!/usr/bin/env python3
02  # -*- coding: utf-8 -*-
03
04  def hello(name, age):
05      print("姓名: ", name)
06      print("年龄: ", age)
07
08  # 按顺序传递参数
09  hello(name="零一", age=18)
10
11  # 不按顺序传递参数
12  hello(age=3, name="小明")
```

执行结果如下:

```
姓名: 零一
年龄: 18
```

姓名：小明
年龄： 3

但是注意不能传入没有定义的参数：

动手写6.3.5

```
01  #!/usr/bin/env python3
02  # -*- coding: utf-8 -*-
03
04  def person_name(name):
05      print("姓名：", name)
06
07  # age 参数未定义
08  person_name(name="零一", age=18)  # 错误
```

执行结果如下：

```
TypeError: person_name() got an unexpected keyword argument 'age'
```

这一执行结果告诉我们，代码中有未知的关键字"age"。

通过以上例子可以发现，关键字参数的顺序对结果没有影响，无论是否按顺序调用都可以得到正常的结果。

6.3.3　默认参数

在定义函数时我们可以给参数添加默认值，如果调用函数时没有传入参数，函数就会使用默认值，并且不会像必须参数那样报错。例如：

动手写6.3.6

```
01  #!/usr/bin/env python3
02  # -*- coding: utf-8 -*-
03
04  def default_value(name, age=18):
05      print("我的名字是：", name)
06      print("我今年：", age, "岁")
07
08  default_value("零一")
```

执行结果如下：

我的名字是：零一

我今年：18岁

但是要注意的是，默认参数必须定义在最后，而且在默认参数之后定义必须参数会报错。例如：

动手写6.3.7

```
01  #!/usr/bin/env python3
02  # -*- coding: utf-8 -*-
03
04  def default_value(age=18, name):
05      print("我的名字是: ", name)
06      print("我今年: ", age, "岁")
07
08  default_value(name="零一")
```

执行结果如下：

```
SyntaxError: non-default argument follows default argument
```

这一执行结果告诉我们非默认参数不能跟在默认参数后面。

动手写6.3.8

```
01  #!/usr/bin/env python3
02  # -*- coding: utf-8 -*-
03
04  def student_score(name, score=60, location="Shanghai"):
05      print("姓名: ", name)
06      print("成绩: ", score)
07      print("地区: ", location)
08
09  print("-----传入所有参数-----")
10  student_score("零壹快学", 100, "Beijing")
11
12  print("-----不传最后一个参数-----")
13  student_score("小明", 80)
14
15  print("-----不传成绩-----")
16  student_score("小红", location="Guangzhou")
17
18  print("-----只传必须参数-----")
```

```
19  student_score("胖虎")
20
21  print("-----只传关键字参数-----")
22  student_score(name="元太")
```

执行结果如下：

```
-----传入所有参数-----
姓名：零壹快学
成绩：100
地区：Beijing
-----不传最后一个参数-----
姓名：小明
成绩：80
地区：Shanghai
-----不传成绩-----
姓名：小红
成绩：60
地区：Guangzhou
-----只传必须参数-----
姓名：胖虎
成绩：60
地区：Shanghai
-----只传关键字参数-----
姓名：元太
成绩：60
地区：Shanghai
```

通过以上例子我们可以发现，默认参数非常有用，它可以帮助我们少写不少代码。如果有许多地方调用函数、但是部分参数的值又是相同情况的时候，默认参数就非常有用了。

6.3.4　可变参数

在某些情况下我们不能在定义函数的时候就确定参数的数量和内容，这时候就可以使用可变参数。可变参数和前面介绍的例子有些许不同，可变参数声明时不会命名。基本语法如下：

```
some_func(*args, **kwargs)
```

参数说明：

◇ "some_func" 为函数名。

◇ "*args" 和 "**kwargs" 为可变参数。

让我们先看一下 "*args" 会输出什么。

动手写6.3.9

```
01  #!/usr/bin/env python3
02  # -*- coding: utf-8 -*-
03
04  def foo(*args):
05      print(args)
06
07  foo()
08
09  foo(1,2)
10
11  foo("零壹快学", "Shanghai", 20)
```

执行结果如下：

```
()
(1, 2)
('零壹快学', 'Shanghai', 20)
```

从例子中可以看到，"*args" 参数获取到的是一个元组，这也正是它能作为可变参数的原因。

让我们再看一下 "**kwargs" 会输出什么。

动手写6.3.10

```
01  #!/usr/bin/env python3
02  # -*- coding: utf-8 -*-
03
04  def foo(**kwargs):
05      print(kwargs)
06
07  foo()
08
09  foo(name="零壹快学")
```

执行结果如下：

```
{}
{'name': '零壹快学'}
```

从例子中可以看到，"**kwargs"参数获取到的是一个字典，所以我们在调用函数时也必须要使用关键字参数的方式来传递参数。

在日常使用中，"*args"和"**kwargs"经常出现，用于解决一些未知的情况。

动手写6.3.11

```
01  #!/usr/bin/env python3
02  # -*- coding: utf-8 -*-
03
04  def calculate_sum(*args, **kwargs):
05      s = 0
06      for i in args:
07          s += i
08      print("输入的数字之和是", s)
09      for k, v in kwargs.items():
10          print(k, v)
11
12  calculate_sum(1,2,3,4,5, 姓名="零一")
```

执行结果如下：

```
输入的数字之和是 15
姓名零一
```

正如上面的示例，我们在不知道有多少数字需要求和的情况下巧妙使用了可变参数来获取参数中所有数字的和。

不只在函数定义时可以使用"*"与"**"来声明参数，在函数调用时我们也可以使用相同的方式来传递未知的参数。

动手写6.3.12

```
01  #!/usr/bin/env python3
02  # -*- coding: utf-8 -*-
03
04  def exp(*args, **kwargs):
05      print(args)
06      print(kwargs)
07
08  l = [1,2,3,4]
09  d = {
```

```
10    "参数1": "arg1",
11    "参数2": "arg2"
12  }
13  exp(*l, **d)
```

执行结果如下：

```
(1, 2, 3, 4)
{'参数1': 'arg1', '参数2': 'arg2'}
```

由此可以看到，无论是参数调用还是函数定义的参数都能以some_func(*args, **kwargs)的形式调用。

 6.4 变量作用域

变量的作用域其实就相当于变量的命名空间，赋值过的变量并不是在哪里都可以使用的。如何定义变量决定了变量可以在哪里被使用。Python中变量赋值的位置决定了哪些范围的对象可以访问这个变量，这个范围就被称为作用域。

Python中有两种最基本的变量作用域：局部变量和全局变量。本节将分别对它们进行介绍。

6.4.1 局部变量

一般情况下，在函数内赋值的变量，不做特殊声明的都是局部变量。顾名思义，局部变量的作用域是局部的，在当前函数赋值则只能在当前函数使用。

如果在函数体中第一次出现的，就是局部变量，例如：

动手写6.4.1

```
01  #!/usr/bin/env python3
02  # -*- coding: utf-8 -*-
03
04  def foo():
05      x = "hello"
06      print(x)
07
08  foo()
```

执行结果如下：

```
hello
```

可以看到，函数内正确打印出了"x"变量的内容。"x"是在函数体内被赋值的，所以"x"是局部变量。局部变量只能在函数体内被访问，超出函数体的返回就不能正常执行，例如：

动手写6.4.2

```
01  #!/usr/bin/env python3
02  # -*- coding: utf-8 -*-
03
04  def foo():
05      x = "hello"
06      print(x)
07
08  foo()
09  print(x)
```

执行结果如下：

```
hello
NameError: name 'x' is not defined
```

从执行结果中我们可以发现：在函数体内的"print(x)"成功执行，但是函数体外的"print(x)"执行失败，并且收到错误信息："x"没有定义。

不只在函数体内赋值的变量是局部变量，函数定义时的参数也是局部变量，例如：

动手写6.4.3

```
01  #!/usr/bin/env python3
02  # -*- coding: utf-8 -*-
03
04  def foo(x):
05      print(x)
06
07  foo("hello")
08  print(x)
```

执行结果如下：

```
hello
NameError: name 'x' is not defined
```

可以看到，这个例子和上一个例子都得到了相同的结果：在函数体内的"print(x)"成功执行，但是函数体外的"print(x)"执行失败，并且收到错误信息："x"没有定义。这说明函数声明时的参数也是局部变量，只能在函数体内使用。

6.4.2　全局变量

在函数外赋值的变量就是全局变量，全局变量可以在整个程序范围内被访问。例如：

动手写6.4.4

```
01  #!/usr/bin/env python3
02  # -*- coding: utf-8 -*-
03
04  x = "hello"
05
06  def foo():
07      print(x)
08
09  foo()
```

执行结果如下：

```
hello
```

从执行结果可以发现，函数foo中的"print(x)"被正常执行了，说明在函数体外的变量可以正常地在函数体内访问。但是，函数体内的重新赋值的相同函数名字变量并不会改变函数体外的全局变量，例如：

动手写6.4.5

```
01  #!/usr/bin/env python3
02  # -*- coding: utf-8 -*-
03
04  x = "函数体外"
05
06  def foo():
07      x = "函数体内"
08      print(x)
09
10  foo()
11  print(x)
```

执行结果如下：

函数体内
函数体外

从执行结果中我们可以发现，函数foo对"x"进行赋值操作时并没有改变函数体外的"x"变量。说明如果在函数体内对"x"进行"修改"（其实是创建了一个新的变量，只是名字与函数体外的"x"变量相同），并不会修改函数体外的"x"。

那如果想对函数体外的变量进行修改，我们应该如何处理呢？这时候可以使用"global"关键字，例如：

动手写6.4.6

```
01  #!/usr/bin/env python3
02  # -*- coding: utf-8 -*-
03
04  x = "函数体外"
05
06  def foo():
07      global x
08      x = "函数体内"
09      print(x)
10
11  foo()
12  print(x)
```

执行结果如下：

函数体内
函数体内

从执行结果可以发现，在函数体内修改全局变量"x"为"函数体内"，函数体外的全局变量"x"也变成了"函数体内"。所以如果要在函数体内修改全局变量，就一定要添加"global"关键字。

6.5 函数返回值

如果想要获取函数中的局部变量，可以使用"return"关键字返回。例如：

动手写6.5.1

```
01  #!/usr/bin/env python3
```

```
02  # -*- coding: utf-8 -*-
03
04  def foo():
05      x = "局部变量"
06      return x
07
08  result = foo()
09  print(result)
```

执行结果如下：

局部变量

从执行结果可以发现，"return x"成功地返回了局部变量"x"的内容。如果不写"return"或者只有"return"而后面没有变量，那会出现什么情况呢？

动手写6.5.2

```
01  #!/usr/bin/env python3
02  # -*- coding: utf-8 -*-
03
04  def no_return():
05      print("没有return")
06
07  def no_return_value():
08      print("有return没有返回值")
09      return
10
11  def has_return():
12      x = "局部变量"
13      print("有return有返回值")
14      return x
15
16  result1 = no_return()
17  print(result1)
18
19  result2 = no_return_value()
20  print(result2)
21
22  result3 = has_return()
23  print(result3)
```

执行结果如下：

```
没有return
None
有return没有返回值
None
有return有返回值
局部变量
```

从执行结果中我们可以看到，没有"return"和有"return"但是没有返回值，两者都会获得"None"。但如果有"return"并且带了返回值，就可以通过赋值的方式获取函数的返回值。

其实Python的返回值还有更高级的特性。Python可以返回不止一个值，例如：

动手写6.5.3

```
01  #!/usr/bin/env python3
02  # -*- coding: utf-8 -*-
03
04  def multi_value():
05      r1 = "第一个返回值"
06      r2 = "第二个返回值"
07      r3 = "第三个返回值"
08      r4 = "第四个返回值"
09      r5 = "第五个返回值"
10      return r1, r2, r3, r4, r5
11
12  s = multi_value()
13  print(s)
```

执行结果如下：

```
('第一个返回值', '第二个返回值', '第三个返回值', '第四个返回值', '第五个返回
值')
```

从执行结果中我们可以看出，有多个返回结果时，Python会返回一个元组；当Python返回了元组，就可以赋值给多个变量了。

动手写6.5.4

```
01  #!/usr/bin/env python3
02  # -*- coding: utf-8 -*-
03
```

```
04   def two_value():
05       return "第一个返回值", "第二个返回值"
06
07   r1, r2 = two_value()
08   print(r1)
09   print(r2)
```

执行结果如下：

```
第一个返回值
第二个返回值
```

从执行结果中可以看到，函数中的两个返回值成功地赋值给了两个变量"r1"和"r2"。

 6.6 Lambda表达式

Lambda表达式也称作匿名函数。名字叫匿名函数，自然这类函数的特点就是不需要特别去定义函数的名字。通常在需要一个函数、但又不想费神去命名它的时候，就可以使用匿名函数。

先来看一个简单的例子：

动手写6.6.1

```
01   #!/usr/bin/env python3
02   # -*- coding: utf-8 -*-
03
04   def add(x, y):
05       return x + y
06
07   lambda x, y: x+y
```

例子中，add函数的作用是返回两个参数"x"和"y"的和，改写成lambda表达式就是"lambda x, y: x+y"。以"lambda"开头，表示这是个lambda表达式，之后的内容由":"分为两部分："："左边的是函数的参数，在例子中就是"x"和"y"，与定义一般函数时括号中的参数一致；"："右边的就是要返回的值，lambda表达式不需要用"return"关键字返回内容，函数默认会返回"："右边的值。注意例子中的lambda表达式并没有函数名。

我们也可以把lambda表达式赋值给变量，例如：

动手写6.6.2

```
01  #!/usr/bin/env python3
02  # -*- coding: utf-8 -*-
03
04  f = lambda x, y: x+y
05
06  print(f)
07
08  z = f(1, 2)
09  print(z)
```

执行结果如下：

```
<function <lambda> at 0x0000012779B1DD90>
3
```

既然lambda表达式没有函数名字，那么在什么时候会用到lambda表达式呢？一般有以下两种情况：

（1）程序只执行一次，不需要定义函数名，使用lambda表达式方便定义，并且节省了内存中变量的定义；

（2）在某些函数中必须以函数作为参数，但是函数本身十分简单而且只在一处使用。

例如：

动手写6.6.3

```
01  #!/usr/bin/env python3
02  # -*- coding: utf-8 -*-
03
04  a1=[1, 2, 3, 4, 5, 6, 7, 8]
05
06  a2=[ item for item in filter(lambda x: x>5, a1)]
07  print(a2)
```

执行结果如下：

```
[6, 7, 8]
```

filter为Python的内置函数，用于过滤序列，即过滤掉不符合条件的元素。filter函数的第一个参数需要传入另一个函数，传入的函数用来作为筛选条件，满足条件的返回"True"，否则返回"False"。在这个例子中使用lambda表达式会使程序变得更加简洁。

6.7　小结

本章介绍了Python编程语言中函数的创建和使用，并对函数参数进行了深入的介绍，同时介绍了Python语言中变量的作用域，局部变量只能在函数内使用，全局变量可以在函数内和函数外使用。Python函数可以在任意位置定义和使用，在开发中需要合理规划Python的函数结构。

6.8　知识拓展

6.8.1　文档字符串

在使用"def"关键字定义一个函数时，其后必须跟有函数名和包括形式参数的圆括号。从函数体的下一行开始，必须要缩进。

函数体的第一行可以是字符串，这个字符串就是文档字符串。例如：

动手写6.8.1

```
01  #!/usr/bin/env python3
02  # -*- coding: utf-8 -*-
03
04  def add(x, y):
05      """
06      返回参数x和y的两数之和
07
08  Parameters
09  ----------
10  x : int
11      第一个参数
12  y : int
13      第二个参数
14
15  Returns
16  -------
17  int
18      返回 x + y
19  """
20      return x + y
21
```

```
22  print(add(1, 2))
23  print(add.__doc__)
```

执行结果如下：

```
3
    返回参数x和y的两数之和
Parameters
----------
x : int
    第一个参数
y : int
    第二个参数
Returns
-------
int
    返回 x + y
```

从执行的结果可以看到，文档字符串可以使用__doc__（注意双下划线）获取。如果你已经在Python中使用过help()，就说明你已经看过文档字符串的使用了，它所做的只是抓取函数的__doc__属性，然后整洁地展示给你。例如：

动手写6.8.2

```
01  #!/usr/bin/env python3
02  # -*- coding: utf-8 -*-
03
04  def add(x, y):
05      """
06      返回参数x和y的两数之和
07
08  Parameters
09  ----------
10  x : int
11      第一个参数
12  y : int
13      第二个参数
14
15  Returns
16  -------
17  int
```

```
18      返回 x + y
19  """
20      return x + y
21
22  help(add)
```

执行结果如下（按Q键退出help）：

```
Help on function add in module __main__:

add(x, y)
    返回参数x和y的两数之和

Parameters
----------
x : int
    第一个参数
y : int
    第二个参数

Returns
-------
int
    返回 x + y
```

自动化工具也能以同样的方式从你的程序中提取文档。例如Python发行版附带的pydoc命令可以根据文档字符串快速创建文档。

6.8.2 内置函数

Python解释器内置了许多不同功能和类型的函数，可以直接使用。本小节列出了Python内置的所有函数。

表6.8.1　Python内置的函数

内置函数				
abs()	dict()	help()	min()	setattr()
all()	dir()	hex()	next()	slice()
any()	divmod()	id()	object()	sorted()
ascii()	enumerate()	input()	oct()	staticmethod()

（续上表）

内置函数				
bin()	eval()	int()	open()	str()
bool()	exec()	isinstance()	ord()	sum()
bytearray()	filter()	issubclass()	pow()	super()
bytes()	float()	iter()	print()	tuple()
callable()	format()	len()	property()	type()
chr()	frozenset()	list()	range()	vars()
classmethod()	getattr()	locals()	repr()	zip()
compile()	globals()	map()	reversed()	__import__()
complex()	hasattr()	max()	round()	
delattr()	hash()	memoryview()	set()	

6.8.3 函数注释

函数注释是一个可选功能，它允许在函数参数和返回值中添加任意的元数据。无论是 Python 本身还是标准库，都使用了函数注释，第三方项目可以很方便地使用函数注释来进行文档编写和类型检查，或者用于其他用途。Python 2中缺少了对函数参数和返回值进行注释的标准方法，很多工具和库为了填补这一空白，各自使用了不同的方式，但是由于机制和语法上的广泛差异，会在一定程度上引起混乱。为了解决这个问题，Python 3引入了函数注释（PEP-3107），旨在提供一种单一、标准的方法来将元数据与函数参数和返回值相关联。

函数注释定义如下：

```
def function_name(a: expression, b: expression) -> expression:
    function body
return value
```

函数注释的使用方式是：在定义函数参数时添加"："来对参数进行注释，并在结尾添加"->"和表明返回值的注释。例如：

动手写6.8.3

```
01  #!/usr/bin/env python3
02  # -*- coding: utf-8 -*-
03
04  def compile(source: "something compilable",
05              filename: "where the compilable thing comes from",
```

117

```
06          mode: "is this a single statement or a suite?") -> bool:
07    return True
08
09
10  print(compile.__annotations__)
```

执行结果如下：

```
    {'source': 'something compilable', 'filename': 'where the
compilable thing comes from', 'mode': 'is this a single statement or
a suite?', 'return': <class 'bool'>}
```

这个例子中添加了参数"source""filename"和"mode"的注释来说明这些参数的作用，并且定义了返回值是个bool类型。想要获取函数注释可以使用__annotations__方法。许多文本编辑器可以自动读取函数注释中的类型定义（如例子中的返回值bool类型），帮助并提示用户传入或获取正确类型的参数，以减少程序错误。

第 **7** 章

面向对象 《

7.1 面向对象介绍

计算机编程中最常被提到的就是类和对象，掌握类和对象，有助于使用Python编程语言快速实现复杂的项目。

早期计算机编程语言都是面向过程的，程序即由数据和算法构成，数据可以构成复杂的数据结构，算法也是由上到下的复杂逻辑控制，这是一种将数据与操作算法分离开的编程思想。这种程序设计思想的重点都是在代码中各个方法的执行上。C语言中提供了结构体来解决数据复杂度问题，可将一部分数据或属性包装起来，定义出一个复杂的数据结构，如Person结构体（包括姓名、年龄、身高、体重等一些系列数据）。

```
#include <stdio.h>
int main(){
    // 定义结构体 Person
    struct Person{
        // 结构体包含的变量
        char *name;
        int age;
        float height;
        float weight;
    };
    // 通过结构体来定义变量
    struct Person person;
    // 操作结构体的成员
```

```
    person.name = "小王";
    person.age = 25;
    person.height = 181.2;
    person.weight = 75.0;

    return 0;
}
```

上面的代码是C语言设计中的结构体，但是这种结构只能支持复杂的数据结构，对于每个数据的处理都要单独提供方法，而且这些方法与整体的结构体并没有关系。后来在PHP、C++、Java、Python等语言中，人们对C语言中的结构体进行了升级，引入了一种新的编程思想——面向对象编程，即程序操作都是在操作对象。对象不仅可以定义复杂的数据结构，也可以定义复杂的算法方法。对象将数据和方法封装起来，开发者只需要负责对象内部的数据和算法，同时对外暴露接口供调用方使用。而调用方也不需要关心实际对象内部的复杂逻辑，只需要调用接口。下面给出了和PHP相同的Person结构的示例，与C语言结构体不同的是加入了算法方法。

动手写7.1.1

```
01  #!/usr/bin/env python3
02  # -*- coding: utf-8 -*-
03
04  class Person:
05      def __init__(self, name, age, height, weight):
06          self.name = name
07          self.age = age
08          self.height = height
09          self.weight = weight
10
11      def print_person(self):
12          print("姓名", self.name)
13          print("年龄", self.age)
14          print("身高", self.height)
15          print("体重", self.weight)
16
17  person = Person('零壹快学', 1, 1.8, 70)
18  person.print_person()
```

开发人员发现，这种编程思想更能解决实际问题，程序是对象的集合，并且能够描述具有高度复杂性的各类模型和算法。在现实生活中，人的思考是抽象的，我们会将遇到的事物抽象化，相同或类似的对象可以进一步进行抽象，这时就出现了对象的类型——类。先定义类，然后由类去创建对象，最后由对象去管理整个程序，就像人类思考一样，先抽象，后实例化，最后去执行，面向对象编程的应用逐渐变得广泛起来。

值得注意的是，类的产生是抽象的结果，人们在认识复杂世界时，会将实物或者可以说是对象的一些近似特征抽出来，并且不考虑其中每个个体的细节。面向对象编程就是一种不断抽象数据和不断抽象方法的过程。

面向对象编程在软件执行效率上并没有绝对的优势，主要是一种方便开发者组织管理代码、快速梳理熟悉各个业务领域逻辑的思想方法，它是一种更贴近现实生活的编程设计方法。

7.1.1　对象

万物皆是对象。现实世界中我们能见到的、能触碰到的所有人和事物都是对象，如人、猫、狗、汽车等。在计算机世界里，我们用虚拟的编程代码将现实世界里的事物抽象成对象，然后用面向对象编程思想来解决现实世界中的种种难题。对象可以是有形的，也可以是无形的。人们在认识世界时，会将对象简单处理为两个部分——属性和行为。

对象具有属性，它可以称为状态，也可以称为变量。正如每个人都有姓名、年龄、身高、体重等属性，我们可以用这些数据来描述对象的属性，如图7.1.1所示。

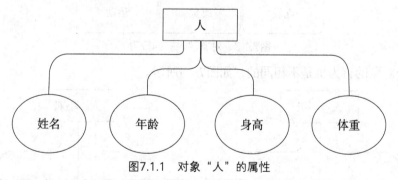

图7.1.1　对象"人"的属性

同一类的对象虽然都具有相同的属性，但是其中每个对象是不同的，这表现为每个对象各自的属性值并不相同，如图7.1.2所示。

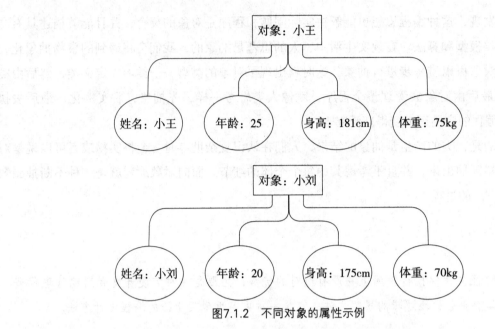

图7.1.2　不同对象的属性示例

对象具有行为，也可以称为方法，就如同每个人都要吃饭、睡觉、运动一样，如图7.1.3所示。面向对象编程将完成某个功能的代码块定义为方法，方法可以被其他程序调用，也可以被对象自身调用。举个简单的例子，成人可以自己去吃饭，宝宝可以被成人喂饭。

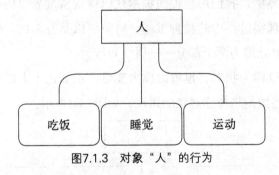

图7.1.3　对象"人"的行为

同样，每个对象的行为也是不相同的，如图7.1.4所示。

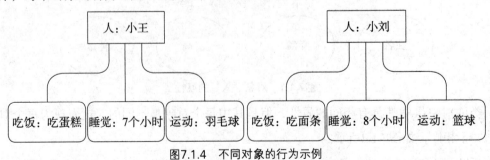

图7.1.4　不同对象的行为示例

从上面几个示例可以看到，实际的"小王"和"小刘"对象，都具有"人"的属性和行为，这里的"人"就是类。

7.1.2 类

前面提到，类是相同类似对象的统称。人就是一种类，每个人——即人这类的对象，都有姓名、年龄、身高、体重等属性，每个人也都有吃饭、睡觉、运动等行为。类是对象的抽象，对象则是类的实例化、具体化，每个对象都包括了类中定义的属性和行为，如图7.1.5所示。

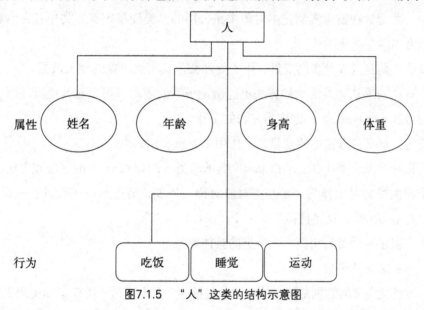

图7.1.5 "人"这类的结构示意图

类是对象的属性和行为被进一步封装的模板，不同的类之间的属性和行为都是不同的，如图7.1.6所示。

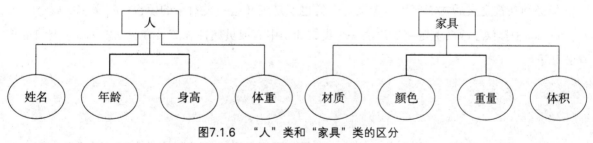

图7.1.6 "人"类和"家具"类的区分

编程语言中，类的属性是以成员属性（也可称成员变量）来定义的，类的行为是以成员方法来定义的，后续章节将对类和对象的具体使用进行介绍。

7.2 Python与面向对象

Python从设计之初就已经是一门面向对象的语言了，正因为如此，在Python中创建一个类和对象是很容易的。本节我们将详细介绍Python的面向对象编程。

7.2.1　介绍

接下来我们先来简单地了解一些面向对象的基本特征。

◇ 类（Class）：用来描述具有相同的属性和方法的对象的集合。它定义了该集合中每个对象所共有的属性和方法。对象是类的实例。

◇ 类变量：类变量在整个实例化的对象中是公用的。类变量定义在类中且在函数体之外，通常不作为实例变量使用。

◇ 数据成员：类变量或者实例变量，用于处理类及其实例对象的相关数据。

◇ 方法重写：如果从父类继承的方法不能满足子类的需求，可以对其进行改写，这个过程叫方法的覆盖（Override），也称为方法的重写。

◇ 实例变量：定义在方法中的变量，只作用于当前实例的类。

◇ 继承：指一个派生类（Derived Class）继承基类（Base Class）的字段和方法。继承也允许把一个派生类的对象作为一个基类对象对待。例如，有这样一个设计：一个Dog类型的对象派生自Animal类，这是模拟"是一个（is-a）"关系。

◇ 实例化：创建一个类的实例，一个类的具体对象。

◇ 方法：类中定义的函数。

◇ 对象：通过类定义的数据结构实例。对象包括两个数据成员（类变量和实例变量）和方法。

7.2.2　定义语法

类必须在被定义后才能使用，定义一个类也就是定义这一类对象的模板，定义它的属性和方法。Python中提供了class关键字来声明一个类，class中有成员属性和成员方法。Python中类的定义格式如下：

```
class　[类名]:
　　[语法块]
```

注意：类名和变量名一样区分大小写。字母相同但是大小写不同的类会被解释器视为两个不同的类。

定义一个类：

动手写7.2.1

```
01  #!/usr/bin/env python3
02  # -*- coding: utf-8 -*-
```

```
03
04  class EmptyClass:
05      pass
```

在这个例子中我们定义了一个空的类，虽然什么都没有做，但是不影响它的存在。

7.2.3 类的使用

在使用类之前需要实例化类，类实例化后会成为常见对象。创建对象和创建变量类似，需要先声明对象是哪个类，同时指明变量名称。

动手写7.2.2

```
01  #!/usr/bin/env python3
02  # -*- coding: utf-8 -*-
03
04  class EmptyClass:
05      pass
06
07  empty = EmptyClass()
08  print(type(empty))
```

执行结果如下：

```
<class '__main__.EmptyClass'>
```

这个例子创建了一个EmptyClass对象，变量名字为"empty"，同时在内存中为这个对象分配了内存空间。

7.2.4 类的构造方法

在创建实例时，很多类可能都需要有特定的初始状态。所以，一个类可以定义一个特殊的方法，叫作构造函数。在Python中，构造函数就是类的__init__方法（init前后都有两个连续的短下划线）。

定义和使用构造函数：

动手写7.2.3

```
01  #!/usr/bin/env python3
02  # -*- coding: utf-8 -*-
03
04  class Dog:
05      def __init__(self):
```

```
06          print("汪汪汪！")
07
08  dog = Dog()
```

执行结果如下：

汪汪汪！

当一个类定义了__init__方法，类在实例化时会自动调用__init__方法，用于创建新的类实例。在这个例子中，新的实例被创建，同时执行了构造方法，运行了print函数。注意：构造函数的第一个参数是"self"，不能漏掉。

还有一点需要注意的是，构造方法的返回值必须是"None"。在定义构造方法的时候解释器不会报错，但是在实例化的时候Python会输出错误提示"TypeError: __init__() should return None"。

7.2.5　类的属性

在构造方法中我们可以初始化一些属性，例如：

动手写7.2.4

```
01  #!/usr/bin/env python3
02  # -*- coding: utf-8 -*-
03
04  class Dog:
05      def __init__(self, name):
06          self.name = name
07          self.age = 3
08
09  dog = Dog("旺财")
10
11  print(dog.name)
12  print(dog.age)
```

执行结果如下：

旺财
3

注意：属性（或者叫成员变量、类变量）必须要使用"self"加上点的方式赋值，不能直接定义变量。直接定义的变量的生命周期只会在函数内，函数执行完变量就会被销毁。例如：

动手写7.2.5

```
01  #!/usr/bin/env python3
02  # -*- coding: utf-8 -*-
03
04  class Dog:
05      def __init__(self, name):
06          self.name = name
07          age = 3
08
09  dog = Dog("旺财")
10
11  print(dog.name)
12  print(dog.age)
```

执行这个例子，Python解释器将会提示我们"AttributeError: 'Dog' object has no attribute 'age'"，即"Dog"对象没有"age"这个属性。其实函数__init__的第一个参数"self"指的就是实例本身，在C++等语言中对应的就是"this"指针，可以理解为对实例的属性进行赋值。Python在调用__init__函数的时候会自动地添加实例作为函数的第一个参数。

7.2.6 类中的方法

在类中定义的函数我们称为方法。其实在前面的章节中我们已经多次调用过方法了，例如dict字典中的keys方法就是成员方法。自己定义成员方法也很简单，例如：

动手写7.2.6

```
01  #!/usr/bin/env python3
02  # -*- coding: utf-8 -*-
03
04  class Dog:
05      def __init__(self, name):
06          self.name = name
07
08      def play(self):
09          print("汪汪汪! 我是", self.name)
10
11  dog = Dog("旺财")
12  dog.play()
```

执行结果如下：

汪汪汪! 我是旺财

从这个例子可以看出，类中的方法和函数定义的方法基本相同。除了方法一定要定义在类里面并且第一个参数必须是"self"（参数名字不强制要求为"self"，但是一般使用名字"self"以与其他参数作区分）外，其他和函数定义的方法没有任何区别。

7.2.7 私有属性

从前面的例子可以看到，在构造函数中定义了属性，实例可以轻松地获取和修改属性的值。但是有时候我们需要限制实例随意修改属性，这时候就要用到私有属性。定义私有属性很简单，只要在定义属性名字的时候使用两条下划线作为开头，Python解释器就认为这个属性是私有的，外部不能随便访问这个属性。例如：

动手写7.2.7

```
01  #!/usr/bin/env python3
02  # -*- coding: utf-8 -*-
03
04  class Dog:
05      def __init__(self, name):
06          self.__name = name
07
08      def play(self):
09          print("汪汪汪! 我是", self.__name)
10
11  dog = Dog("旺财")
12  dog.play()
13
14  # 错误
15  print(dog.__name)
```

执行这段代码，Python解释器会输出一段错误提示 "AttributeError: 'Dog' object has no attribute '__name'"。虽然我们在构造方法中给"__name"赋值了，但是在实例中并不能直接访问到"__name"这个以两条下划线开头的成员变量。在平时的实际项目中，我们可以使用这个特性保护一些不想让用户随便修改的属性。例如：

动手写7.2.8

```
01  #!/usr/bin/env python3
02  # -*- coding: utf-8 -*-
```

```
03
04  class Dog:
05      def __init__(self, name):
06          self.__name = name
07          self.__age = None
08          print(self.__name, "生成成功")
09
10      def set_age(self, age):
11          if not isinstance(age, int):
12              print("输入的年龄必须是数字！")
13              return False
14          if age <=0 :
15              print("年龄必须大于0！")
16              return False
17          self.__age = age
18
19      def play(self):
20          print("汪汪汪！我今年", self.__age)
21
22  dog = Dog("旺财")
23  dog.set_age("hello")
24  dog.set_age(-20)
25  dog.set_age(3)
26  dog.play()
```

执行结果如下：

```
旺财生成成功
输入的年龄必须是数字！
年龄必须大于0！
汪汪汪！我今年 3
```

　　在这个例子中，"__age"是私有属性，实例化后只能通过set_age方法设置年龄。在set_age方法中，我们限制了"age"只能是"int"并且其值要大于"0"，有效地限制了实例化后数据的内容，保证了"__age"是一个有效可用的数据。

7.2.8　私有方法

上一小节讲到私有属性，即只能在类内部被操作的属性。同样地，方法也有私有方法，和私有属性一样，私有方法只能在类内部被调用，实例不能直接调用。例如：

动手写7.2.9

```
01  #!/usr/bin/env python3
02  # -*- coding: utf-8 -*-
03
04  class Dog:
05      def __say(self, name):
06          print(name)
07
08      def play(self):
09          self.__say("汪汪汪")
10
11
12  dog = Dog()
13  dog.play()
14
15  # 错误
16  dog.__say()
```

执行这段代码可以发现play方法可以正常运行，但是__say方法不能直接被实例"dog"调用，Python解释器会提示错误信息"AttributeError: 'Dog' object has no attribute '__say'"。

7.3　继承和多态

面向对象编程具有三大特性——封装性、继承性和多态性，这些特性使程序设计具有良好的扩展性和健壮性。本节将重点介绍面向对象编程中的继承和多态。

7.3.1　继承

继承，是一种对类进行分层级划分的概念。继承的基本思想是在一个类的基础上制定出一个新的类，这个新的类不仅可以继承原来类的属性和方法，还可以增加新的属性和方法。原来的类被称为父类，新的类被称为子类。

举一个简单的例子，图7.3.1展示了公司和不同行业公司之间的关系。

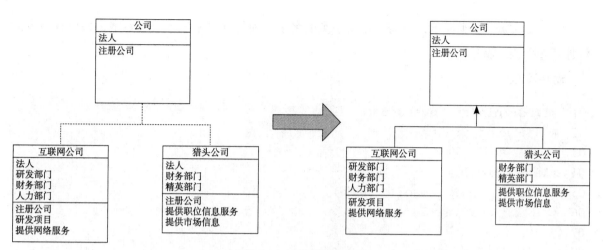

图7.3.1 继承关系示例图

在图7.3.1示例中，公司类具有法人属性和注册公司方法两个成员，互联网公司类和猎头公司类都有法人和注册公司，除此之外，还分别有研发部门、财务部门、研发项目、提供市场信息等各自的成员。这三个类中，公司类是父类，具有通用的属性和方法，互联网公司和猎头公司都是公司类的子类，继承了父类的法人和注册公司，并且还各自具有自定义的属性和方法。

一般情况下，编程语言没有限制一个类可以继承的父类数量，一个子类可以有多个父类，如图7.3.2所示。

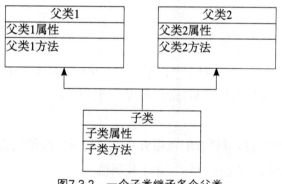

图7.3.2 一个子类继承多个父类

有些语言例如Java、PHP等不支持多重继承，但是Python是支持多重继承的，一个子类可以继承多个父类。有的语言例如Java、PHP等有接口（Interface）和抽象类（Abstract Class）等概念，Python中也有相应的概念，但是语法本身不直接提供（例如abc模块中有提供abstractmethod等等），所以本小节不会展开讨论。

在Python中定义子类也很简单，父类就和一般定义类一模一样。定义子类的语法如下：

```
class SubClass(BaseClass1, BaseClass2):
语法块
```

定义要从哪个父类继承，只需在定义子类的名字后面的括号中填入父类名字，如果有多个父类则用逗号","隔开。

动手写7.3.1

```python
#!/usr/bin/env python3
# -*- coding: utf-8 -*-

class Animal:
    def __init__(self, name):
        self.name = name

    def play(self):
        print("我是", self.name)
class Dog(Animal):
    pass

dog = Dog("旺财")
dog.play()
```

执行结果如下：

我是旺财

从这个例子可以看到，在"Animal"中我们定义了name属性和play方法，但是在"Dog"类中什么都没有定义。由于"Dog"是从"Animal"继承下来的子类，所以"Dog"同样拥有name属性和play方法。

这个例子表明，类继承可以帮助我们重用方法，我们可以继续定义"Cat""Pig"等类并从"Animal"继承name属性和play方法，大大减少了代码量。

继承的时候有两点需要注意：（1）在继承中，如果子类定义了构造方法，则父类的构造方法__init__不会被自动调用，需要在子类的构造方法中专门调用。例如：

动手写7.3.2

```python
#!/usr/bin/env python3
# -*- coding: utf-8 -*-

class Animal:
    def __init__(self, name):
        self.name = name
```

```
07
08      def play(self):
09          print("我是", self.name)
10
11  class Dog(Animal):
12      def __init__(self):
13          print("旺财")
14
15  dog = Dog()
16
17  # 错误
18  dog.play()
```

如果执行这个例子，Python解释器会提示错误信息 "AttributeError: 'Dog' object has no attribute 'name'"，说明 "Animal" 的构造方法没有被执行。我们可以使用super函数调用 "Animal" 的构造函数，例如：

动手写7.3.3

```
01  #!/usr/bin/env python3
02  # -*- coding: utf-8 -*-
03
04  class Animal:
05      def __init__(self, name):
06          self.name = name
07
08      def play(self):
09          print("我是", self.name)
10
11  class Dog(Animal):
12      def __init__(self):
13          super(Dog, self).__init__("旺财")
14
15  dog = Dog()
16  dog.play()
```

执行结果如下：

我是旺财

子类 "Dog" 中显示，在调用 "Animal" 的构造方法之后运行正确。

（2）子类不能继承父类中的私有方法，也不能调用父类的私有方法。例如：

动手写7.3.4

```
01  #!/usr/bin/env python3
02  # -*- coding: utf-8 -*-
03
04  class Animal:
05      def __init__(self, name):
06          self.__name = name
07
08      def __play(self):
09          print("Animal, __play")
10
11      def play(self):
12          print("Animal, play")
13
14  class Dog(Animal):
15      def __init__(self):
16          super(Dog, self).__init__("旺财")
17
18      def say(self):
19          self.play()
20
21          # 错误
22          self.__play()
23
24  dog = Dog()
25  dog.say()
```

在say方法中调用父类的play方法没有任何问题，但是在调用__play方法的时候会提示错误信息"AttributeError: 'Dog' object has no attribute '_Dog__play'"，说明父类中的私有方法不会被子类继承。

继承可以一级一级往下继承，就像从爷爷到爸爸再到儿子的关系，所有的类最终的父类都是"object"类，继承就像一棵倒着的树。

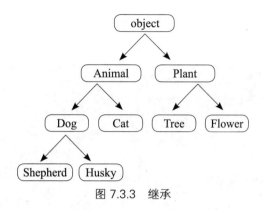

图 7.3.3 继承

7.3.2 多态

继承可以帮助我们重复使用代码，但是有时候子类的行为不一定完全和父类一样。例如：

动手写7.3.5

```
01  #!/usr/bin/env python3
02  # -*- coding: utf-8 -*-
03
04  class Animal:
05      def say(self):
06          print("Animal")
07
08  class Dog(Animal):
09      pass
10
11  class Cat(Animal):
12      pass
13
14  dog = Dog()
15  dog.say()
16
17  cat = Cat()
18  cat.say()
```

执行结果如下：

```
Animal
Animal
```

在这个例子中，我们的目的是想让"Dog"和"Cat"在调用say方法时输出不同的内容，其实实现起来也很简单，例如：

动手写7.3.6

```
01  #!/usr/bin/env python3
02  # -*- coding: utf-8 -*-
03
04  class Animal:
05      def say(self):
06          print("Animal")
07
08  class Dog(Animal):
09      def say(self):
10          print("Dog")
11
12  class Cat(Animal):
13      def say(self):
14          print("Cat")
15
16  dog = Dog()
17  dog.say()
18
19  cat = Cat()
20  cat.say()
```

执行结果如下：

```
Dog
Cat
```

从这个例子的执行结果中我们可以看到："Dog"和"Cat"分别调用了各自的say方法。

当子类和父类存在相同的方法时，子类的方法会覆盖父类的方法，这样代码在运行时总是会调用子类的方法，这就是多态。

多态的意思就是多种形态。多态意味着即使不知道变量所引用的对象是什么类型，也能对对象进行操作。多态会根据类的不同而表现出不同的行为。

判断一个实例是不是某个对象可以使用isinstance函数，例如：

动手写7.3.7

```
01  #!/usr/bin/env python3
02  # -*- coding: utf-8 -*-
```

```
03
04  class Animal:
05      def say(self):
06          print("Animal")
07
08  class Dog(Animal):
09      def say(self):
10          print("Dog")
11
12  class Cat(Animal):
13      def say(self):
14          print("Cat")
15
16  dog = Dog()
17  cat = Cat()
18
19  print(isinstance(dog, Dog))
20  print(isinstance(dog, Animal))
21  print(isinstance(cat, Cat))
22  print(isinstance(cat, Animal))
```

执行结果如下：

```
True
True
True
True
```

从这个例子的执行结果中我们可以发现，"dog"不仅仅是"Dog"的实例，也是"Animal"的实例，"cat"同理，因为"Dog"和"Cat"都是从"Animal"继承下来的。我们再看一个例子：

动手写7.3.8

```
01  #!/usr/bin/env python3
02  # -*- coding: utf-8 -*-
03
04  class Animal:
05      def say(self):
06          print("Animal")
07
```

```
08    class Dog(Animal):
09        def say(self):
10            print("Dog")
11
12    class Cat(Animal):
13        def say(self):
14            print("Cat")
15
16    def animal_say(animal: Animal):
17        animal.say()
18
19    dog = Dog()
20    cat = Cat()
21
22    animal_say(dog)
23    animal_say(cat)
```

执行结果如下：

```
Dog
Cat
```

从这个例子的执行结果中我们发现，函数animal_say可以不需要关心参数类型到底是 "Cat" 还是 "Dog"，只需要知道它们都是 "Animal" 或者是 "Animal" 的子类即可，不需要对函数animal_say进行修改，即可被新的 "Animal" 子类所使用。

7.3.3　鸭子类型

在程序设计中，鸭子类型（Duck Typing）是动态类型的一种风格。在这种风格中，一个对象有效的语义，不是由继承自特定的类或实现特定的接口决定的，而是由当前方法和属性的集合决定的。这个概念的名字来源于詹姆斯·惠特科姆·莱利（James Whitcomb Riley）提出的 "鸭子测试"，"鸭子测试" 是这样描述的：

"当看到一只鸟走起来像鸭子、游泳起来像鸭子、叫起来也像鸭子，那么这只鸟就可以被称为鸭子。"

在鸭子类型中，我们关注的不是对象的类型本身，而是它如何使用。例如，在不使用鸭子类型的语言中，我们可以编写一个函数，使它接受一个类型为鸭子的对象，并调用它的 "走和叫" 方法。在使用鸭子类型的语言中，这样的一个函数可以接受一个任意类型的对象，并调用它的 "走和叫" 方法。如果这些需要被调用的方法不存在，那么将引发一个运行时的错误。任何拥有这样正确的"走和叫"方法的对象都可以被函数接受，这种行为引出了以上表述，这种决定类型的方式因此而得名。

鸭子类型通常得益于不测试方法和函数中参数的类型，而是依赖文档、清晰的代码和测试来确保正确使用。从静态类型语言转向动态类型语言的用户通常试图添加一些静态的（在运行之前的）类型检查，从而影响了鸭子类型的益处和可伸缩性，并约束了语言的动态特性。

例如"多态"小节中的例子，我们可以改写成：

动手写7.3.9

```
01  #!/usr/bin/env python3
02  # -*- coding: utf-8 -*-
03
04
05  class Dog:
06      def say(self):
07          print("Dog")
08
09  class Cat:
10      def say(self):
11          print("Cat")
12
13  def animal_say(animal):
14      animal.say()
15
16  dog = Dog()
17  cat = Cat()
18
19  animal_say(dog)
20  animal_say(cat)
```

执行结果如下：

```
Dog
Cat
```

我们可以发现，在这个例子中"Dog"和"Cat"并没有从"Animal"继承下来，但是都各自实现了say方法。这也是"多态"的一种实现方式。因为Python是一门动态语言，在函数没有被执行的时候，程序并不能断定数据的类型（虽然可以用函数注释做限制，但是这并不是强制性的），只有执行到相关的语句时才真的去调用相关的方法。所以虽然我们没有使用"继承"，但是我们

仍然可以实现"多态"。

 7.4 小结

本章对Python语言中的面向对象编程进行了详细的介绍。首先讲述了对象和类的基本概念，之后介绍了面向对象的特征，读者需要对类中的构造方法、属性和成员方法等概念进行掌握，最后介绍了继承、多态以及动态语言特有的鸭子类型。面向对象的概念在Python编程中极其重要，读者需要重点掌握。

 7.5 知识拓展

7.5.1 类变量和实例变量

前面章节已经介绍了构造方法中的初始化属性（实例变量），还有一种变量是在定义类的时候定义的，也就是类变量。例如：

动手写7.5.1

```
01  #!/usr/bin/env python3
02  # -*- coding: utf-8 -*-
03
04  class Animal:
05      name = "动物"
```

类变量和实例变量有什么区别呢？类变量不需要实例化就能直接使用，相当于绑定在类上，而不是绑定在实例上。例如：

动手写7.5.2

```
01  #!/usr/bin/env python3
02  # -*- coding: utf-8 -*-
03
04  class Animal:
05      name = "动物"
06
07  print(Animal.name)
```

执行结果如下：

```
动物
```

但是类变量在实例中也是可以被调用的，例如：

动手写7.5.3

```
01  #!/usr/bin/env python3
02  # -*- coding: utf-8 -*-
03
04  class Animal:
05      name = "动物"
06
07  dog = Animal()
08  cat = Animal()
09
10  print(dog.name)
11  print(cat.name)
12
13  Animal.name = "哺乳类动物"
14
15  print(dog.name)
16  print(cat.name)
```

执行结果如下：

```
动物
动物
哺乳类动物
哺乳类动物
```

但是请注意，实例不能修改类变量。如果实例对类变量进行修改，Python解释器会新建一个同名的成员变量来代理实例中的类变量。

7.5.2　静态方法与类方法

静态方法和类变量有点类似，静态方法在定义类时就已经被分配定义好了。静态方法并不绑定类也不绑定实例，相当于给方法添加了一个前缀。定义静态方法将引入一个新的概念——装饰器，详细介绍将会在后续章节展开，本章只需知道使用方法即可。

1. 静态方法

定义静态方法：

动手写7.5.4

```python
01  #!/usr/bin/env python3
02  # -*- coding: utf-8 -*-
03
04  class Animal:
05      name = "动物"
06
07      @staticmethod
08      def play():
09          print("playing")
10
11  Animal.play()
```

正如这个例子中写的，定义静态方法的语法就是在定义函数的上面一行（不能有空行）添加一句"@staticmethod"。这是一句装饰器语法，本章只要了解怎么使用即可。静态方法不再有第一个默认参数"self"，所以静态方法本身也不能调用成员变量和成员方法。静态方法不需要实例化之后使用，和类变量一样直接使用即可，其他的和一般的函数没有任何区别。

2. 类方法

类方法，顾名思义就是该方法绑定在定义的类上面，而不是绑定在实例上。

定义类方法：

动手写7.5.5

```python
01  #!/usr/bin/env python3
02  # -*- coding: utf-8 -*-
03
04  class Animal:
05      name = "动物"
06
07      @classmethod
08      def play(cls):
09          print(cls.name, "playing")
10
11  Animal.play()
```

从这个例子中我们可以看到，定义类方法和静态方法有点类似，是在定义类方法的前一行（不能有空行）添加一句装饰器语法"@classmethod"。和静态方法不同的是，类方法和成员方法一样都有一个初始的参数，但是这个参数不同于成员方法。成员方法的第一个参数指向的是实例，而类方法指向的则是定义的类本身，所以类方法可以读取和修改类变量。

第 8 章
错误和异常

作为Python初学者，在刚学习Python编程时，经常会看到一些报错信息。在前几章节中我们已经或多或少接触了不少错误信息，但是都没有详细提及其中的细节。本章我们将着重介绍Python中的语法错误和异常。

 8.1 语法错误

在初学Python的时候最容易犯的错误就是Python的语法错误。例如：

动手写8.1.1

```
01  #!/usr/bin/env python3
02  # -*- coding: utf-8 -*-
03
04  # 错误
05
06  print while True:
```

执行结果如下：

```
  File "8.1.1.py", line 6
   print while True:
        ^
SyntaxError: Missing parentheses in call to 'print'. Did you mean
print(while True:)?
```

这就是一个典型的语法错误。在Python中，如果错误信息是以"SyntaxError"开头，这就说明

143

Python解释器认为这是一个语法错误，同时Python会很贴心地提示你在哪个文件的第几行的第几个字符开始出错（虽然有时候错误位置可能并不准确）。语法错误通常意味着我们使用的Python书写格式或者使用方式是不正确的，Python不会完整运行带有语法错误的程序。这时候我们只需按照提示查阅Python基础语法，修改相关错误内容即可。

 ## 异常

即使Python程序的语法是正确的，但是在运行的时候也可能会发生一些预想之外的错误。运行时检测到的错误被称为异常，有些错误可能并不是致命的，但如果程序对大多数的异常都不做处理，Python解释器会输出异常信息到屏幕上并终止程序。例如：

动手写8.2.1

```
01  #!/usr/bin/env python3
02  # -*- coding: utf-8 -*-
03
04  # 错误
05  print(1/0)
06
07  #不会被执行
08  print("Hello World!")
```

执行结果如下：

```
Traceback (most recent call last):
  File "8.2.1.py", line 5, in <module>
    print(1/0)
ZeroDivisionError: division by zero
```

在这个例子输出的结果中有个除零错误"ZeroDivisionError"，还有以"Traceback"开头的错误，像这种错误我们称之为异常。不同的异常会有不同的错误名字输出，"动手写8.2.1"输出的是"ZeroDivisionError"，其他的例如：

动手写8.2.2

```
01  #!/usr/bin/env python3
02  # -*- coding: utf-8 -*-
03
04  # 错误
05  print(4 * a)
```

这个例子将会输出"NameError"，并告诉我们变量"a"没有被定义。

动手写8.2.3

```
01  #!/usr/bin/env python3
02  # -*- coding: utf-8 -*-
03
04  # 错误
05  "1" + 0
```

执行结果如下：

```
Traceback (most recent call last):
  File "<stdin>", line 5, in <module>
TypeError: must be str, not int
```

这个例子将会输出"TypeError"，并告诉我们str类型不能和int类型串联。

动手写8.2.4

```
01  #!/usr/bin/env python3
02  # -*- coding: utf-8 -*-
03
04  # 错误
05  d = {}
06  d["world"]
```

这个例子将会输出"KeyError"，并告诉我们dict类型中没有"world"这个键。

动手写8.2.5

```
01  #!/usr/bin/env python3
02  # -*- coding: utf-8 -*-
03
04  # 错误
05  l = [1, 2, 3, 4]
06  l[100]
```

这个例子将会输出"IndexError"，并告诉我们list类型的索引超出了范围。

Python中还有其他形形色色的异常类型，读者可以自行查阅官方文档了解更多Python内置的异常。

8.3 处理异常

正如上一节所介绍的，异常是在程序运行时才会检测到的错误，有时候是不可预期的。有些错误也不是致命的，我们并不希望它们影响程序的完整运行，幸好Python提供了友善的方式可以让我们处理一些异常。

举一个简单的例子，我们不断地让用户输入数字并检测用户输入的是否是数字，例如：

动手写8.3.1

```
01  #!/usr/bin/env python3
02  # -*- coding: utf-8 -*-
03
04  while True:
05      number = int(input("请输入一个数字:"))
```

运行这个例子会让用户不断地输入内容（按下Ctrl+C组合键可以停止该程序），如果用户输入的是数字，则程序会不断地运行；如果用户输入的是非数字内容，则程序会输出错误并且退出。

```
python3 8.3.1.py
请输入一个数字:12345
请输入一个数字:abcde
Traceback (most recent call last):
  File "8.3.1.py", line 5, in <module>
    number = int(input("请输入一个数字:"))
ValueError: invalid literal for int() with base 10: 'abcde'
```

我们看到输出的错误信息为"ValueError"，这告诉我们"abcde"没办法转化为数字。我们并不能预见用户会输入什么数据，只有在程序运行的时候用户输入了错误内容，程序才会出错。这个错误是一个典型的异常。如果我们并不希望因为用户输入了一些不符合规范的数据而使程序出错不能运行（例如用户在手机APP上输入一些内容之后APP突然异常退出，这是非常不好的体验），这时候我们就需要处理这些异常，确保程序不会无故退出。

动手写8.3.2

```
01  #!/usr/bin/env python3
02  # -*- coding: utf-8 -*-
03
04  while True:
05      try:
```

```
06        number = int(input("请输入一个数字:"))
07    except ValueError:
08        print("您输入的恐怕不是一个有效的数字！请重试")
```

执行这个程序（可以按下Ctrl+C组合键停止程序）：

```
python3 8.3.2.py
请输入一个数字:12345
请输入一个数字:abcde
您输入的恐怕不是一个有效的数字！请重试
请输入一个数字:34567
```

这个程序使用了两个新的关键字：try和except。这两个关键字用于捕获异常并让我们运行相应的代码去处理异常。try-except语法如下：

```
try:
    业务语法块
except 异常类型:
    处理异常语法块
```

在try业务语法块中，产生任何的异常都会终止业务语法块并跳转到except匹配异常类型。如果匹配得上，则运行处理异常的语法块，否则程序就报错退出。例如：

动手写8.3.3

```
01  #!/usr/bin/env python3
02  # -*- coding: utf-8 -*-
03
04  while True:
05      try:
06          number = int(input("请输入一个数字:"))
07      except KeyError:
08          print("KeyError")
09      except ValueError:
10          print("ValueError")
11      except KeyboardInterrupt:
12          print("用户终止，退出程序")
13          exit()
14      except Exception as e:
15          print("未知错误", e)
```

这是一个典型的处理异常的例子。首先在try中编写我们的业务逻辑代码，然后根据错误类型定义多个异常处理的except语法块。如果有多个except，那么Python解释器会逐个匹配except后的异常类型，如果匹配到则运行相应的处理异常的语法块，如果没有匹配到则输出异常并退出程序。由于大部分的异常都是从Exception这个父类继承过来的，所以如果匹配的异常类型是Exception，就总是可以匹配到所有异常。

 8.4 抛出异常

前面小节举的例子都是系统抛出的异常，在Python中我们也可以主动抛出异常。可使用raise语句在Python中抛出一个指定的异常，例如：

动手写8.4.1

```
01  #!/usr/bin/env python3
02  # -*- coding: utf-8 -*-
03
04  raise Exception
```

这个例子输出了一个没有任何内容的异常，错误信息是空的。我们也可以指定输出一个有错误内容的异常，例如：

动手写8.4.2

```
01  #!/usr/bin/env python3
02  # -*- coding: utf-8 -*-
03
04  raise Exception("这是错误信息")
```

这个例子在抛出异常的时候会带有错误提示信息"这是错误信息"。在手动抛出异常的时候，我们可以使用这种方法来提示用户程序哪里出现了问题。

我们前面碰到的"TypeError""ValueError""NameError"还有"IndexError"等异常都是系统内建的异常。Python中内建了许多异常，下面列举一些常见的异常。

表 8.4.1　常见的内建异常

异常名称	描述
BaseException	所有异常的基类
SystemExit	解释器请求退出
KeyboardInterrupt	用户中断执行（通常是输入 ^C）

（续上表）

异常名称	描述
Exception	常规错误的基类
StopIteration	迭代器没有更多的值
GeneratorExit	生成器（Generator）发生异常来通知退出
ArithmeticError	所有数值计算错误的基类
FloatingPointError	浮点计算错误
OverflowError	数值运算超出最大限制
ZeroDivisionError	除（或取模）零（所有数据类型）
AssertionError	断言语句失败
AttributeError	对象没有这个属性
EOFError	没有内建输入，到达 EOF 标记
EnvironmentError	操作系统错误的基类
IOError	输入 / 输出操作失败
OSError	操作系统错误
ImportError	导入模块 / 对象失败
LookupError	无效数据查询的基类
IndexError	序列中没有此索引（Index）
KeyError	映射中没有这个键
MemoryError	内存溢出错误（对于 Python 解释器不是致命的）
NameError	未声明 / 初始化对象（没有属性）
UnboundLocalError	访问未初始化的本地变量
ReferenceError	弱引用（Weak Reference）试图访问已经垃圾回收了的对象
RuntimeError	一般的运行时错误
NotImplementedError	尚未实现的方法
SyntaxError	Python 语法错误
IndentationError	缩进错误
TabError	Tab 和空格混用
SystemError	一般的解释器系统错误
TypeError	对类型无效的操作
ValueError	传入无效的参数
UnicodeError	Unicode 相关的错误
UnicodeDecodeError	Unicode 解码时的错误

（续上表）

异常名称	描述
UnicodeEncodeError	Unicode 编码时的错误
UnicodeTranslateError	Unicode 转换时的错误
Warning	警告的基类
DeprecationWarning	关于被弃用的特征的警告
FutureWarning	关于构造将来语义会有改变的警告
PendingDeprecationWarning	关于特性将会被废弃的警告
RuntimeWarning	可疑的运行时行为（Runtime Behavior）的警告
SyntaxWarning	可疑的语法的警告
UserWarning	用户代码生成的警告

8.5 finally 子句

Python中的finally子句需要和try子句一起使用。finally子句在异常处理中的作用是：无论是否有异常或是否捕获了异常，finally子句都会保证执行。例如：

动手写8.5.1

```
01  #!/usr/bin/env python3
02  # -*- coding: utf-8 -*-
03
04  try:
05      print(1/0)
06  except ZeroDivisionError:
07      print("除零错误")
08  finally:
09      print("finally子句")
```

执行结果如下：

```
除零错误
finally子句
```

从执行结果中可以看出，程序在捕获到"ZeroDivisionError"之后仍然会执行finally子句中的代码。

动手写8.5.2

```
01  #!/usr/bin/env python3
02  # -*- coding: utf-8 -*-
03
04  try:
05      print(1/0)
06  except ValueError:
07      print("除零错误")
08  finally:
09      print("finally子句")
```

执行结果如下：

```
finally子句
Traceback (most recent call last):
 File "8.5.2.py", line 5, in <module>
   print(1/0)
ZeroDivisionError: division by zero
```

从执行结果可以看出，由于我们的异常是"ZeroDivisionError"，所以except并不能捕获相关的异常，程序报错退出，但是我们仍然可以看到finally子句中的代码执行了。无论try子句中是否发生异常，finally子句都会被执行。这个特性在以后的数据库和文件处理中相当有用，因为无论是数据库还是文件处理，在做了一些操作之后都需要进行一些必要的善后工作（这将在之后的相关章节中详细讲解）。

8.6 小结

本章介绍了Python语言中错误和异常的概念，并且介绍了常见的异常处理机制以及常见的异常类，最后还介绍了如何抛出异常以及finally子句的作用。读者要正确区分程序中错误和异常之间的关系，以及对异常进行正确的处理。

8.7 知识拓展

自定义异常

从前面的章节学习中我们已经知道了Python有许多内建的异常类。内建的异常类可以满足大部分需求，但还是会有Python内建的异常无法满足需求的时候，幸好Python也提供了自定义异常的方法。

自定义异常应该继承自Exception类，可以是直接继承，也可以是间接继承。例如：

动手写8.7.1

```
01  #!/usr/bin/env python3
02  # -*- coding: utf-8 -*-
03
04  class MyException(Exception):
05      def __init__(self):
06          pass
07
08      def __str__(self):
09          return "这是一个自定义异常"
10
11
12  def raise_customer_exception():
13      raise MyException()
14
15  raise_customer_exception()
```

执行结果如下：

```
Traceback (most recent call last):
  File " 8.7.1.py", line 15, in <module>
    raise_customer_exception()
  File " 8.7.1.py", line 13, in raise_customer_exception
    raise MyException()
MyException: 这是一个自定义异常
```

从执行结果可以看到，当我们使用"raise"抛出自定义异常的时候，系统会收到这个异常并输出我们预先定义好的错误信息。

我们也可以使用"except"捕获这个自定义的异常：

动手写8.7.2

```
01  #!/usr/bin/env python3
02  # -*- coding: utf-8 -*-
03
04  class MyException(Exception):
05      def __init__(self):
06          pass
07
08      def __str__(self):
09          return "这是一个自定义异常"
10
11
12  def raise_customer_exception():
13      raise MyException()
14
15  try:
16      raise_customer_exception()
17  except MyException as e:
18      print("Error!", e)
```

执行结果如下:

```
Error! 这是一个自定义异常
```

使用except顺利捕获了自定义异常"MyException"。在后续章节和项目中我们会更深入地学习和使用自定义异常,有兴趣的读者可以自行查阅相关文档了解并进行实践。

第 9 章
模　块

9.1　介绍

前面章节里我们都是把程序作为单个的以 ".py" 为后缀的文件运行的。随着程序的变长，我们可能需要将其拆分成几个文件以便于维护。有些时候可能几个程序中都需要相同的功能，显然每次把需要的功能复制到文件中并不利于维护，如果我们要修改功能，就必须修改每个文件。这样不仅操作不方便，而且容易出错。

为了满足这些需求，Python提供了一种方法可以把需要重复利用的代码定义在一个文件中，并在脚本或者Python交互式解释器中使用它们。定义重复利用的代码的文件被称为模块。模块中定义的代码可以被导入到另一个模块或者主模块（脚本执行时可以调用的变量集位于最高级，并且处于计算器模式）中。

9.2　模块

9.2.1　模块介绍

模块就是一个包含了Python定义和声明的 ".py" 文件。例如我们定义一个 "fibs.py" 的文件，内容如下：

```
def fib(n):
    a, b = 0, 1
    while b < n:
        print(b, end=' ')
```

```
        a, b = b, a+b
    print()

def fib2(n):
    result =  []
    a, b = 0, 1
    while b < n:
        result.append(b)
        a, b = b, a+b
    return result
```

我们可以在与"fibs.py"同一个目录下使用这个模块，例如：

动手写9.2.1

```
01  #!/usr/bin/env python
02
03  import fibs
04
05  print(fibs)
```

执行结果如下：

```
<module 'fibs' from 'fibs.py'>
```

在这个例子中，我们使用了关键字"import"导入前面定义的"fibs"文件，print函数打印出"fibs"告诉我们这是一个叫作"fibs"的模块，是从"fibs.py"文件获取的。这说明我们成功地导入了模块fibs。

9.2.2　__name__变量

模块的模块名可以通过全局变量"__name__"获得，例如：

动手写9.2.2

```
01  #!/usr/bin/env python
02
03  import fibs
04
05  print(fibs.__name__)
06  print(__name__)
```

执行结果如下：

```
fibs
__main__
```

从执行结果可以发现，"fibs"的"__name__"变量打出的是模块名字"fibs"，但是我们执行的"动手写9.2.2"中的".py"文件打印出的本地"__name__"变量的值却是"__main__"。在Python中"__name__"是当前模块名，当模块被直接运行时模块名为"__main__"。有了这个特性，我们在定义模块的时候可以通过看当前的"__name__"变量值是否为"__main__"来判断当前文件是被运行还是作为模块被导入。

动手写9.2.3

```
01  #!/usr/bin/env python
02  #-*- coding: utf-8-*-
03
04  if __name__ == "__main__":
05      print("直接运行")
06  else:
07      print("被作为模块导入")
```

如果是直接运行该文件，屏幕将会输出"直接运行"；如果是作为模块导入，屏幕将会输出"被作为模块导入"。

注意：Python中不支持直接带点或者以数字开头的文件作为模块导入（可以使用其他方法绕过，但是不建议使用），读者在运行该示例时请自行修改文件名。Python中模块的文件名命名规则和变量命名规则相同。

9.2.3 dir函数

dir函数可以列出对象的模块标识符，标识符有函数、类和变量。当你为dir函数提供一个模块名的时候，它返回模块定义的名称列表。如果不提供参数，它返回当前模块中定义的名称列表。例如：

动手写9.2.4

```
01  #!/usr/bin/env python
02  #-*- coding: utf-8-*-
03
04  import fibs
05
06  print(dir(fibs))
```

执行结果如下：

```
['__builtins__', '__cached__', '__doc__', '__file__', '__loader__',
'__name__', '__package__', '__spec__', 'fib', 'fib2']
```

从执行结果可以看到一些内置变量，同时也可以看到在"fibs"中定义的两个函数"fib"和"fib2"，使用dir函数可以方便我们了解对象（模块也是对象）的构造。

9.2.4 使用模块

知道模块有哪些标识符之后，我们就可以使用模块了。前面已经提到模块也是对象，所以调用模块中的内容和调用对象中的内容的方法是一样的。例如：

动手写9.2.5

```
01 #!/usr/bin/env python
02 #-*- coding: utf-8-*-
03
04 import fibs
05
06 fibs.fib(10)
07 print(fibs.fib2(5))
```

执行结果如下：

```
1 1 2 3 5 8
[1, 1, 2, 3]
```

可以看到使用方法和使用对象实例一模一样，毕竟模块也是一种对象。

前面介绍了一种方法是直接"import"要导入的文件，还有另一种导入模块的方法是"from…import…"，它可以让我们导入模块中一个指定的部分到当前命名空间中。例如：

动手写9.2.6

```
01 #!/usr/bin/env python
02 #-*- coding: utf-8-*-
03
04 from fibs import fib, fib2
05
06 fib(10)
07 print(fib2(5))
```

执行结果如下：

```
1 1 2 3 5 8
[1, 1, 2, 3]
```

可以看到，"from … import …"的方式的执行结果和"import"方式一样。"from…import…"之后的内容就和定义在当前文件一样方便。使用"from … import …"的方式导入模块之后，使用该模块时只需要使用关键字"import"之后导入的名字即可，不再需要完整的包名前缀。

 包

9.3.1 使用包

Python通过模块来组织代码，模块即一个py文件，是通过"包"来加以组织的，而"包"则是一个包含__init__.py的文件夹。代码、模块和包它们三者的关系就是："包"包含模块且至少包含一个__init__.py，模块包含代码。

简单来说，包就是文件夹，且该文件夹下必须有__init__.py文件，该文件的内容可以为空。__init__.py用于标识当前文件夹是一个包。

9.3.1.py为测试调用包的代码，目录结构如下：

```
9.3.1.py
package9
|-- __init__.py
|-- fun1.py
|-- fun2.py
```

源代码如下：

Package9/fun1.py

```
#!/usr/bin/env python
#-*- coding: utf-8-*-

def print1():
    print("fun1")
```

Package9/fun2.py

```
#!/usr/bin/env python
#-*- coding: utf-8-*-
```

```
def print2():
    print("fun2")
```

现在，在"package9"目录下创建"__init__.py"：

```
#!/usr/bin/python
# -*- coding: UTF-8 -*-

if __name__ == "__main__":
    print("作为主程序运行")
else:
    print("package 初始化")
```

然后我们在"package9"同级目录下创建"9.3.1.py"来调用"package9"包。

动手写9.3.1

```
01  #!/usr/bin/python
02  # -*- coding: UTF-8 -*-
03
04  # 导入 package9 包
05  from package9.fun1 import print1
06  from package9.fun2 import print2
07
08  print1()
09  print2()
```

执行结果如下：

```
package 初始化
fun1
fun2
```

如上，为了举例，我们只在每个文件里放置了一个函数，但其实你可以放置许多函数。你也可以在这些文件里定义Python的类，然后为这些类建一个包。

9.3.2　包在多目录中使用

当你导入一个模块或者包的时候，Python解析器对模块位置的搜索顺序是：

（1）首先查找当前目录。

（2）如果不在当前目录，Python则会搜索在Shell变量PYTHONPATH下的每个目录。

（3）如果都找不到，Python就会查看默认路径。Unix系统下，默认路径一般为/usr/local/lib/python/。

模块搜索路径存储在system模块的sys.path变量之中，变量里包含当前目录、PYTHONPATH下的目录和由安装过程决定的默认目录。

包还支持一个更特殊的属性：__path__。在包的文件代码执行之前，它被初始化为一个包含__init__.py的目录名称的列表。这个变量可以修改，用于对包中包含的模块和子包进行搜索。

虽然这个功能不是必需的，但它可用于扩展包中的模块集。

 ## 标准库

前面几节介绍了自定义模块和包，Python官方也提供了不少包和模块，我们称之为标准库。Python标准库会随着Python解释器一起安装到你的电脑中。本节将会介绍一些常用的标准库中的模块。

9.4.1 sys

sys模块的功能很多，这里我们介绍一些比较实用的功能。sys模块提供了许多函数和变量来处理 Python 运行时环境的不同部分。

1. 识别操作系统

动手写9.4.1

```
01  #!/usr/bin/python
02  # -*- coding: UTF-8 -*-
03
04  import sys
05
06  print(sys.platform)
```

执行结果如下：

```
win32
```

如果是Windows平台，应该输出的是"win32"。其他系统请参考表9.4.1。

表9.4.1　系统及相应执行结果

系统	执行结果
Linux	'linux'
Windows	'win32'

（续上表）

系统	执行结果
Windows/Cygwin	'cygwin'
Mac OS X	'darwin'

2. 处理命令行参数

"sys.argv"变量可以获取命令行的参数。"argv"是一个list类型的变量，它会返回在命令行中用户输入的参数，例如：

动手写9.4.2

```
01  #!/usr/bin/python
02  # -*- coding: UTF-8 -*-
03
04  import sys
05
06  print(sys.argv)
```

我们可以在命令行终端中使用"python 9.4.2.py arg1 arg2"运行代码。

执行结果如下：

```
['9.4.2.py', 'arg1', 'arg2']
```

从执行结果中我们可以看到，"sys.argv"返回了一个列表，列表的第一个元素是文件名本身，第二个元素开始才是我们运行时指定的参数的内容。

3. 退出程序

执行到主程序末尾，解释器会自动退出，如果需要中途退出程序，可以调用sys.exit函数，它带有一个可选的整数参数返回给调用它的程序，表示你可以在主程序中捕获对sys.exit的调用。（0是正常退出，其他为异常）

动手写9.4.3

```
01  #!/usr/bin/python
02  # -*- coding: UTF-8 -*-
03
04  import sys
05
06  if len(sys.argv) <= 1:
07      print("缺少参数")
08      sys.exit(1)
09
```

```
10   for arg in sys.argv:
11       print(arg)
```

如果直接执行该文件，则执行结果如下：

缺少参数

程序会在提示"缺少参数"后退出程序；如果我们带上参数运行程序，该程序则会打印出所有的参数内容。

4. 获取模块搜索路径

9.3.2小节介绍了python搜索模块的路径。在"sys.path"中存储了python结束其需要搜索的所有路径，并且我们可以通过修改该变量修改搜索模块的路径。

动手写9.4.4

```
01   #!/usr/bin/python
02   # -*- coding: UTF-8 -*-
03
04   import sys
05
06   for path in sys.path:
07       print(path)
```

执行结果如下：

```
C:\ProgramData\Anaconda3\python36.zip
C:\ProgramData\Anaconda3\DLLs
C:\ProgramData\Anaconda3\lib
C:\ProgramData\Anaconda3
C:\ProgramData\Anaconda3\lib\site-packages
C:\ProgramData\Anaconda3\lib\site-packages\win32
C:\ProgramData\Anaconda3\lib\site-packages\win32\lib
C:\ProgramData\Anaconda3\lib\site-packages\Pythonwin
```

注意：不同的环境下执行结果可能会不一样。

由于"sys.path"是列表类型的变量，所以我们可以像修改列表一样修改"sys.path"变量来增加python解释器查找模块的路径。例如：

动手写9.4.5

```
01   #!/usr/bin/python
02   # -*- coding: UTF-8 -*-
```

```
03
04  import sys
05
06  def print_path():
07      for path in sys.path:
08          print(path)
09
10  print("修改前")
11
12  print_path()
13  sys.path.append("c:\\")
14
15  print("修改后")
16
17  print_path()
```

在添加了路径（Windows环境）"c:\"（注意字符串"\"需要转义）之后，调用"import"来导入模块时，Python解释器会去"c:\"目录中查找模块。

5. 查找已导入的模块

"sys.modules"是一个全局字典，该字典在Python启动后就加载到内存中。每当程序员导入新的模块时，"sys.modules"就会自动记录该模块。当第二次导入该模块时，Python会直接到字典中查找，从而加快程序运行的速度。"sys.modules"拥有字典所拥有的一切方法。例如：

动手写9.4.6

```
01  #!/usr/bin/python
02  # -*- coding: UTF-8 -*-
03
04
05  import sys
06
07  print(sys.modules.keys())
08  print(sys.modules.values())
09  print(sys.modules["os"])
```

执行结果如下：

```
dict_keys(['builtins', 'sys', '_frozen_importlib', '_imp', '_warnings',
'_thread', '_weakref', '_frozen_importlib_external', '_io', 'marshal',
'nt', 'winreg', 'zipimport', 'encodings', 'codecs', '_codecs', 'encodings.
aliases', 'encodings.utf_8', '_signal', '__main__', 'encodings.latin_1',
```

```
'io', 'abc', '_weakrefset', 'site', 'os', 'errno', 'stat', '_stat', 'ntpath',
'genericpath', 'os.path', '_collections_abc', '_sitebuiltins', 'sysconfig',
'_bootlocale', '_locale', 'encodings.gbk', '_codecs_cn', '_multibytecodec',
'types', 'functools', '_functools', 'collections', 'operator', '_operator',
'keyword', 'heapq', '_heapq', 'itertools', 'reprlib', '_collections',
'weakref', 'collections.abc',
'importlib', 'importlib._bootstrap', 'importlib._bootstrap_external',
'warnings', 'importlib.util', 'importlib.abc', 'importlib.machinery',
'contextlib', 'mpl_toolkits', 'sphinxcontrib', 'traceback', 'linecache',
'tokenize', 're', 'enum', 'sre_compile', '_sre', 'sre_parse', 'sre_
constants', 'copyreg', 'token', '__future__', 'ctypes', '_ctypes', 'struct',
'_struct', 'ctypes._endian', 'socket', '_socket', 'selectors', 'math',
'select', 'bisect', '_bisect', 'runpy', 'pkgutil', 'datetime', 'time', '_
datetime', 'visualstudio_py_util', 'imp', 'encodings.ascii', 'visualstudio_
py_repl', 'ssl', 'ipaddress', 'textwrap', '_ssl', 'base64', 'binascii',
'random', 'hashlib', '_hashlib', '_blake2', '_sha3', '_random', 'inspect',
'ast', '_ast', 'dis', 'opcode', '_opcode', '$visualstudio_py_debugger',
'threading'])
dict_values([<module 'builtins' (built-in)>, <module 'sys' (built-in)>,
<module 'importlib._bootstrap' (frozen)>, <module '_imp' (built-in)>, <module
'_warnings' (built-in)>, <module '_thread' (built-in)>, <module '_weakref'
(built-in)>, <module 'importlib._bootstrap_external' (frozen)>, <module 'io'
(built-in)>, <module 'marshal' (built-in)>, <module 'nt' (built-in)>, <module
'winreg' (built-in)>, <module 'zipimport' (built-in)>, <module 'encodings'
from 'C:\\ProgramData\\Anaconda3\\lib\\encodings\\__init__.py'>, <module
'codecs' from 'C:\\ProgramData\\Anaconda3\\lib\\codecs.py'>, <module '_
codecs' (built-in)>, <module 'encodings.aliases' from 'C:\\ProgramData\\
Anaconda3\\lib\\encodings\\aliases.py'>, <module 'encodings.utf_8' from
'C:\\ProgramData\\Anaconda3\\lib\\encodings\\utf_8.py'>, <module '_signal'
(built-in)>, <module '__main__' from '9.4.6.py'>, <module 'encodings.
latin_1' from 'C:\\ProgramData\\Anaconda3\\lib\\encodings\\latin_1.py'>,
<module 'io' from 'C:\\ProgramData\\Anaconda3\\lib\\io.py'>, <module 'abc'
from 'C:\\ProgramData\\Anaconda3\\lib\\abc.py'>, <module '_weakrefset' from
'C:\\ProgramData\\Anaconda3\\lib\\_weakrefset.py'>, <module 'site' from 'C:\\
ProgramData\\Anaconda3\\lib\\site.py'>, <module 'os' from 'C:\\ProgramData\\
```

Anaconda3\\lib\\os.py'>, <module 'errno' (built-in)>, <module 'stat' from 'C:\\ProgramData\\Anaconda3\\lib\\stat.py'>, <module '_stat' (built-in)>, <module 'ntpath' from 'C:\\ProgramData\\Anaconda3\\lib\\ntpath.py'>, <module 'genericpath' from 'C:\\ProgramData\\Anaconda3\\lib\\genericpath.py'>, <module 'ntpath' from 'C:\\ProgramData\\Anaconda3\\lib\\ntpath.py'>, <module '_collections_abc' from 'C:\\ProgramData\\Anaconda3\\lib_collections_abc.py'>, <module '_sitebuiltins' from 'C:\\ProgramData\\Anaconda3\\lib_sitebuiltins.py'>, <module 'sysconfig' from 'C:\\ProgramData\\Anaconda3\\lib\\sysconfig.py'>, <module '_bootlocale' from 'C:\\ProgramData\\Anaconda3\\lib_bootlocale.py'>, <module '_locale' (built-in)>, <module 'encodings.gbk' from 'C:\\ProgramData\\Anaconda3\\lib\\encodings\\gbk.py'>, <module '_codecs_cn' (built-in)>, <module '_multibytecodec' (built-in)>, <module 'types' from 'C:\\ProgramData\\Anaconda3\\lib\\types.py'>, <module 'functools' from 'C:\\ProgramData\\Anaconda3\\lib\\functools.py'>, <module '_functools' (built-in)>, <module 'collections' from 'C:\\ProgramData\\Anaconda3\\lib\\collections__init__.py'>, <module 'operator' from 'C:\\ProgramData\\Anaconda3\\lib\\operator.py'>, <module '_operator' (built-in)>, <module 'keyword' from 'C:\\ProgramData\\Anaconda3\\lib\\keyword.py'>, <module 'heapq' from 'C:\\ProgramData\\Anaconda3\\lib\\heapq.py'>, <module '_heapq' (built-in)>, <module 'itertools' (built-in)>, <module 'reprlib' from 'C:\\ProgramData\\Anaconda3\\lib\\reprlib.py'>, <module '_collections' (built-in)>, <module 'weakref' from 'C:\\ProgramData\\Anaconda3\\lib\\weakref.py'>, <module 'collections.abc' from 'C:\\ProgramData\\Anaconda3\\lib\\collections\\abc.py'>, <module 'importlib' from 'C:\\ProgramData\\Anaconda3\\lib\\importlib__init__.py'>, <module 'importlib._bootstrap' (frozen)>, <module 'importlib._bootstrap_external' (frozen)>, <module 'warnings' from 'C:\\ProgramData\\Anaconda3\\lib\\warnings.py'>, <module 'importlib.util' from 'C:\\ProgramData\\Anaconda3\\lib\\importlib\\util.py'>, <module 'importlib.abc' from 'C:\\ProgramData\\Anaconda3\\lib\\importlib\\abc.py'>, <module 'importlib.machinery' from 'C:\\ProgramData\\Anaconda3\\lib\\importlib\\machinery.py'>, <module 'contextlib' from 'C:\\ProgramData\\Anaconda3\\lib\\contextlib.py'>, <module 'mpl_toolkits' (namespace)>, <module 'sphinxcontrib' from 'C:\\ProgramData\\Anaconda3\\lib\\site-packages\\sphinxcontrib__init__.py'>, <module 'traceback' from 'C:\\

ProgramData\\Anaconda3\\lib\\traceback.py'>, <module 'linecache' from 'C:\\ProgramData\\Anaconda3\\lib\\linecache.py'>, <module 'tokenize' from 'C:\\ProgramData\\Anaconda3\\lib\\tokenize.py'>, <module 're' from 'C:\\ProgramData\\Anaconda3\\lib\\re.py'>, <module 'enum' from 'C:\\ProgramData\\Anaconda3\\lib\\enum.py'>, <module 'sre_compile' from 'C:\\ProgramData\\Anaconda3\\lib\\sre_compile.py'>, <module '_sre' (built-in)>, <module 'sre_parse' from 'C:\\ProgramData\\Anaconda3\\lib\\sre_parse.py'>, <module 'sre_constants' from 'C:\\ProgramData\\Anaconda3\\lib\\sre_constants.py'>, <module 'copyreg' from 'C:\\ProgramData\\Anaconda3\\lib\\copyreg.py'>, <module 'token' from 'C:\\ProgramData\\Anaconda3\\lib\\token.py'>, <module '__future__' from 'C:\\ProgramData\\Anaconda3\\lib__future__.py'>, <module 'ctypes' from 'C:\\ProgramData\\Anaconda3\\lib\\ctypes__init__.py'>, <module '_ctypes' from 'C:\\ProgramData\\Anaconda3\\DLLs_ctypes.pyd'>, <module 'struct' from 'C:\\ProgramData\\Anaconda3\\lib\\struct.py'>, <module '_struct' (built-in)>, <module 'ctypes._endian' from 'C:\\ProgramData\\Anaconda3\\lib\\ctypes_endian.py'>, <module 'socket' from 'C:\\ProgramData\\Anaconda3\\lib\\socket.py'>, <module '_socket' from 'C:\\ProgramData\\Anaconda3\\DLLs_socket.pyd'>, <module 'selectors' from 'C:\\ProgramData\\Anaconda3\\lib\\selectors.py'>, <module 'math' (built-in)>, <module 'select' from 'C:\\ProgramData\\Anaconda3\\DLLs\\select.pyd'>, <module 'bisect' from 'C:\\ProgramData\\Anaconda3\\lib\\bisect.py'>, <module '_bisect' (built-in)>, <module 'runpy' from 'C:\\ProgramData\\Anaconda3\\lib\\runpy.py'>, <module 'pkgutil' from 'C:\\ProgramData\\Anaconda3\\lib\\pkgutil.py'>, <module 'datetime' from 'C:\\ProgramData\\Anaconda3\\lib\\datetime.py'>, <module 'time' (built-in)>, <module '_datetime' (built-in)>, <module 'visualstudio_py_util' from 'C:\\Users\\nomaka\\.vscode\\extensions\\ms-python.python-2018.5.0\\pythonFiles\\PythonTools\\visualstudio_py_util.py'>, <module 'imp' from 'C:\\ProgramData\\Anaconda3\\lib\\imp.py'>, <module 'encodings.ascii' from 'C:\\ProgramData\\Anaconda3\\lib\\encodings\\ascii.py'>, <module 'visualstudio_py_repl' from 'C:\\Users\\nomaka\\.vscode\\extensions\\ms-python.python-2018.5.0\\pythonFiles\\PythonTools\\visualstudio_py_repl.py'>, <module 'ssl' from 'C:\\ProgramData\\Anaconda3\\lib\\ssl.py'>, <module 'ipaddress' from 'C:\\ProgramData\\Anaconda3\\lib\\ipaddress.py'>, <module 'textwrap' from 'C:\\ProgramData\\Anaconda3\\lib\\textwrap.py'>, <module '_ssl' from

```
'C:\\ProgramData\\Anaconda3\\DLLs\\_ssl.pyd'>, <module 'base64' from 'C:\\
ProgramData\\Anaconda3\\lib\\base64.py'>, <module 'binascii' (built-in)>,
<module 'random' from 'C:\\ProgramData\\Anaconda3\\lib\\random.py'>, <module
'hashlib' from 'C:\\ProgramData\\Anaconda3\\lib\\hashlib.py'>, <module '_
hashlib' from 'C:\\ProgramData\\Anaconda3\\DLLs\\_hashlib.pyd'>, <module '_
blake2' (built-in)>, <module '_sha3' (built-in)>, <module '_random' (built-
in)>, <module 'inspect' from 'C:\\ProgramData\\Anaconda3\\lib\\inspect.py'>,
<module 'ast' from 'C:\\ProgramData\\Anaconda3\\lib\\ast.py'>, <module '_ast'
(built-in)>, <module 'dis'
from 'C:\\ProgramData\\Anaconda3\\lib\\dis.py'>, <module 'opcode' from
'C:\\ProgramData\\Anaconda3\\lib\\opcode.py'>, <module '_opcode' (built-
in)>, <module 'visualstudio_py_debugger' from 'C:\\Users\\nomaka\\.
vscode\\extensions\\ms-python.python-2018.5.0\\pythonFiles\\PythonTools\\
visualstudio_py_debugger.py'>, <module 'threading' from 'C:\\ProgramData\\
Anaconda3\\lib\\threading.py'>])
<module 'os' from 'C:\\ProgramData\\Anaconda3\\lib\\os.py'>
```

不同的操作系统中和不同的运行环境下可能会有不同的内容输出。

9.4.2 os

Python的os模块封装了操作系统的文件和目录操作，本小节只列出一些常见的方法，有兴趣的读者可以自行查阅官方文档了解更多的方法。

1. 获取当前文件所在目录

动手写9.4.7

```
01  #!/usr/bin/python
02  # -*- coding: UTF-8 -*-
03
04  import os
05  print(__file__)
06  print(os.path.dirname(__file__))
```

"__file__"是Python的内置变量，"os.path.dirname(__file__)"表示的是文件当前的位置。

2. 获取当前路径以及切换当前路径

动手写9.4.8

```
01  #!/usr/bin/python
```

```
02  # -*- coding: UTF-8 -*-
03
04  import os
05
06  print(os.getcwd())
07  os.chdir("c:\\")
08  print(os.getcwd())
```

os.getcwd可以获取当前执行程序的路径，os.chdir可以切换当前的路径，这个例子中的路径对应的是Windows平台，其他平台请视情况修改路径。

3. 重命名文件

动手写9.4.9

```
01  #!/usr/bin/python
02  # -*- coding: UTF-8 -*-
03
04  import os
05
06  os.rename("a.text", "b.txt")
```

这个例子中，rename函数会将文件"a.text"重命名为"b.txt"（假设系统中存在a.text文件）。

4. 查看指定的路径是否存在

动手写9.4.10

```
01  #!/usr/bin/python
02  # -*- coding: UTF-8 -*-
03
04  import os
05
06  folder = os.path.exists("c:\windows")
07  print(folder)
```

os.path.exists可以判断目录或者文件是否存在，如果存在则返回"True"，反之则返回"False"。

5. 判断给出的路径是否是一个文件

动手写9.4.11

```
01  #!/usr/bin/python
02  # -*- coding: UTF-8 -*-
```

```
03
04  import os
05
06  folder = os.path.isfile("c:\\windows\\system32")
07  print(folder)
```

os.path.isfile可以判断给出的路径是否是一个文件，如果不是文件或者文件不存在都会返回"False"，如果是文件则返回"True"。

6. 判断给出的路径是否是一个目录

动手写9.4.12

```
01  #!/usr/bin/python
02  # -*- coding: UTF-8 -*-
03
04  import os
05
06  folder = os.path.isdir("c:\\windows\\system32")
07  print(folder)
```

os.path.isdir可以判断给出的路径是否是一个目录，如果不是目录或者目录不存在都会返回"False"，如果是目录则返回"True"。

7. 获取系统环境变量

动手写9.4.13

```
01  #!/usr/bin/python
02  # -*- coding: UTF-8 -*-
03
04  import os
05
06  for k, v in os.environ.items():
07      print(k, "=>", v)
```

各个计算机设置不同，输出结果也会不同。

8. 创建单层目录

动手写9.4.14

```
01  #!/usr/bin/python
02  # -*- coding: UTF-8 -*-
03
04  import os
05
06  os.mkdir("d:\\ 01kuaixue")
```

os.mkdir方法只能创建一层目录，在有父目录的情况下创建子目录，如果父目录不存在则不能创建并输出错误。

9. 创建多层目录

动手写9.4.15

```
01  #!/usr/bin/python
02  # -*- coding: UTF-8 -*-
03
04  import os
05
06  os.makedirs("d:\\ 01kuaixue1\\01kuaixue2\\01kuaixue3\\01kuaixue4\\
    01kuaixue5")
```

os.makedirs和os.mkdir的用法完全一样，区别只是os.makedirs可以创建多层目录，如果父目录不存在则先创建父目录。

9.4.3 math

math模块实现了正常情况下内置平台C库中才有的很多IEEE函数，我们可以使用浮点值完成复杂的数学运算，包括对数运算和三角函数运算。

1. math库中的两个常量

math库中提供了两个常量供计算使用，包括圆周率和自然常数。

动手写9.4.16

```
01  #!/usr/bin/python
02  # -*- coding: UTF-8 -*-
03
04  import math
05
06  print("圆周率: ", math.pi) # 圆周率pi
07  print("自然常数: ", math.e)   # 自然常数e
```

执行结果如下：

```
圆周率 3.141592653589793
自然常数 2.718281828459045
```

2. math库中的运算函数

此外，math库中还有以下各种运算函数。

（1）向上取整：

动手写9.4.17

```
01  #!/usr/bin/python
02  # -*- coding: UTF-8 -*-
03
04  import math
05
06  print("1.7", math.ceil(1.7))
07  print("0.3", math.ceil(0.3))
08  print("-1.7", math.ceil(-1.7))
09  print("-0.3", math.ceil(-0.3))
```

执行结果如下：

```
1.7 2
0.3 1
-1.7 -1
-0.3 0
```

（2）向下取整：

动手写9.4.18

```
01  #!/usr/bin/python
02  # -*- coding: UTF-8 -*-
03
04  import math
05
06  print("1.7", math.floor(1.7))
07  print("0.3", math.floor(0.3))
08  print("-1.7", math.floor(-1.7))
09  print("-0.3", math.floor(-0.3))
```

执行结果如下：

```
1.7 1
0.3 0
-1.7 -2
-0.3 -1
```

（3）指数运算：

动手写9.4.19

```
01  #!/usr/bin/python
02  # -*- coding: UTF-8 -*-
03
04  import math
05
06  print("15^3", math.pow(15, 3))
07  print("29^-1", math.pow(29, -1))
```

执行结果如下：

```
15^3 3375.0
29^-1 0.034482758620689655
```

（4）对数计算（默认底数为e，可以使用第二个参数来改变对数的底数）：

动手写9.4.20

```
01  #!/usr/bin/python
02  # -*- coding: UTF-8 -*-
03
04  import math
05
06  print("log(3)", math.log(3))
07  print("log(100, 10)", math.log(100, 10))
```

执行结果如下：

```
log(3) 1.0986122886681098
log(100, 10) 2.0
```

（5）平方根计算：

动手写9.4.21

```
01  #!/usr/bin/python
02  # -*- coding: UTF-8 -*-
03
04  import math
05
06  print("sqrt(4)", math.sqrt(4))
07  print("sqrt(128)", math.sqrt(128))
```

执行结果如下：

```
sqrt(4) 2.0
sqrt(128) 11.313708498984761
```

（6）此外，math库里还有三角函数计算：

动手写9.4.22

```
01  #!/usr/bin/python
02  # -*- coding: UTF-8 -*-
03
04  import math
05
06  print("sin(pi/2)", math.sin(math.pi/2))
07  print("cos(pi)", math.cos(math.pi))
08  print("tan(0)", math.tan(0))
```

执行结果如下：

```
sin(pi/2) 1.0
cos(pi) -1.0
tan(0) 0.0
```

（7）角度和弧度互换：

动手写9.4.23

```
01  #!/usr/bin/python
02  # -*- coding: UTF-8 -*-
03
04  import math
05
06  print(math.degrees(math.pi))
07  print(math.radians(90))
```

执行结果如下：

```
180.0
1.5707963267948966
```

9.4.4　random

random库包含了许多和随机数相关的方法，本小节只列出一些常见的方法，有兴趣的读者可以自行查阅官方文档了解更多的方法。

使用random.seed(x)改变随机数生成器的种子seed。如果你不了解其原理，不必特别去设定seed，Python会帮你选择seed。

random.random用于生成一个0到1的随机浮点数：0 <= n < 1.0。

动手写9.4.24

```
01  #!/usr/bin/python
02  # -*- coding: UTF-8 -*-
03
04  import random
05
06  print(random.random())
```

这个例子将会输出一个0到1之间的随机数，并且每次运行结果都会不一样。

random.uniform用于生成一个指定范围内的随机浮点数。

动手写9.4.25

```
01  #!/usr/bin/python
02  # -*- coding: UTF-8 -*-
03
04  import random
05
06  print(random.uniform(1, 150))
```

这个例子会输出一个1到150之间的随机浮点数，并且每次运行结果都会不一样。

random.randint用于生成一个指定范围内的整数。

动手写9.4.26

```
01  #!/usr/bin/python
02  # -*- coding: UTF-8 -*-
03
04  import random
05
06  print(random.randint(1, 150))
```

这个例子会输出一个1到150之间的随机整数，并且每次运行结果都会不一样。

random.choice会从给定的序列中获取一个随机元素。

动手写9.4.27

```
01  #!/usr/bin/python
02  # -*- coding: UTF-8 -*-
```

```
03
04  import random
05
06  seq1 = (1, 15, 8, 97, 22)
07  seq2 = ["星期日", "星期一", "星期二", "星期三", "星期四", "星期五", "星期六"]
08  print(random.choice(seq1))
09  print(random.choice(seq2))
```

在这个例子中，ramdom.choice会从给定的序列中随机抽出一个元素输出，支持各种序列类型。random.shuffle用于将一个列表中的元素打乱。

动手写9.4.28

```
01  ®#!/usr/bin/python
02  # -*- coding: UTF-8 -*-
03
04  import random
05
06  seq1 = list(range(1, 10))
07  seq2 = ["星期日", "星期一", "星期二", "星期三", "星期四", "星期五", "星期六"]
08
09  print("打乱前")
10  print(seq1)
11  print(seq2)
12
13  random.shuffle(seq1)
14  random.shuffle(seq2)
15
16  print("打乱后")
17  print(seq1)
18  print(seq2)
```

运行这个例子，我们会发现当初定义的有序的序列在打乱后变成了无序的序列。注意：random.shuffle会修改原来的序列，所以原来的序列必须是可修改的，因此元组等类型不能作为random.shuffle的参数使用。

9.5 安装第三方库

标准库针对Python语言专门提供了很多功能扩展，给使用者带来了不少便利。但是随着技术的发展，总会出现一些新的标准库无法解决的功能需求，这时候我们可能需要去网上寻找已经实现的解决方案或者安装第三方库到自己的电脑上。在很久以前确实只能以这样的方式解决问题，但是现在不同了，几乎所有先进的计算机程序语言都具备自动联网的软件包管理工具，我们只需要几条命令即可完成从下载到安装的一整套流程。Python的软件包管理工具甚至可以自动为我们寻找软件包的依赖包（一个第三方库使用了另一个第三方库），让我们管理软件包就像使用iPhone的App Store一样方便。本节主要讲解Linux、Mac OS以及Windows平台下pip工具（现代通用的 Python 包管理工具）的常用方式。

9.5.1 Linux以及Mac OS平台

如果你使用的是Ubuntu系统，请确保已经安装了python 3-pip软件包。如果不确定或者未安装，请运行：

```
sudo apt install -y python3-pip
```

如果你使用的是CentOS系统，请确保已经安装了python 34-pip软件包。如果不确定或者未安装，请运行：

```
sudo yum install -y python34-pip
```

如果你使用的是Mac OS系统，并且是使用brew install python的方式安装的，则pip已经安装在你的系统中。

其他操作系统请查阅相关系统文档或者pip官方文档：https://pip.pypa.io/en/stable/installing/。

一切准备就绪之后，就可以在终端输入：

```
pip3 --version
```

来确认我们安装的pip是否正常工作。请注意输入的是"pip3"而不是"pip"，因为许多版本的操作系统尤其是Linux操作系统都会预装Python 2版本的pip，使用"pip3"可以确保我们使用的是Python 3版本的pip。

我们可以使用命令：

```
pip3 list
```

来列出已安装的软件包。

pip自带搜索软件包的功能，可以使用命令：

```
pip3 search 关键字
```

来搜索想要的软件包。

我们可以使用命令：

```
pip3 install 软件包名字
```

来安装软件包。例如想要安装著名的Web框架——Django，我们可以使用命令：

```
pip3 install django
```

我们可以使用命令：

```
pip3 install 软件包名字==版本号
```

来安装指定版本的软件包。例如想要安装指定版本的Django，我们可以使用命令：

```
pip3 install django==2.0.6
```

我们可以使用命令：

```
pip3 uninstall 软件包名字
```

来卸载指定的软件包。例如我们希望卸载刚才安装的Django，我们可以使用命令：

```
pip3 uninstall django
```

如果我们有许多第三方库需要安装，可以把需要安装的软件写入到一个纯文本文件（一般命名为requirements.txt）中，一行写一个软件包。例如：

```
Jinja2==2.8
Mako==1.0.4
Markdown==2.6.6
MarkupSafe==0.23
PyMySQL==0.7.5
python-editor==1.0.1
six==1.10.0
SQLAlchemy==1.0.14
```

然后我们可以使用命令：

```
pip3 install -r requirements.txt
```

一次性安装这些软件包，方便又快速。

9.5.2　Windows平台

如果你根据2.1.1节提供的方法安装Anaconda，那么你只需点击开始菜单中的"Anaconda Prompt"打开命令提示符，Anaconda就会帮我们安装好pip。我们只需在命令提示符中输入：

```
pip --version
```

如果屏幕上显示出pip的版本号和Python包的路径，说明pip一切正常。

pip自带搜索软件包的功能，可以使用命令：

```
pip search 关键字
```

来搜索想要的软件包。

我们可以使用命令：

```
pip install 软件包名字
```

来安装软件包。例如想要安装著名的Web框架——Django，我们可以使用命令：

```
pip install django
```

我们可以使用命令：

```
pip install 软件包名字==版本号
```

来安装指定版本的软件包。例如想要安装指定版本的Django，我们可以使用命令：

```
pip install django==2.0.6
```

我们可以使用命令：

```
pip uninstall 软件包名字
```

来卸载指定的软件包。例如我们希望卸载刚才安装的Django，可以使用命令：

```
pip uninstall django
```

如果我们有许多第三方库需要安装，可以把需要安装的软件写入到一个纯文本文件（一般命名为requirements.txt）中，一行写一个软件包。例如：

```
Jinja2==2.8
Mako==1.0.4
Markdown==2.6.6
```

```
MarkupSafe==0.23
PyMySQL==0.7.5
python-editor==1.0.1
six==1.10.0
SQLAlchemy==1.0.14
```

然后我们可以使用命令：

```
pip install -r requirements.txt
```

一次性安装这些软件包，方便又快速。

Anaconda除了可以使用pip来管理软件包，还可以使用conda来命令管理软件包，并且我们优先推荐使用conda来安装软件包（如果实在无法找到conda的软件包，我们才尝试使用pip）。conda的软件包都是经过Anaconda测试的，所以更适合在Windows平台使用并且兼容性更好。

conda大部分参数都和pip相同，使用时只需把pip命令换成conda即可。例如：

搜索软件包时使用命令：

```
conda search django
```

安装软件包时使用命令：

```
conda install django
```

安装指定版本的软件包时使用命令：

```
conda install django==2.0.5
```

（由于Anaconda会测试每个软件包的兼容性，所以一般conda所能安装的软件的最新版本可能会比官方的最新版本低一点，但是Anaconda更能充分考虑软件包的稳定性。）

卸载指定的软件包时使用命令：

```
conda uninstall django
```

 ## 9.6 小结

本章主要介绍了Python语言中的模块的概念和作用以及如何编写模块，之后还介绍了强大的标准库。标准库中包含许多模块，熟悉标准库可以帮助开发人员减少工作量。最后本章还介绍了如何安装第三方库，第三方库提供了比标准库更多的扩展，能为开发人员带来不少的便利。

9.7 知识拓展

9.7.1 globals和locals函数

Python内置了两个函数——globals和locals，它们提供了基于字典的访问局部和全局变量的方式。

在理解这两个函数时，我们首先要了解一下Python中的名字空间（或称为命名空间namespace）概念，Python使用名字空间记录变量的轨迹。名字空间只是一个字典，它的键字就是变量名，字典的值就是那些变量的值。实际上，名字空间可以像Python的字典一样进行访问。

每个函数都有着自己的名字空间，叫作"局部名字空间"，它记录了函数的变量，包括函数的参数和局部定义的变量。每个模块都拥有它自己的名字空间，叫作"全局名字空间"，它记录了模块的变量，包括函数、类、其他导入的模块、模块级的变量和常量。还有就是"内置名字空间"，任何模块均可访问它，它存放着内置的函数和异常。

当一行代码要使用变量x的值时，Python会按照如下顺序到所有可用的名字空间中查找变量：

（1）局部名字空间——特指当前函数或类的方法。如果函数定义了一个局部变量x，Python将使用这个变量，然后停止搜索。

（2）全局名字空间——特指当前的模块。如果模块定义了一个名为x的变量、函数或类，Python将使用这个变量，然后停止搜索。

（3）内置名字空间——对每个模块都是全局的。作为最后的尝试，Python将假设x是内置函数或变量。

如果Python在这些名字空间中都找不到x，它将放弃查找并引发一个NameError的异常，同时传递"There is no variable named 'x'"这样一条信息。

像Python中的许多内置函数一样，名字空间在运行时直接可以访问。但是，局部名字空间也可以通过内置的locals函数来访问，全局（模块级别）名字空间可以通过内置的globals函数来访问。

动手写9.7.1

```
01  #!/usr/bin/python
02  # -*- coding: UTF-8 -*-
03
04  local_var = locals().copy()
05
06  for k, v in local_var.items():
07      print(k, "=> ", v)
```

执行结果如下（不同环境可能略有差异）：

```
__name__  =>  __main__
__doc__  =>  None
__package__  =>  None
__loader__  =><_frozen_importlib_external.SourceFileLoader object at
0x7fe2b48a1cf8>
__spec__  =>  None
__annotations__  =>  {}
__builtins__  =><module 'builtins' (built-in)>
__file__  =>  9.7.1.py
__cached__  =>  None
```

locals()函数可以返回所有内置的本地变量，例如"__name__"等。如果我们在文件中定义过任何东西，locals()函数也会返回。例如：

动手写9.7.2

```
01  #!/usr/bin/python
02  # -*- coding: UTF-8 -*-
03
04  a_string = "Hello"
05
06  def a_func():
07      pass
08
09  class MyClass:
10      pass
11
12  local_var = locals().copy()
13
14  for k, v in local_var.items():
15      print(k, "=> ", v)
```

执行结果如下（不同环境可能略有差异）：

```
__name__  =>  __main__
__doc__  =>  None
__package__  =>  None
__loader__  =><_frozen_importlib_external.SourceFileLoader object at
0x7fc627ab1cf8>
__spec__  =>  None
__annotations__  =>  {}
__builtins__  =><module 'builtins' (built-in)>
```

```
__file__ =>  9.7.2.py
__cached__  => None
a_string =>  Hello
a_func =><function a_func at 0x7fc627ae2e18>
MyClass =><class '__main__.MyClass'>
```

从这个例子可以看到，我们自定义的变量、函数或者类定义等都会被locals()函数返回。

动手写9.7.3

```
01  #!/usr/bin/python
02  # -*- coding: UTF-8 -*-
03
04  from math import *
05
06  global_vars = globals().copy()
07
08  for k, v in global_vars.items():
09      print(k, "=>", v)
```

执行结果如下（不同环境可能略有差异）：

```
__name__ => __main__
__doc__ => None
__package__ => None
__loader__ =><_frozen_importlib_external.SourceFileLoader object at
0x7fae92a91cf8>
__spec__ => None
__annotations__ => {}
__builtins__ =><module 'builtins' (built-in)>
__file__ => 9.7.3.py
__cached__ => None
acos =><built-in function acos>
acosh =><built-in function acosh>
asin =><built-in function asin>
asinh =><built-in function asinh>
atan =><built-in function atan>
atan2 =><built-in function atan2>
atanh =><built-in function atanh>
ceil =><built-in function ceil>
```

```
copysign =><built-in function copysign>
cos =><built-in function cos>
cosh =><built-in function cosh>
degrees =><built-in function degrees>
erf =><built-in function erf>
erfc =><built-in function erfc>
exp =><built-in function exp>
expm1 =><built-in function expm1>
fabs =><built-in function fabs>
factorial =><built-in function factorial>
floor =><built-in function floor>
fmod =><built-in function fmod>
frexp =><built-in function frexp>
fsum =><built-in function fsum>
gamma =><built-in function gamma>
gcd =><built-in function gcd>
hypot =><built-in function hypot>
isclose =><built-in function isclose>
isfinite =><built-in function isfinite>
isinf =><built-in function isinf>
isnan =><built-in function isnan>
ldexp =><built-in function ldexp>
lgamma =><built-in function lgamma>
log =><built-in function log>
log1p =><built-in function log1p>
log10 =><built-in function log10>
log2 =><built-in function log2>
modf =><built-in function modf>
pow =><built-in function pow>
radians =><built-in function radians>
sin =><built-in function sin>
sinh =><built-in function sinh>
sqrt =><built-in function sqrt>
tan =><built-in function tan>
tanh =><built-in function tanh>
```

```
trunc =><built-in function trunc>
pi => 3.141592653589793
e => 2.718281828459045
tau => 6.283185307179586
inf => inf
nan => nan
```

从执行结果可以看到，globals()函数可以返回所有模块级别的变量、函数等。

9.7.2　pyc文件

细心的读者可能已经发现，在我们"import"自定义的模块并运行之后，在模块的同一目录下会生成一个叫"__pycache__"的目录，里面有个和模块文件名相同，但是后缀为".pyc"的文件。

什么是pyc文件呢？pyc文件是一种二进制文件，由py文件经过编译后生成，是一种字节码文件（Bytecode）。py文件变成pyc文件后，加载的速度有所提高。而且pyc是一种跨平台的字节码，由Python的虚拟机来执行，这个概念类似于Java或者.NET的虚拟机的概念。pyc的内容与Python的版本相关，不同版本的Python编译后生成的pyc文件是不同的，例如Python 2编译的pyc文件，Python 3无法执行。

我们可以使用命令（Linux、Mac OS系统）：

```
python3 -m py_compile 9.7.3.py
```

或者（在Windows系统安装了Anaconda的环境）：

```
python -m py_compile 9.7.3.py
```

来手动生成pyc文件。

文件与IO

10.1 打开文件

在Python中无论是从文件中读取内容还是把内容写到文件中，都需要先打开文件。打开文件使用的是内置函数open。

open函数有许多参数，在官方文档中open函数的定义如下：

```
open(file, mode='r', buffering=-1, encoding=None, errors=None,
newline=None, closefd=True, opener=None)
```

可以从函数定义中看到，open函数只有file参数是必须传递的，其他参数都有默认值。最简单的打开文件的例子如下：

动手写10.1.1

```
01  #!/usr/bin/env python
02
03  file_name = "10.1.1.py"
04  f = open(file_name)
```

这就是最简单的打开文件的例子。如果一切正常，open函数将会返回一个文件对象；如果文件不能被打开，open函数就会抛出一个OSError异常。

10.1.1 文件模式

open函数的参数mode十分重要，它指明了要以何种方式打开文件。使用不同的方式打开文件，即使操作相同，产生的效果也会有所不同。默认的模式是"r"，即以只读的方式打开文件，

文件只能阅读但不能进行写的操作。可用的模式如下：

表10.1.1　文件模式

模式	描述
r	以只读方式打开文件。文件的指针将会放在文件的开头，这是默认模式
rb	以二进制格式打开一个文件用于只读。文件指针将会放在文件的开头
r+	打开一个文件用于读写。文件指针将会放在文件的开头
rb+	以二进制格式打开一个文件用于读写。文件指针将会放在文件的开头
w	打开一个文件，只用于写入。如果该文件已存在，则打开文件，并从开头开始编辑，即原有内容会被删除。如果该文件不存在，则创建新文件
wb	以二进制格式打开一个文件，只用于写入。如果该文件已存在，则打开文件，并从开头开始编辑，即原有内容会被删除。如果该文件不存在，则创建新文件
w+	打开一个文件用于读写。如果该文件已存在，则打开文件，并从开头开始编辑，即原有内容会被删除。如果该文件不存在，则创建新文件
wb+	以二进制格式打开一个文件用于读写。如果该文件已存在，则打开文件，并从开头开始编辑，即原有内容会被删除。如果该文件不存在，则创建新文件
a	打开一个文件用于追加。如果该文件已存在，文件指针将会放在文件的结尾，也就是说，新的内容将会被写入到已有内容之后。如果该文件不存在，则创建新文件进行写入
ab	以二进制格式打开一个文件用于追加。如果该文件已存在，文件指针将会放在文件的结尾，也就是说，新的内容将会被写入到已有内容之后。如果该文件不存在，则创建新文件进行写入
a+	打开一个文件用于读写。如果该文件已存在，文件指针将会放在文件的结尾，文件打开时会是追加模式。如果该文件不存在，则创建新文件用于读写
ab+	以二进制格式打开一个文件用于追加。如果该文件已存在，文件指针将会放在文件的结尾。如果该文件不存在，则创建新文件用于读写

　　Python在读写文件时会区分二进制和文本两种方式。如果以二进制方式打开文件（模式中带有"b"），内容将作为字节对象返回，不会对文件内容进行任何解码；如果以文本方式打开文件（模式中不带有"b"，默认文本方式），内容将作为字符串str类型返回，文件内容会根据平台相关的编码或者指定了的"encoding"参数的编码进行解码。

10.1.2　文件编码

　　在文本方式下，如果没有指定编码，Python解释器会根据不同的系统使用不同的编码来解码文件。默认情况下，Python会调用标准库locale的getpreferredencoding方法来获取系统的默认编码〔locale.getpreferredencoding(False)〕，以作为文本方式解码文件内容的编码。

　　这里需要注意的一点是，不同的编码对阿拉伯数字和英文字符"a～z"和"A～Z"等基本字符的编码是一样的，区别在于对那些特有字符的编码上，例如中文等。如果使用UTF-8编码保存文件，然后使用GBK编码读取文件，就会产生乱码甚至程序出错；反之亦然。所以在文件读写之前请务必确认文件的编码以及应用场景。

默认情况下，大部分系统使用的编码都是UTF-8，比如Web应用程序，但Windows操作系统默认使用的编码是GBK。Python支持非常多的文本编码，其中常见的是ASCII、Latin-1、UTF-8和UTF-16。

ASCII对应Unicode编码在U+0000到U+007F范围内的7位字符；Latin-1是字节0~255到U+0000至U+00FF范围内Unicode字符的直接映射。当读取一个未知编码的文本时，使用Latin-1编码永远不会产生解码错误。使用Latin-1编码读取文件，也许不能产生完全正确的文本解码数据，但是它也能从中提取出足够多的有用数据。同时，如果你之后将数据回写，原先的数据还是会被保留。

10.1.3 文件缓冲

缓冲的目的是减少系统的IO调用，只有在符合一定条件（比如缓冲数量）之后系统才调用IO写入磁盘。

缓冲参数buffering是用于设置缓冲策略的可选整数，设置为"0"时用以关闭缓冲（仅允许在二进制模式下使用）；设置为"1"时选择行缓冲（仅在文本模式下可用）；当参数是大于"1"的整数时，可以指示固定大小的块缓冲区的大小（以字节为单位）。如果未给出缓冲参数，则默认缓冲策略的工作方式如下：

二进制文件在固定大小的块中进行缓冲，缓冲区的大小则是通过使用试探法来试图确定底层设备的"块大小"的，然后将之存储到io.DEFAULT_BUFFER_SIZE变量当中。在许多系统中，缓冲区的长度通常是4096个或8192个字节长。

10.2 文件基本操作

前面小节已经介绍了如何使用open函数打开文件，接下来介绍一些基本的文件操作方法。

10.2.1 读文件

使用open函数返回的是一个文件对象，有了文件对象就可以开始读取其中的内容了。如果只是希望读取整个文件并保存到一个字符串中，就可以使用read方法。

使用read方法能够从一个打开的文件中读取内容到字符串。需要注意的是，Python的字符串可以是二进制的数据，而不仅仅是文字。比如我们读取同目录下的"readme.txt"文件并打印出来：

动手写10.2.1

```
01  #!/usr/bin/env python
```

```
02
03  f = open("readme.txt")
04  txt = f.read()
05  print(txt)
```

执行结果如下：

```
Hello world!0123456789abcdefghijklmnopqrstuvwxyz
```

read方法也可以传递参数，用于指定读取多少个字符，例如：

动手写10.2.2

```
01  #!/usr/bin/env python
02
03  f = open("readme.txt")
04  txt = f.read(20)
05  print(txt)
```

执行结果如下：

```
Hello world!01234567
```

10.2.2 写文件

如果使用只读模式打开文件，那么就不能在文件上执行写的操作，所以如果要写文件，则必须使用带"w"模式的方式打开文件。打开文件后可以使用文件对象的write方法，将任意字符串写入到文件中。需要提醒的是，Python的字符串可以是二进制数据，而不仅仅是文字。write方法返回写入文件的字符串的长度，例如：

动手写10.2.3

```
01  #!/usr/bin/env python
02
03  f = open("writeme.txt", "w")
04  txt = "写入文件"
05  print(f.write(txt))
```

执行结果如下：

```
4
```

从结果中我们看到，write方法返回了数字"4"，这表示我们成功地在"txt"变量上写入了

"txt"变量中的四个中文字符。

我们可以尝试多次运行这个例子，就能发现一件有趣的事情：无论运行多少次程序，"writeme.txt"文件里都只有"写入文件"四个字符，看上去就像只执行了一次。但事实并非如此，而是实际上使用了"w"模式打开文件进行写文件操作"write"，此操作每次都会从头开始覆盖原有的内容，无论文件是否有内容，文件的内容都会被替换掉。

如果我们想在已有的文件内容后面追加内容，可以在打开文件时使用"a"模式，这样就能在文件中追加写入内容了，例如：

动手写10.2.4

```
01  #!/usr/bin/env python
02
03  from datetime import datetime
04
05  f = open("appendme.txt", "a")
06  now = str(datetime.now()) + "\n"
07  print(f.write(now))
```

在这个例子中，我们使用了"datetime"模块来获取当前时间（之后的章节会详细讲解与时间相关的模块）。每次运行这个示例，"appendme.txt"文件都会追加一行写入文件的时间信息。

10.2.3　按行读文件

前面章节介绍的读文件是读取整个文件到变量中，这在处理小文件时非常有用。但是如果要处理的文件很大，例如有上百万行的学生数据需要处理，那么读取整个文件到一个变量就显得不是很明智了。因为将整个文件导入到系统内存中时，如果系统内存不足可能会使程序崩溃。因此，Python为我们提供了一种按行读取文件内容的方法，使用readline函数可以逐行读取文件内容，例如：

动手写10.2.5

```
01  #!/usr/bin/env python
02  # -*- coding: UTF-8 -*-
03
04  f = open("appendme.txt", "r")
05
06  print(f.readline())
07  print(f.readline())
```

执行这个例子会打印出两行我们之前使用"a"模式写入的时间信息。

readlines函数和read函数类似，都会读取整个文件，但是readlines函数会把文件内容按行切割，返回一个list列表对象。例如：

动手写10.2.6

```
01  #!/usr/bin/env python
02  # -*- coding: UTF-8 -*-
03
04  f = open("appendme.txt", "r")
05
06  for line in f.readlines():
07      print(line)
```

执行这个例子会把文件"appendme.txt"中的日期一行一行地打印在屏幕上。注意：readlines函数会保留结尾的换行符，并不会去掉换行符，所以直接print列表元素会发现每次输出都跟随一个空白行。

除了使用readline和readlines方法，还能直接迭代文件对象本身，例如：

动手写10.2.7

```
01  #!/usr/bin/env python
02  # -*- coding: UTF-8 -*-
03
04  f = open("appendme.txt", "r")
05
06  for line in f:
07      print(line)
```

这个例子的输出结果和readlines例子中的一模一样，区别在于readlines会读取整个文件并返回一个list，但是直接迭代文件对象是一种"惰性"读取文件的方式，只有迭代到需要读取的一行，才会真的执行读取操作。这样做的好处是如果文件十分大，并且只需要一行一行地处理文件，就不用把整个文件都导入到内存中了。

10.2.4 按行写文件

写文件不仅仅可以像前面介绍的按字符串来写，也可以按行来写，Python提供了writelines方法，把列表作为参数写入文件，因为Python并不会帮我们添加换行符。

writelines方法接收一个参数，这个参数必须是列表，列表的每个元素就是想写入的每行文本内容。但是我们在列表中需要自行添加换行符，writelines不会帮助我们在每行之后添加换行符。例如：

动手写10.2.8

```
01  #!/usr/bin/env python
02  # -*- coding: UTF-8 -*-
03
04  f = open("writelines.txt", "w")
05
06  lines =  []
07  for i in range(10):
08      lines.append(str(i))
09
10  f.writelines(lines)
```

这个例子运行之后会在"writelines.txt"文件中生成"0"到"9"十个数字，并且不会换行。

10.2.5 关闭文件

前面小节介绍了各种文件的读取和写入操作，但都没有提及在读取和写入文件的过程中出现异常该怎么处理。在读写文件的时候，有时候会因为一些外界因素而出现异常，特别是在大文件的读取和写入时，稍不注意就容易产生异常（例如，内存不足或者磁盘空间不够等）。那么在读取和写入文件的时候出现异常应该怎么处理呢？

这个时候就要用到前面第8章介绍的错误和异常的知识了，使用try语句捕获可能出现的相关异常，然后进行对应的处理（但需要注意一点，无论是否有异常都需要关闭文件）。

一般情况下，文件对象在程序退出后都会自动关闭，但是为了安全起见，最好还是显式调用close方法来关闭文件比较好。一般使用方法如下：

动手写10.2.9

```
01  #!/usr/bin/env python
02  # -*- coding: UTF-8 -*-
03
04  f = open("writelines.txt", "w")
05
06  # process file
07
08  f.close()
```

这个例子中代码的最后一行"f.close()"执行和不执行，看到的结果都是一样的，但如果在执行close方法之后再进行相关的文件操作就会出现"ValueError: I/O operation on closed file."的异常提示，说明该文件已经被关闭，不能再对文件对象进行操作了。显式地调用close方法可以避免在某些操作系统或者设置中进行无用的修改，也可以避免用完操作系统中所打开文件的配额。

对文件进行写操作之后一定要记得关闭文件，因为写入的数据可能会被缓存，如果程序或者系统因为某些原因崩溃了的话，缓存的数据是不会写入文件中的。所以为了安全起见，在使用完文件之后一定要记得关闭文件。

在使用try语句出现异常之后，Python解释器会放弃之后的语句而去执行catch捕获到异常的语句，所以建议close方法在finally语句中执行，保证无论是否有异常都会执行close方法并关闭文件。例如：

动手写10.2.10

```
01  #!/usr/bin/env python
02  # -*- coding: UTF-8 -*-
03
04  f = None
05  try:
06      f = open("readme.txt", "r")
07      print(f.read())
08  except IOError:
09      print("Error")
10  finally:
11      if f:
12          f.close()
```

这个例子在文件处理的异常语句的finally语法块中执行了close方法，确保了文件会被关闭。

每个打开的文件都要执行close方法关闭文件，但有时候文件处理的逻辑比较复杂，很容易忘记关闭文件。有什么比较方便的办法能够保证文件会被关闭呢？

Python引入了with语句来帮我们自动调用close方法，例如：

动手写10.2.11

```
01  #!/usr/bin/env python
02  # -*- coding: UTF-8 -*-
03
04  with open("readme.txt", "r") as f:
05      content = f.read()
06      print(content)
```

这段代码中，我们没有手动调用close函数，但是由于我们使用了with语句，Python解释器会在with语句的代码块执行完毕之后帮助我们执行close语句。使用with语句的代码会比不使用with语句的代码更简洁。

10.3　StringIO和BytesIO

前面章节介绍了Python对于文件的读取和写入，但有时候数据并不需要真正地写入到文件中，只需要在内存中做读取写入即可。Python中的IO模块提供了对str操作的StringIO函数。

要把str写入StringIO，我们需要先创建一个StringIO对象，然后像文件一样写入即可，例如：

动手写10.3.1

```
01  #!/usr/bin/env python
02  # -*- coding: UTF-8 -*-
03
04  from io import StringIO
05  f = StringIO()
06  f.write('hello')
07  f.write(' ')
08  f.write('world!')
09  print(f.getvalue())
```

执行结果如下：

```
hello world!
```

这个例子创建了StringIO对象，然后调用了write方法写入数据，和文件操作几乎相同。getvalue方法用于获得写入后的str。

要读取StringIO，可以先用一个str初始化StringIO，然后像读文件一样读取，例如：

动手写10.3.2

```
01  #!/usr/bin/env python
02  # -*- coding: UTF-8 -*-
03
04  from io import StringIO
05  f = StringIO('Hello!\nWorld!\nWelcome!')
06  while True:
07      s = f.readline()
08      if s == '':
09          break
10      print(s.strip())
```

执行结果如下：

```
Hello!
World!
Welcome!
```

StringIO的操作对象只能是str，如果要操作二进制数据，就需要使用BytesIO。

BytesIO实现了在内存中读写bytes，我们可以先创建一个BytesIO，然后写入一些bytes，例如：

动手写10.3.3

```
01  #!/usr/bin/env python
02  # -*- coding: UTF-8 -*-
03
04  from io import BytesIO
05  f = BytesIO()
06  f.write("您好".encode("utf-8"))
07  print(f.getvalue())
08  print(f.getvalue().decode("utf-8"))
```

执行结果如下：

```
b'\xe6\x82\xa8\xe5\xa5\xbd'
您好
```

请注意，写入的不是str，而是经过UTF-8编码的bytes。

和StringIO类似，可以先用一个bytes初始化BytesIO，然后像读文件一样读取，例如：

动手写10.3.4

```
01  #!/usr/bin/env python
02  # -*- coding: UTF-8 -*-
03
04  from io import BytesIO
05  f = BytesIO(b'\xe4\xb8\xad\xe6\x96\x87')
06  print(f.read().decode("utf-8"))
```

执行结果如下：

```
中文
```

10.4 **序列化与反序列化**

　　程序在运行的时候，所有变量都是保存在计算机内存中的，我们可以把变量从内存中转存到磁盘或者别的存储介质上，这个把变量从内存中变成可存储或传输的过程被称为序列化。我们可以把序列化后的内容写入磁盘或者通过网络传输到别的计算机上。反过来，我们把变量内容从序列化的对象重新读取到内存的过程称为反序列化。

　　简单来说，序列化就是将数据结构或者对象转换成二进制串的过程，反序列化就是将序列化过程中生成的二进制串转回成数据结构或对象的过程。

　　本节将会介绍Python中常见的序列化和反序列化的方式。

10.4.1　pickle模块

　　pickle模块是Python标准库中的模块，它实现了一些基本数据的序列化和反序列化。

　　通过pickle模块的序列化操作，我们可以将程序中运行的对象信息保存到文件中，永久存储；通过pickle模块的反序列化操作，我们可以从文件中恢复或者创建上次程序保存下来的对象。

　　pickle模块的dumps方法可以把对象序列化成bytes，例如：

动手写10.4.1

```
01  #!/usr/bin/env python
02  # -*- coding: UTF-8 -*-
03
04  import pickle
05
06  class Student:
07      def __init__(self, name, age, gender):
08          self.name = name
09          self.age = age
10          self.gender = gender
11
12  student1 = Student("小明", 15, "男")
13
14  print(pickle.dumps(student1))
```

　　执行这个例子会打印出序列化后的bytes对象。pickle.dumps可以把任意对象序列化成bytes对象，然后写入文件中永久存储。

　　pickle.dump方法可以帮助我们把任意对象序列化成bytes，然后直接写入到文件对象中，不需要我们再一步一步地写入文件。例如：

动手写10.4.2

```
01  #!/usr/bin/env python
02  # -*- coding: UTF-8 -*-
03
04  import pickle
05
06  class Student:
07      def __init__(self, name, age, gender):
08          self.name = name
09          self.age = age
10          self.gender = gender
11
12  student1 = Student("小红", 15, "女")
13
14  with open("student1.data", "wb") as f:
15      pickle.dump(student1, f)
```

执行这个例子会生成文件student1.data，这个文件包含了代码中student1对象的信息。用文本编辑器打开student1.data文件会看到一堆看不懂的内容，这些都是pickle保存的对象的信息。

既然已经将序列化的内容保存到文件中了，在使用文件时自然也可以把对象从磁盘读取到内存中。我们可以先把内容读取到一个bytes对象中，然后使用pickle.loads方法获取反序列化后的对象，例如：

动手写10.4.3

```
01  #!/usr/bin/env python
02  # -*- coding: UTF-8 -*-
03
04  import pickle
05
06  class Student:
07      def __init__(self, name, age, gender):
08          self.name = name
09          self.age = age
10          self.gender = gender
11
12  f = open("student1.data", "rb")
13  data = f.read()
```

```
14
15   student1 = pickle.loads(data)
16
17   f.close()
18
19   print("姓名", student1.name)
20   print("年龄", student1.age)
21   print("性别", student1.gender)
```

执行结果如下：

```
姓名小红
年龄 15
性别女
```

从这个例子中可以看到文件中的student1对象被正确地读取出来并加载到变量中（注意：类定义不能省略）。

序列化的时候可以直接写入文件对象，读取的时候当然也可以直接从文件对象中读取，例如：

动手写10.4.4

```
01   #!/usr/bin/env python
02   # -*- coding: UTF-8 -*-
03
04   import pickle
05
06   class Student:
07       def __init__(self, name, age, gender):
08           self.name = name
09           self.age = age
10           self.gender = gender
11
12   with open("student1.data", "rb") as f:
13       student1 = pickle.load(f)
14       print("姓名", student1.name)
15       print("年龄", student1.age)
16       print("性别", student1.gender)
```

执行结果如下：

```
姓名小红
年龄 15
性别女
```

这个执行结果和我们手动读取bytes然后使用loads方法反序列化的效果是一样的。

注意：pickle的序列化和反序列化操作只能用于Python而不能被其他语言读取，并且不同版本的Python之间也可能存在兼容性问题，所以在使用pickle做序列化与反序列化操作的时候要注意这一点。

10.4.2　JSON序列化与反序列化

在上一小节已经介绍了模块pickle能够用于序列化和反序列化，但是pickle有一个致命的缺点，就是只支持Python，并不支持其他语言，幸好Python还内置了JSON模块，也可以用于序列化和反序列化。

JSON（JavaScript Object Notation，JavaScript对象表示法）是一种轻量级的数据交换格式，易于阅读和编写，也易于机器解析和生成。它是基于JavaScript编程语言的。JSON采用完全独立于语言的文本格式，但是也使用了类似于C语言家族的习惯（包括C、C++、C#、Java、JavaScript、Perl、Python等），这些特性使JSON成为理想的数据交换语言。

JSON建构于两种结构：

（1）"名称/值对"的集合（A Collection of Name/Value Pairs）。不同的语言中，它被理解为对象（Object）、纪录（Record）、结构（Struct）、哈希表（Hash Table）、有键列表（Keyed List）或者关联数组（Associative Array）等，在Python中对应的就是字典（Dict）。

（2）值的有序列表（An Ordered List of Values）。在大部分语言中，它被理解为数组（Array），在Python中对应的就是列表（List）。

读者可以从JSON官网https://www.json.org/获取更多关于JSON的介绍和细节。

JSON类型和Python类型转化对照表如下：

表10.4.1　JSON类型和Python类型转化对照表

JSON 类型	Python 类型
object	dict
array	list
string	str
number (int)	int
number (real)	float
true	True
false	False
null	None

json模块的序列化使用方法和pickle模块一模一样，但是pickle可以序列化任意Python对象，而json模块只能序列化表10.4.1中对应的类型。

使用json模块序列化字典：

动手写10.4.5

```
01  #!/usr/bin/env python
02  # -*- coding: UTF-8 -*-
03
04  import json
05
06  student1 = {
07      "name": "小明",
08      "age": 15,
09      "gender": "男"
10  }
11
12  print(json.dumps(student1))
```

执行结果如下：

```
{"name": "\u5c0f\u660e", "age": 15, "gender": "\u7537"}
```

注意：json模块会把中文转码为Unicode编码。

和pickle模块一样，json模块也可以直接写入文件对象，例如：

动手写10.4.6

```
01  #!/usr/bin/env python
02  # -*- coding: UTF-8 -*-
03
04  import json
05
06  student1 = {
07      "name": "小明",
08      "age": 15,
09      "gender": "男"
10  }
11
12  with open("student1.json", "w") as f:
13      json.dump(student1, f)
```

执行这个例子，可以用文本编辑器打开student1.json，看到的结果和先前的例子打印在屏幕上的结果一模一样。

使用json模块反序列化的使用方法和pickle模块也是一样的，不过json反序列化只能应用在使用json序列化的数据上，不能反序列化pickle模块序列化后的bytes数据。例如：

动手写10.4.7

```
01  #!/usr/bin/env python
02  # -*- coding: UTF-8 -*-
03
04  import json
05
06  f = open("student1.json", "r")
07  data = f.read()
08  student1 = json.loads(data)
09  f.close()
10
11  print(student1)
```

执行结果如下：

```
{'name': '小明', 'age': 15, 'gender': '男'}
```

和pickle模块一样，json模块也可以直接从文件对象反序列化，例如：

动手写10.4.8

```
01  #!/usr/bin/env python
02  # -*- coding: UTF-8 -*-
03
04  import json
05
06  with open("student1.json", "r") as f:
07      student1 = json.load(f)
08      print(student1)
```

执行结果如下：

```
{'name': '小明', 'age': 15, 'gender': '男'}
```

可以看到json模块反序列化的使用方式和pickle模块一模一样。

注意：json模块的特点是各种语言都支持JSON格式的数据，没有兼容性问题，但是json模块只能序列化部分类型的数据；而pickle模块可以序列化大部分的python对象，但是只有Python支持对

pickle模块序列化后的数据进行反序列化。这是这两个模块的优劣之处，读者可以根据实际应用场景来挑选使用。

 小结

本章介绍了Python编程语言中的文件操作，Python提供了丰富的方法来操作文件和数据，读写文件的时候要特别注意文件的编码，程序中的编码参数需要和文件编码保持一致才能正确地读取内容。最后本章还介绍了Python语言中的序列化和反序列化，JSON格式可以跨语言使用，但是支持的可序列化对象没有pickle模块丰富。

>> 第 **11** 章

日期和时间 《

无论是在生活中还是在工作中，我们都需要和时间打交道，在代码的世界中也是如此。Python中有许多和时间有关的模块，本章将分别进行讲解。

11.1 基本概念

11.1.1 时间戳

时间戳（Timestamp），一个能表示一份数据在某个特定时间之前已经存在的、完整的、可验证的数据，通常是一个字符序列，唯一地标识某一刻的时间。使用数字签名技术产生的数据，签名的对象包括了原始文件信息、签名参数、签名时间等信息，广泛地运用在知识产权保护、合同签字、金融账务、电子报价投标、股票交易等方面，国际标准为ISO 8601（全称：《数据存储和交换形式·信息交换·日期和时间的表示方法》）。

时间戳是指格林尼治时间1970年01月01日00时00分00秒（即北京时间1970年01月01日08时00分00秒）至现在的总秒数。通俗地讲，时间戳是一个能够表示一份数据在一个特定时间点已经存在的完整的可验证的数据，它的提出为用户提供了一份电子证据，以证明用户某些数据的产生时间。在实际应用上，它可以使用在包括电子商务、金融活动的各个方面，尤其可以用来支撑公开密钥基础设施的"不可否认"服务。

时间戳是一个经加密形成的凭证文档，它包括三个部分：

（1）需加时间戳的文件的摘要（Digest）；

（2）DTS（Decode Time Stamp，解码时间戳）收到文件的日期和时间；

（3）DTS的数字签名。

一般来说，时间戳产生的过程为：首先用户将需要加时间戳的文件用Hash编码加密形成摘要，然后将该摘要发送到DTS，DTS在加入了收到文件摘要的日期和时间信息后再对该文件加密（数字签名），然后送回用户。

书面签署文件的时间是由签署人自己写上的，而数字时间戳则不然，它是由认证单位DTS来加的，以DTS收到文件的时间为依据。

11.1.2　时间日期格式化符号

在Python中会使用到一些特殊的符号来格式化时间日期，类似于字符串格式化中的"%s""%d"等。

表 11.1.1　时间日期格式化符号

符号	含义
%y	两位数的年份表示（00 ~ 99）
%Y	四位数的年份表示（0000 ~ 9999）
%m	月份（01 ~ 12）
%d	月内的一天（0 ~ 31）
%H	24 小时制小时数（0 ~ 23）
%I	12 小时制小时数（01 ~ 12）
%M	分钟数（00 ~ 59）
%S	秒（00 ~ 59）
%a	本地简化的星期名称
%A	本地完整的星期名称
%b	本地简化的月份名称
%B	本地完整的月份名称
%c	本地相应的日期表示和时间表示
%j	年内的一天（001 ~ 366）
%p	本地 A.M. 或 P.M. 的等价符
%U	一年中的星期数（00 ~ 53），星期天为一星期的开始
%w	星期（0 ~ 6），星期天为一星期的开始
%W	一年中的星期数（00 ~ 53），星期一为一星期的开始
%x	本地相应的日期表示
%X	本地相应的时间表示
%Z	当前时区的名称

11.1.3 时间元组

很多Python函数用一个元组装起来的九组数字处理时间：

表11.1.2　时间元组

序号	字段	值
0	4位数年	2008
1	月	1到12
2	日	1到31
3	小时	0到23
4	分钟	0到59
5	秒	0到61（60或61是闰秒）
6	一周的第几日	0到6（0是周一）
7	一年的第几日	1到366（儒略历）
8	夏令时	-1，0，1（-1是决定是否为夏令时的旗帜）

上述也就是struct_time元组（time.struct_time对象），这种结构具有如下属性：

表11.1.3　struct_time元组的属性

序号	属性	值
0	tm_year	2008
1	tm_mon	1到12
2	tm_mday	1到31
3	tm_hour	0到23
4	tm_min	0到59
5	tm_sec	0到61（60或61是闰秒）
6	tm_wday	0到6（0是周一）
7	tm_yday	1到366（儒略历）
8	tm_isdst	-1，0，1（-1是决定是否为夏令时的旗帜）

11.2　time模块

11.2.1　time函数

time函数用于返回当前时间的时间戳（格林尼治时间1970年01月01日00时00分00秒起至现在的总秒数），time函数返回的是浮点数。例如：

动手写11.2.1

```
01  #!/usr/bin/env python
02  # -*- coding: UTF-8 -*-
03
04  import time
05
06  now = time.time()
07  print("当前的时间戳是: %f" % now)
```

执行结果如下：

当前的时间戳是: 1431645492.298319

11.2.2 localtime函数

localtime函数的作用是将时间戳格式化为本地时间，返回struct_time对象。localtime函数有一个参数用于接收时间戳，如果调用函数时不提供时间戳，localtime默认会使用当前时间戳。例如：

动手写11.2.2

```
01  #!/usr/bin/env python
02  # -*- coding: UTF-8 -*-
03
04  import time
05
06  print("当前时间", time.localtime())
07
08  print("0时间戳对应的时间", time.localtime(0))
```

执行结果如下：

当前时间 time.struct_time(tm_year=2018, tm_mon=7, tm_mday=15, tm_hour=20, tm_min=19, tm_sec=51, tm_wday=6, tm_yday=196, tm_isdst=0)
0时间戳对应的时间 time.struct_time(tm_year=1970, tm_mon=1, tm_mday=1, tm_hour=8, tm_min=0, tm_sec=0, tm_wday=3, tm_yday=1, tm_isdst=0)

从这个例子的运行结果可以看到，localtime函数返回了struct_time类型，并且可以验证时间戳是从1970年1月1日8点开始的（北京时间）。

11.2.3 mktime函数

mktime函数执行与gmtime、localtime函数相反的操作，它接收struct_time对象作为参数，返回用秒数来表示时间的浮点数。mktime的参数可以是结构化的时间，也可以是完整的9位元组元素。例如：

动手写11.2.3

```
01  #!/usr/bin/env python
02  # -*- coding: UTF-8 -*-
03
04  import time
05
06  t = (2018, 7, 17, 17, 3, 1, 1, 1, 0)
07  secs = time.mktime(t)
08  print("time.mktime(t) : %f" % secs)
09  print("time.mktime(time.localtime(secs)): %f" % time.mktime(time.
    localtime(secs)))
```

执行结果如下：

```
time.mktime(t) : 1531818181.000000
time.mktime(time.localtime(secs)): 1531818181.000000
```

从这个例子的执行结果可以看出，mktime可以使用时间元组作为参数，也可以使用time_struct实例作为参数（localtime的返回值为time_struct对象）。

11.2.4　gmtime函数

gmtime函数能将一个时间戳转换为UTC时区（0时区）的struct_time，可选的参数sec表示从1970-1-1以来的秒数。gmtime函数的默认值为time.time()，函数返回time.struct_time类型的对象（struct_time是在time模块中定义的表示时间的对象）。例如：

动手写11.2.4

```
01  #!/usr/bin/env python
02  # -*- coding: UTF-8 -*-
03
04  import time
05
06  print("time.gmtime():", time.gmtime())
07  print("time.gmtime(0):", time.gmtime(0))
```

执行结果如下：

```
time.gmtime(): time.struct_time(tm_year=2018, tm_mon=7, tm_mday=16,
tm_hour=15, tm_min=26, tm_sec=23, tm_wday=0, tm_yday=197, tm_isdst=0)
```

```
time.gmtime(0): time.struct_time(tm_year=1970, tm_mon=1, tm_mday=1,
tm_hour=0, tm_min=0, tm_sec=0, tm_wday=3, tm_yday=1, tm_isdst=0)
```

11.2.5　asctime函数

asctime函数接受时间元组并返回一个可读的形式为"Tue Jul 17 17:03:01 2018"（2018年7月17日周二17时03分01秒）的24个字符的字符串。asctime函数接收的参数可以是9个元素的元组，也可以是通过函数gmtime()或localtime()返回的时间值（time_struct类型）。例如：

动手写11.2.5

```
01  #!/usr/bin/env python
02  # -*- coding: UTF-8 -*-
03
04  import time
05
06  t = (2018, 7, 17, 17, 3, 1, 1, 1, 0)
07  print("time.asctime(t)", time.asctime(t))
08  print("time.asctime(time.localtime())", time.asctime(time.
    localtime()))
```

执行结果如下：

```
time.asctime(t) Tue Jul 17 17:03:01 2018
time.asctime(time.localtime()) Mon Jul 16 23:34:30 2018
```

11.2.6　ctime函数

ctime函数能把一个时间戳（按秒计算的浮点数）转化为time.asctime()的形式。如果参数未给或者值为None时，将会默认time.time()为参数，它的作用相当于执行asctime(localtime(secs))。例如：

动手写11.2.6

```
01  #!/usr/bin/env python
02  # -*- coding: UTF-8 -*-
03
04  import time
05
06  print("time.ctime() : %s" % time.ctime())
07  print("time.ctime(0) : %s" % time.ctime(0))
```

执行结果如下：

```
time.ctime() : Mon Jul 16 23:49:23 2018
time.ctime(0) : Thu Jan  1 08:00:00 1970
```

11.2.7 sleep函数

sleep函数推迟调用线程的运行，可通过参数secs指秒数，表示进程挂起的时间。例如：

动手写11.2.7

```
01  #!/usr/bin/env python
02  # -*- coding: UTF-8 -*-
03
04  import time
05
06  print("Start : %s" % time.ctime())
07  time.sleep(9)
08  print("End : %s" % time.ctime())
```

执行结果如下：

```
Start : Mon Jul 16 23:51:44 2018
End : Mon Jul 16 23:51:53 2018
```

从这个例子的执行结果可以看到，开始时间和结束时间正好相差9秒，和我们示例程序中的
"time.sleep(9)"参数相同。

11.2.8 strftime函数

strftime函数用于接收时间元组，并返回以可读字符串表示的当地时间，格式由参数format决定
（格式参数在本章前一节有详细介绍）。例如：

动手写11.2.8

```
01  #!/usr/bin/env python
02  # -*- coding: UTF-8 -*-
03
04  import time
05
06  t = (2018, 7, 17, 17, 3, 1, 1, 1, 0)
07  t = time.mktime(t)
08  print(time.strftime("%b %d %Y %H:%M:%S", time.gmtime(t)))
```

执行结果如下：

```
Jul 17 2018 09:03:01
```

11.2.9　strptime函数

strptime函数能够根据指定的格式把一个时间字符串解析为时间元组（time_struct对象）。
例如：

动手写11.2.9

```
01  #!/usr/bin/env python
02  # -*- coding: UTF-8 -*-
03
04  import time
05
06  struct_time = time.strptime("Jul 17 2018 09:03:01", "%b %d %Y
    %H:%M:%S")
07  print("返回的元组: ", struct_time)
```

执行结果如下：

```
返回的元组:  time.struct_time(tm_year=2018, tm_mon=7, tm_mday=17, tm_
hour=9, tm_min=3, tm_sec=1, tm_wday=1, tm_yday=198, tm_isdst=-1)
```

strptime和timestamp正好是能够相互转换的函数。

11.3　datetime模块

datetime模块包含了日期和时间的所有信息，它的功能十分强大，支持从0001年到9999年之间
的日期。

datetime模块内定义了两个常量：datetime.MINYEAR和datetime.MAXYEAR。datetime.MINYEAR
的值是"1"，datetime.MAXYEAR的值是"9999"，这两个常量分别表示了datetime模块支持的最
小年份和最大年份。

datetime包含了许多和时间日期相关的对象，本节将详细讲解常用的类型以及方法。

11.3.1　date对象

date对象表示在日历中的一个日期（包含年、月和日）。date对象的构造函数需要传入三个参
数：year, month和day。其中year不能小于datetime.MINYEAR的值，也不能大于datetime.MAXYEAR的

值（1~9999）；month只能在1～12中取值；day需要是一个有效的数字并且这一天在日历中是真实存在的，例如闰年2月份有29天，非闰年有28天。任何一个参数超出了有效日期的范围，程序都会抛出ValueError异常。例如：

动手写11.3.1

```
01  #!/usr/bin/env python
02  # -*- coding: UTF-8 -*-
03
04  import datetime
05
06  date = datetime.date(2018, 7, 1)
07  print(date)
```

执行结果如下：

```
2018-07-01
```

Today方法返回当天日期：

动手写11.3.2

```
01  #!/usr/bin/env python
02  # -*- coding: UTF-8 -*-
03
04  import datetime
05
06  today = datetime.date.today()
07  print(today)
```

weekday方法返回当前星期数，若是星期一则返回0，若是星期二则返回1，以此类推：

动手写11.3.3

```
01  #!/usr/bin/env python
02  # -*- coding: UTF-8 -*-
03
04  import datetime
05
06  today = datetime.date.today()
07  print(today.weekday())
```

isoweekday方法和weekday方法类似，若是星期一则返回1，若是星期二则返回2，以此类推：

动手写11.3.4

```
01  #!/usr/bin/env python
02  # -*- coding: UTF-8 -*-
03
04  import datetime
05
06  today = datetime.date.today()
07  print(today.isoweekday())
```

isoformat方法返回日期为ISO格式，即"YYYY-MM-DD"的字符串（"%04d-%02d-%02d"）：

动手写11.3.5

```
01  #!/usr/bin/env python
02  # -*- coding: UTF-8 -*-
03
04  import datetime
05
06  date = datetime.date(2018, 7, 1)
07  print(date.isoformat())
```

执行结果如下：

```
2018-07-01
```

直接打印date对象调用的就是isoformat方法。

strftime方法可以格式化输出日期，例如：

动手写11.3.6

```
01  #!/usr/bin/env python
02  # -*- coding: UTF-8 -*-
03
04  import datetime
05
06  date = datetime.date(2018, 7, 1)
07  print(date.strftime("%Y-%m-%d"))
08  print(date.strftime("%y-%b-%d"))
```

执行结果如下：

```
2018-07-01
18-Jul-01
```

11.3.2　time对象

time对象表示一天中的（本地）时间，与任何特定日期无关，并且可以通过tzinfo对象进行调整。time对象的构造函数接收时、分、秒、微秒、时区和信息等参数，并且所有参数都是可选的（默认不是0就是None）。例如：

动手写11.3.7

```
01  #!/usr/bin/env python
02  # -*- coding: UTF-8 -*-
03
04  import datetime
05
06  time1 = datetime.time()
07  print(time1)
08
09  time2 = datetime.time(hour=8, second=7)
10  print(time2)
```

执行结果如下：

```
00:00:00
08:00:07
```

time对象有两个常量min和max，分别对应两个time实例来表示time支持的最大值和最小值，例如：

动手写11.3.8

```
01  #!/usr/bin/env python
02  # -*- coding: UTF-8 -*-
03
04  import datetime
05
06  print(datetime.time.min)
07  print(datetime.time.max)
```

执行结果如下：

```
00:00:00
23:59:59.999999
```

time对象还有一个常量resolution，代表time对象的最小单位，值是1微秒（timedelta类型）。

isoformat返回时间为ISO格式，即"HH:MM:SS"的字符串，例如：

动手写11.3.9

```
01  #!/usr/bin/env python
02  # -*- coding: UTF-8 -*-
03
04  import datetime
05
06  t1 = datetime.time(hour=8, second=7)
07  print(t1.isoformat())
```

直接打印time对象调用的就是isoformat方法。

strftime方法可以格式化输出时间，例如：

动手写11.3.10

```
01  #!/usr/bin/env python
02  # -*- coding: UTF-8 -*-
03
04  import datetime
05
06  time = datetime.time(hour=16, second=7, microsecond=123)
07  print(time.strftime("%H:%M:%S"))
08  print(time.strftime("%p %I:%M:%S:%f"))
```

执行结果如下：

```
16:00:07
PM 04:00:07:000123
```

11.3.3　datetime对象

datetime是date与time的结合体，包括date与time的所有信息（常用的时间处理就是datetime）。datetime对象的参数的取值范围和date以及time对象一致，参数也是date对象和time对象的结合。例如：

动手写11.3.11

```
01  #!/usr/bin/env python
02  # -*- coding: UTF-8 -*-
03
04  import datetime
```

```
05
06   dt = datetime.datetime(year=2018, month=7, day=1, hour=16,
     second=10)
07   print(dt)
```

执行结果如下：

```
2018-07-01 16:00:10
```

需要注意的是年、月、日三个参数是必须的，其余参数都是可选的。

today方法返回一个表示当前本地时间的datetime对象，并且对应的tzinfo是None。

动手写11.3.12

```
01   #!/usr/bin/env python
02   # -*- coding: UTF-8 -*-
03
04   import datetime
05
06   today = datetime.datetime.today()
07   print(today)
```

执行结果如下：

```
2018-07-01 22:59:14.353709
```

从执行结果可以看出，today会返回当前日期和时间。

now方法返回一个表示当前本地时间的datetime对象，如果提供了参数tzinfo，则获取tzinfo参数所指时区的本地时间，如果不传递tzinfo则和today作用相同。

动手写11.3.13

```
01   #!/usr/bin/env python
02   # -*- coding: UTF-8 -*-
03
04   import datetime
05
06   now = datetime.datetime.now()
07   print(now)
```

执行结果如下：

```
2018-07-01 22:59:14.353709
```

utcnow方法返回一个当前UTC时间的datetime对象。

动手写11.3.14

```
01  #!/usr/bin/env python
02  # -*- coding: UTF-8 -*-
03
04  import datetime
05
06  now = datetime.datetime.utcnow()
07  print(now)
```

fromtimestamp方法根据时间戳创建一个datetime对象，可选参数tzinfo指定时区信息。

动手写11.3.15

```
01  ®#!/usr/bin/env python
02  # -*- coding: UTF-8 -*-
03
04  import time
05  import datetime
06
07  t1 = datetime.datetime.fromtimestamp(time.time()-86400)
08  print(t1)
```

date方法获取date对象，time方法获取time对象。

动手写11.3.16

```
01  #!/usr/bin/env python
02  # -*- coding: UTF-8 -*-
03
04  import time
05  import datetime
06
07  now = datetime.datetime.now()
08  print(now.date())
09  print(now.time())
```

combine方法根据date和time，创建一个datetime对象。

动手写11.3.17

```
01  #!/usr/bin/env python
02  # -*- coding: UTF-8 -*-
03
```

```
04  import datetime
05
06  date = datetime.date(2018, 7, 1)
07  time = datetime.time(8, 15, 10)
08
09  dt = datetime.datetime.combine(date, time)
10  print(dt)
```

执行结果如下：

```
2018-07-01 08:15:10
```

strftime方法可以格式化输出日期时间，例如：

动手写11.3.18

```
01  #!/usr/bin/env python
02  # -*- coding: UTF-8 -*-
03
04  import datetime
05
06  date = datetime.date(2018, 7, 1)
07  time = datetime.time(16, 15, 10)
08
09  dt = datetime.datetime.combine(date, time)
10  print(dt.strftime("%Y-%m-%d %H:%M:%S"))
11  print(dt.strftime("%y-%m-%d %a %I:%M:%S"))
```

执行结果如下：

```
2018-07-01 16:15:10
18-07-01 Sun 04:15:10
```

11.3.4 timedelta对象

timedelta表示的是两个日期或者时间的差，属性包含：日期、秒、微秒、毫秒、分钟、小时和星期。所有的属性都是可选的并且默认值是0。

动手写11.3.19

```
01  #!/usr/bin/env python
02  # -*- coding: UTF-8 -*-
03
```

```
04  import datetime
05
06
07
08  dt1 = datetime.datetime(2018, 7, 1, 16, 15, 10)
09  dt2 = dt1 + datetime.timedelta(weeks=-2)
10
11  print(dt1)
12  print(dt2)
13  print(dt1 - dt2)
14  print(dt2 - dt1)
```

执行结果如下：

```
2018-07-01 16:15:10
2018-06-17 16:15:10
14 days, 0:00:00
-14 days, 0:00:00
```

11.3.5　tzinfo对象

tzinfo是一个时区对象的抽象类，datetime和time对象使用它来提供可自定义的时间调整概念（例如：时区或者夏令时）。

tzinfo类不能直接使用，但是可以使用datetime.timezone生成。datetime.timezone.utc实现了UTC时区的tzinfo实例，例如：

动手写11.3.20

```
01  #!/usr/bin/env python
02  # -*- coding: UTF-8 -*-
03
04  import datetime
05
06  utc_now1 = datetime.datetime.now(datetime.timezone.utc)
07  utc_now2 = datetime.datetime.utcnow()
08
09  print(utc_now1)
10  print(utc_now2)
```

datetime.timezone是tzinfo的子类，所以也可以使用datetime.timezone类来实现想要的时区信息。

构造datetime.timezone对象时只需传入和UTC时间相隔的timedelta对象即可，例如：

动手写11.3.21

```
01  #!/usr/bin/env python
02  # -*- coding: UTF-8 -*-
03
04  import datetime
05
06  china_timezone = datetime.timezone(datetime.timedelta(hours=8))
07  utc_timezone = datetime.timezone(datetime.timedelta(hours=0))
08
09  china_time = datetime.datetime.now(china_timezone)
10  utc_time = datetime.datetime.now(utc_timezone)
11
12  print(china_time)
13  print(utc_time)
```

其实datetime.timezone.utc本质上就是datetime.timezone(datetime.timedelta(0))。

11.4　calendar模块

calendar，顾名思义，这是一个和日历相关的模块，该模块主要用于输出某月的字符月历。由于calendar模块使用场景不是很多，所以本节只列举一小部分功能。

calendar.isleap方法可用于判断是否为闰年，如果是闰年则返回True，不是闰年则返回False。

动手写11.4.1

```
01  #!/usr/bin/env python
02  # -*- coding: UTF-8 -*-
03
04  import calendar
05
06  print(calendar.isleap(2000))
07  print(calendar.isleap(2018))
```

执行结果如下：

```
True
False
```

calendar.leapdays方法返回两个年份之间闰年的总数，例如：

动手写11.4.2

```
01  #!/usr/bin/env python
02  # -*- coding: UTF-8 -*-
03
04  import calendar
05
06  print(calendar.leapdays(1990, 2018))
07  print(calendar.leapdays(2017, 2018))
```

执行结果如下

```
7
0
```

calendar.month方法有四个参数：theyear，themonth，w=0，l=0。calendar.month返回一个多行字符串格式的year年month月日历，两行标题，一周一行。每日宽度间隔为w字符，每行的长度为7×w+6，l是每星期的行数。

动手写11.4.3

```
01  #!/usr/bin/env python
02  # -*- coding: UTF-8 -*-
03
04  import calendar
05
06  print(calendar.month(2018, 7))
07  print(calendar.month(2018, 7, w=3))
08  print(calendar.month(2018, 7, l=3))
```

执行结果如下：

```
     July 2018
Mo Tu We Th Fr Sa Su
                   1
2  3  4  5  6  7  8
9  10 11 12 13 14 15
16 17 18 19 20 21 22
23 24 25 26 27 28 29
30 31
```

```
            July 2018
Mon Tue Wed Thu Fri Sat Sun
                            1
  2   3   4   5   6   7   8
  9  10  11  12  13  14  15
 16  17  18  19  20  21  22
 23  24  25  26  27  28  29
 30  31

            July 2018

Mo Tu We Th Fr Sa Su

                    1

  2  3  4  5  6  7  8

  9 10 11 12 13 14 15

 16 17 18 19 20 21 22

 23 24 25 26 27 28 29

 30 31
```

calendar.monthcalendar方法返回一个整数的单层嵌套列表，每个子列表装载一个星期。该月之外的日期都为0，该月之内的日期设为该日的日期，从1开始。

动手写11.4.4

```python
01  #!/usr/bin/env python
02  # -*- coding: UTF-8 -*-
03
04  import calendar
05
06  print(calendar.monthcalendar(2018, 7))
```

执行结果如下：

```
[[0,0,0,0,0,0,1],[2,3,4,5,6,7,8],[9,10,11,12,13,14,15],[16,17,18,19,2
0,21,22],[23,24,25,26,27,28,29],[30,31,0,0,0,0,0]]
```

calendar.monthrange方法返回两个整数组成的元组，第一个整数表示该月的第一天是星期几，第二个整数表示该月的天数。

动手写11.4.5

```
01  #!/usr/bin/env python
02  # -*- coding: UTF-8 -*-
03
04  import calendar
05
06  print(calendar.monthrange(2018, 7))
```

执行结果如下：

```
(6, 31)
```

calendar.weekday方法返回给定日期的星期码，从0（星期一）到6（星期日）。

动手写11.4.6

```
01  #!/usr/bin/env python
02  # -*- coding: UTF-8 -*-
03
04  import calendar
05
06  print(calendar.weekday(2018, 7, 1))
```

calendar.calendar方法返回一个多行字符串格式的年历，3个月一行，间隔距离用参数c表示，默认值为6。每个宽度间隔为w参数，默认值为2。每行长度为21×w+18+2×c。l参数是每星期的行数，默认值为1。

动手写11.4.7

```
01  #!/usr/bin/env python
02  # -*- coding: UTF-8 -*-
03
04  import calendar
05
06  print(calendar.calendar(2018))
```

执行结果如下：

```
                                    2018

        January                    February                   March
Mo Tu We Th Fr Sa Su      Mo Tu We Th Fr Sa Su      Mo Tu We Th Fr Sa Su
1  2  3  4  5  6  7                 1  2  3  4                1  2  3  4
8  9  10 11 12 13 14       5  6  7  8  9  10 11       5  6  7  8  9  10 11
15 16 17 18 19 20 21       12 13 14 15 16 17 18       12 13 14 15 16 17 18
22 23 24 25 26 27 28       19 20 21 22 23 24 25       19 20 21 22 23 24 25
29 30 31                   26 27 28                   26 27 28 29 30 31


         April                      May                       June
Mo Tu We Th Fr Sa Su      Mo Tu We Th Fr Sa Su      Mo Tu We Th Fr Sa Su
               1           1  2  3  4  5  6                     1  2  3
2  3  4  5  6  7  8        7  8  9  10 11 12 13       4  5  6  7  8  9  10
9  10 11 12 13 14 15       14 15 16 17 18 19 20       11 12 13 14 15 16 17
16 17 18 19 20 21 22       21 22 23 24 25 26 27       18 19 20 21 22 23 24
23 24 25 26 27 28 29       28 29 30 31                25 26 27 28 29 30
30


          July                     August                   September
Mo Tu We Th Fr Sa Su      Mo Tu We Th Fr Sa Su      Mo Tu We Th Fr Sa Su
               1              1  2  3  4  5                        1  2
2  3  4  5  6  7  8        6  7  8  9  10 11 12       3  4  5  6  7  8  9
9  10 11 12 13 14 15       13 14 15 16 17 18 19       10 11 12 13 14 15 16
16 17 18 19 20 21 22       20 21 22 23 24 25 26       17 18 19 20 21 22 23
23 24 25 26 27 28 29       27 28 29 30 31             24 25 26 27 28 29 30
30 31


        October                   November                   December
Mo Tu We Th Fr Sa Su      Mo Tu We Th Fr Sa Su      Mo Tu We Th Fr Sa Su
1  2  3  4  5  6  7                 1  2  3  4                      1  2
8  9  10 11 12 13 14       5  6  7  8  9  10 11       3  4  5  6  7  8  9
15 16 17 18 19 20 21       12 13 14 15 16 17 18       10 11 12 13 14 15 16
22 23 24 25 26 27 28       19 20 21 22 23 24 25       17 18 19 20 21 22 23
29 30 31                   26 27 28 29 30             24 25 26 27 28 29 30
                                                      31
```

 11.5 **小结**

本章介绍了Python编程语言中的各种日期模块。无论哪种编程语言、哪种日期模块，它们之间的时间日期格式化符号都是通用的。时间戳是一个广泛使用的时间日期记录格式，读者会在将来的编程中经常使用到它。本章还介绍了主要用来处理时间的time模块，可以用来处理日期和时间的datetime模块，最后还介绍了用于处理各种日历数据的calendar日历模块。

 11.6 知识拓展

11.6.1 dateutil介绍

dateutil库为Python内置的datetime模块提供了强大的扩展，包括但不限于：

◇ 计算日期差值（下个月，下一年，下一个周一，当月最后一星期等）。

◇ 计算两个date或者datetime对象的差值。

◇ 计算更灵活的时间规则。

◇ 解析几乎任何字符串格式的日期。

◇ 根据系统信息自动分析时区信息。

dateutil并不是Python内置的库，所以需要我们手动安装。

Linux以及Mac用户可以使用命令（请使用管理员权限运行）：

```
pip3 install python-dateutil
```

Windows平台下的Anaconda用户可以在打开Anaconda Prompt后使用命令：

```
conda install python-dateutil
```

11.6.2 使用dateutil

dateutil库有两个比较常用的模块，一个是parser模块，一个是rrule模块。

1. parser模块

parser方法十分强大，可以把大多数已知格式的时间字符串全都转化成datetime类型。并且parser函数还对时间字符串有一定的容错性，对于不明确的日期也返回datetime对象。如果省略日期/时间戳的元素，则应用以下规则：

（1）如果未指定AM或PM，则假定为24小时的时钟；但是如果指定了AM或PM，则必须指定是12小时内的一小时（0≤小时≤12）。

（2）如果时区省略，则返回datetime默认时区。

（3）如果确认任何其他元素，则使用datetime的默认参数值。

（4）如果这导致日期数超过每月的有效天数，则该值将回落到月末。

动手写11.6.1

```
01  #!/usr/bin/env python
02  # -*- coding: UTF-8 -*-
03
04  from dateutil.parser import parse
05
06  print(parse("Sat Oct 11 17:13:46 UTC 2003"))
07  print(parse("2018-08-20"))
08  print(parse("20180820"))
09  print(parse("12:00:00"))
10  # fuzzy开启模糊匹配，过滤掉无法识别的时间日期字符
11  print(parse("this is the wonderful moment 12:00:00,I feel good",
    fuzzy=True))
```

执行结果如下：

```
2003-10-11 17:13:46+00:00
2018-08-20 00:00:00
2018-08-20 00:00:00
2018-07-22 12:00:00
2018-07-22 12:00:00
```

同时parse函数还有许多参数，例如时区信息、默认起始时间等。

动手写11.6.2

```
01  #!/usr/bin/env python
02  # -*- coding: UTF-8 -*-
03
04  from dateutil.parser import *
05  from dateutil.tz import *
06  from datetime import *
07  TZOFFSETS = {"BRST": -10800}
08  BRSTTZ = tzoffset("BRST", -10800)
09  DEFAULT = datetime(2003, 9, 25)
10
11  t = parse("Thu Sep 25 10:36:28 BRST 2003", tzinfos=TZOFFSETS)
12  print(t)
13
14  t = parse("2003 10:36:28 BRST 25 Sep Thu", tzinfos=TZOFFSETS)
15  print(t)
16
```

```
17  t = parse("Thu Sep 25 10:36:28 BRST 2003", ignoretz=True)
18  print(t)
19
20  t = parse("Thu Sep 25 10:36:28", default=DEFAULT)
21  print(t)
22
23  t = parse("10:36", default=DEFAULT)
24  print(t)
25
26  t = parse("Thu, 25 Sep 2003 10:49:41 -0300")
27  print(t)
28
29  t = parse("20030925T104941.5-0300")
30  print(t)
31
32  t = parse("2003/09/25")
33  print(t)
34
35  t = parse("01s02h03m", default=DEFAULT)
36  print(t)
37
38  t = parse("1996.07.10 AD at 15:08:56 PDT", ignoretz=True)
39  print(t)
```

执行结果如下：

```
2003-09-25 10:36:28-03:00
2003-09-25 10:36:28-03:00
2003-09-25 10:36:28
2003-09-25 10:36:28
2003-09-25 10:36:00
2003-09-25 10:49:41-03:00
2003-09-25 10:49:41.500000-03:00
2003-09-25 00:00:00
2003-09-25 02:03:01
1996-07-10 15:08:56
```

2. rrule模块

rrule模块用于计算并生成一些重复的时间规则，提供对iCalendar RFC中的一些标准的支持，并且还支持对计算结果进行缓存。

动手写11.6.3

```
01  #!/usr/bin/env python
02  # -*- coding: UTF-8 -*-
03
04  import pprint
05  from dateutil.rrule import rrule, MONTHLY
06  from datetime import datetime
07
08  start_date = datetime(2014, 12, 31)
09  l =list(rrule(freq=MONTHLY, count=4, dtstart=start_date))
10  pprint.pprint(l)
```

执行结果如下：

```
[datetime.datetime(2014, 12, 31, 0, 0),
datetime.datetime(2015, 1, 31, 0, 0),
datetime.datetime(2015, 3, 31, 0, 0),
datetime.datetime(2015, 5, 31, 0, 0)]
```

第 ⑫ 章
多线程与并行

 线程和进程介绍

在使用Python编写多线程程序之前，我们需要先了解进程、线程与多线程的概念。

12.1.1　进程基本概念

进程（Process），是计算机中已运行程序的实体，曾经是分时系统的基本运作单位。在面向进程设计的系统（如早期的Unix、Linux 2.4及更早的版本）中，进程是程序的基本执行实体；在面向线程设计的系统（如当代多数操作系统、Linux2.6及更新的版本）中，进程本身不是基本运行单位，而是线程的容器。程序只是指令、数据及其组织形式的描述，进程才是程序（那些指令和数据）的真正运行实例。

若干进程有可能与同一个程序相关系，且每个进程皆可以同步（循序）或异步（平行）的方式独立运行。现代计算机系统可在同一段时间以进程的形式将多个程序加载到存储器中，并借由时间共享（或称时分复用）在一个处理器上表现出同时（平行性）运行的感觉。同样地，使用多线程技术（多线程即每一个线程都代表一个进程内的一个独立执行上下文）的操作系统或计算机体系结构，同样程序的平行线程可在多CPU主机或网络上真正同时运行（在不同的CPU上）。

一个计算机系统进程包括（或者说"拥有"）下列数据：

◇ 进程对应的可执行机器码在存储器的映像。

◇ 分配到的存储器（通常是一个虚拟的存储器区域）。存储器的内容包括可执行代码、特定于进程的数据（输入、输出）、调用堆栈、堆栈（用于保存运行时运输中途产生的数据）。

◇ 分配给该进程的资源的操作系统描述符，诸如文件描述符（Unix术语）或文件句柄

（Windows）、数据源和数据终端。

◇ 安全特性，诸如进程拥有者和进程的权限集（可以容许的操作）。

◇ 处理器状态（内文），诸如寄存器内容、物理存储器地址等。当进程正在运行时，状态信息通常存储在寄存器，其他内容存储在存储器。

12.1.2　线程基本概念

线程（Thread）是操作系统能够进行运算调度的最小单位，它被包含在进程之中，是进程中的实际运作单位。一个线程指的是进程中一个单一顺序的控制流，一个进程可以并发多个线程，每个线程并行执行不同的任务。线程在Unix System V及SunOS中也被称为轻量进程（Lightweight Processes），但"轻量进程"更多指内核线程（Kernel Thread），而用户线程（User Thread）则被称为"线程"。

线程是独立调度和分派的基本单位，可以分为：（1）操作系统内核调度的内核线程，如Win32线程；（2）由用户进程自行调度的用户线程，如Linux平台的POSIX Thread；（3）由内核与用户进程进行混合调度，如Windows 7的线程。

同一进程中的多个线程将共享该进程中的全部系统资源，如虚拟地址空间、文件描述符和信号处理等。但同一进程中的多个线程有各自的调用栈（Call Stack）、各自的寄存器环境（Register Context）、各自的线程本地存储（Thread-Local Storage）。

12.1.3　多线程基本概念

多线程（Multithreading）是指在软件或者硬件上实现多个线程并发执行的技术。具有多线程能力的计算机因有硬件支持而能够在同一时间执行多个线程，进而提升整体处理性能。具有这种能力的系统包括对称多处理机、多核心处理器以及芯片级多处理（Chip-level Multithreading）或同时多线程（Simultaneous Multithreading）处理器。

软件多线程是说即便处理器只能运行一个线程，操作系统也可以快速地在不同线程之间进行切换，由于时间间隔很小，给用户造成一种多个线程在同时运行的假象。这样的程序运行机制被称为软件多线程，比如微软的Windows和Linux系统就是在各个不同的执行绪间来回切换，被称为单人多任务作业系统。而DOS这类文字接口作业系统在一个时间只能处理一项工作，被视为单人单工作业系统。

除此之外，许多系统及处理器也支持硬件多线程技术。由于篇幅限制，本书就不展开讲解了。

12.1.4　Python与全局解释器锁

全局解释器锁（Global Interpreter Lock，简称GIL）是计算机程序设计语言解释器用于同步线程的工具，保证任何时刻仅有一个线程在执行。

首先要申明的是，全局解释器锁并不是Python语言的特性，全局解释器锁是为了实现Python解释器（主要是CPython，最流行的Python解释器）而引入的概念，并不是所有Python解释器都有全局解释器锁。Jython和IronPython没有全局解释器锁，可以完全利用多处理器系统。PyPy和CPython都有全局解释器锁。本书主要讲解CPython，指导安装的也是CPython。

CPython的线程是操作系统的原生线程，完全由操作系统调度线程的执行。一个CPython解释器进程内有一个主线程以及多个用户程序的执行线程。即使使用多核心CPU平台，由于全局解释器锁的存在，也将禁止多线程的并行执行，这样会损失许多多线程的性能。

在CPython中，全局解释器锁是一个互斥锁，用于保护对Python对象的访问，防止多条线程同时执行Python字节码。这种锁是必要的，主要是因为CPython的内存管理不是线程安全的。

在多线程环境中，CPython虚拟机按以下方式执行：

（1）设置全局解释器锁。

（2）切换到一个线程中去运行。

（3）运行：

①指定数量的字节码指令；

②线程主动让出控制［可以调用time.sleep(0)］。

（4）把线程设置为睡眠状态。

（5）解锁全局解释器锁。

（6）再次重复以上所有步骤。

在调用外部代码（如C/C++扩展函数）的时候，全局解释器锁将会被锁定，直到这个函数结束为止（因为在这期间没有Python的字节码被运行，所以不会做线程切换）。

12.2　Python线程模块

Python标准库中关于线程的主要是_thread和threading模块，本节主要详细讲解这两个模块的使用。

12.2.1　_thread模块

标准库中的_thread模块作为低级别的模块存在，一般不建议直接使用（从模块名字以"_"开头就可以看出官方并不希望我们直接使用），但在某些简单的场合也是可以使用的，因为_thread

模块的使用方法十分简单。

标准库_thread模块的核心其实就是start_new_thread方法：

_thread.start_new_thread(function,args[,kwargs])

启动一个新线程并返回其标识符，线程使用参数列表args（必须是元组）执行函数，可选的kwargs参数指定关键字参数的字典。当函数返回时，线程将以静默方式退出。当函数以未处理的异常终止时，将打印堆栈跟踪，然后线程退出（但其他线程继续运行）。

动手写12.2.1

```
01  #!/usr/bin/env python
02  # -*- coding: UTF-8 -*-
03
04  import time
05  import datetime
06  import _thread
07
08  date_time_format = "%H:%M:%S"
09
10  def get_time_str():
11      now = datetime.datetime.now()
12      return datetime.datetime.strftime(now, date_time_format)
13
14  def thread_function(thread_id):
15      print("Thread %d\t start at %s" % (thread_id, get_time_str()))
16      print("Thread %d\t sleeping" % thread_id)
17      time.sleep(4)
18      print("Thread %d\t finish at %s" % (thread_id, get_time_str()))
19
20  def main():
21      print("Main thread start at %s" % get_time_str())
22      for i in range(5):
23          _thread.start_new_thread(thread_function, (i, ))
24          time.sleep(1)
25      time.sleep(6)
26      print("Main thread finish at %s" % get_time_str())
27
28  if __name__ == "__main__":
29      main()
```

执行结果如下：

```
Main thread start at 21:58:05
Thread 0           start at 21:58:05
Thread 0           sleeping
Thread 1           start at 21:58:06
Thread 1           sleeping
Thread 2           start at 21:58:07
Thread 2           sleeping
Thread 3           start at 21:58:08
Thread 3           sleeping
Thread 0           finish at 21:58:09
Thread 4           start at 21:58:09
Thread 4           sleeping
Thread 1           finish at 21:58:10
Thread 2           finish at 21:58:11
Thread 3           finish at 21:58:12
Thread 4           finish at 21:58:13
Main thread finish at 21:58:16
```

从执行结果可以看出，_thread模块的start_new_thread方法提供了简单的多线程机制，在单个线程执行时，别的线程也在"同步"地执行。因为从执行结果可以发现，线程相继开始，并且根据线程内的sleep时间执行，没有占用其他线程的执行时间。

需要注意的是，虽然可以看出执行结果是"顺序"的，但是在实际情况中有可能会出现乱序，并且执行结果也可能出现两行输出结果相叠的情况〔我们可以在main函数中删除循环体内的time.sleep(1)后多次运行查看结果〕。这是多线程的一个特点，因为线程之间的调度是很难预知的。

在主线程代码中添加time.sleep(6)的目的是让主线程不要执行完立马退出。主线程一旦运行结束，其他线程无论是否执行完都会被强制退出。在这个例子中主线程使用time.sleep(6)来防止退出，是因为我们已经知道线程将会执行4秒，但真实情况下要预估线程的实际执行时间可能并不容易，主线程过早或者过晚的退出都不是我们所期望的。这时候就需要使用线程锁，主线程可以在其他线程执行完之后立即退出。

_thread.allocate_lock方法返回一个Lock对象。Lock对象有三个常见的方法：acquire、release和locked。acquire方法用于无条件地获取锁定Lock对象，如果有必要，等待它被另一个线程释放（一次只有一个线程可以获取锁定，这就是它存在的作用）；release方法用于释放锁，释放之前必须先锁定，可以不在同一个线程中释放锁；locked方法用于返回锁的状态，如果已被某个线程锁定，则返回True，否则返回False。

动手写12.2.2

```python
01  #!/usr/bin/env python
02  # -*- coding: UTF-8 -*-
03
04  import time
05  import datetime
06  import _thread
07
08  date_time_format = "%H:%M:%S"
09
10  def get_time_str():
11      now = datetime.datetime.now()
12      return datetime.datetime.strftime(now, date_time_format)
13
14  def thread_function(thread_id, lock):
15      print("Thread %d\t start at %s" % (thread_id, get_time_str()))
16      print("Thread %d\t sleeping" % thread_id)
17      time.sleep(4)
18      print("Thread %d\t finish at %s" % (thread_id, get_time_str()))
19      lock.release()
20
21  def main():
22      print("Main thread start at %s" % get_time_str())
23      locks =  []
24      for i in range(5):
25          lock = _thread.allocate_lock()
26          lock.acquire()
27          locks.append(lock)
28      for i in range(5):
29          _thread.start_new_thread(thread_function, (i, locks[i]))
30          time.sleep(1)
31      for i in range(5):
32          while locks[i].locked():
```

```
33              time.sleep(1)
34
35      print("Main thread finish at %s" % get_time_str())
36
37  if __name__ == "__main__":
38      main()
```

执行结果如下：

```
Main thread start at 23:30:31
Thread 0            start at 23:30:31
Thread 0            sleeping
Thread 1            start at 23:30:32
Thread 1            sleeping
Thread 2            start at 23:30:33
Thread 2            sleeping
Thread 3            start at 23:30:34
Thread 3            sleeping
Thread 0            finish at 23:30:35
Thread 4            start at 23:30:35
Thread 4            sleeping
Thread 1            finish at 23:30:36
Thread 2            finish at 23:30:37
Thread 3            finish at 23:30:38
Thread 4            finish at 23:30:39
Main thread finish at 23:30:40
```

可以看到使用锁可以有效地避免主线程过早或者过晚地退出而产生不可预期的结果。

12.2.2　Threading.Thread

Python标准库不仅提供了_thread这样的底层线程模块，还提供了threading模块。threading模块不仅提供了面向对象的线程实现方式，还提供了各种有用的对象和方法方便我们创建和控制线程。

使用threading模块创建线程很方便，大部分操作都是围绕threading.Thread类来实现的。直接使用threading.Thread类也可以像_thread模块的start_new_thread一样方便。

动手写12.2.3

```
01  #!/usr/bin/env python
```

```python
02  # -*- coding: UTF-8 -*-
03
04  import time
05  import datetime
06  import threading
07
08  date_time_format = "%H:%M:%S"
09
10  def get_time_str():
11      now = datetime.datetime.now()
12      return datetime.datetime.strftime(now, date_time_format)
13
14  def thread_function(thread_id):
15      print("Thread %d\t start at %s" % (thread_id, get_time_str()))
16      print("Thread %d\t sleeping" % thread_id)
17      time.sleep(4)
18      print("Thread %d\t finish at %s" % (thread_id, get_time_str()))
19
20  def main():
21      print("Main thread start at %s" % get_time_str())
22      threads = []
23
24      # 创建线程
25      for i in range(5):
26          thread = threading.Thread(target=thread_function, args=(i, ))
27          threads.append(thread)
28
29      # 启动线程
30      for i in range(5):
31          threads[i].start()
32          time.sleep(1)
33
34      # 等待线程执行完毕
35      for i in range(5):
36          threads[i].join()
37
38      print("Main thread finish at %s" % get_time_str())
39
40  if __name__ == "__main__":
41      main()
```

执行结果如下：

```
Main thread start at 23:05:37
Thread 0          start at 23:05:37
Thread 0          sleeping
Thread 1          start at 23:05:38
Thread 1          sleeping
Thread 2          start at 23:05:39
Thread 2          sleeping
Thread 3          start at 23:05:40
Thread 3          sleeping
Thread 0          finish at 23:05:41
Thread 4          start at 23:05:41
Thread 4          sleeping
Thread 1          finish at 23:05:42
Thread 2          finish at 23:05:43
Thread 3          finish at 23:05:44
Thread 4          finish at 23:05:45
Main thread finish at 23:05:45
```

从执行结果可以看出，使用threading.Thread可以实现和_thread模块中的线程一样的效果，并且还不需要我们手动地操作线程锁。在这个例子中，我们实例化了threading.Thread对象，并把函数传递给target参数。这里需要注意，threading.Thread对象实例化之后和调用_thread.start_new_thread方法不一样，threading.Thread并不会立即执行线程，只会创建一个实例，之后我们调用threading.Thread对象的start方法，才真正地启动线程。最后我们调用threading.Thread对象的join方法来等待线程的结束，使用threading.Thread对象可以自动地帮助我们管理线程锁（创建锁、分配锁、获得锁、释放锁和检查锁等步骤）。

还有一种常见的方法就是我们可以从threading.Thread派生一个子类，在这个子类中调用父类的构造函数并实现run方法即可。例如：

动手写12.2.4

```
01  #!/usr/bin/env python
02  # -*- coding: UTF-8 -*-
03
04  import time
05  import datetime
06  import threading
```

```
07
08   date_time_format = "%H:%M:%S"
09
10   def get_time_str():
11       now = datetime.datetime.now()
12       return datetime.datetime.strftime(now, date_time_format)
13
14   class MyThread(threading.Thread):
15       def __init__(self, thread_id):
16           super(MyThread, self).__init__()
17           self.thread_id = thread_id
18
19       def run(self):
20           print("Thread %d\t start at %s" % (self.thread_id,get_time_str()))
21           print("Thread %d\t sleeping" % self.thread_id)
22           time.sleep(4)
23           print("Thread %d\t finish at %s" % (self.thread_id, get_time_str()))
24
25
26   def main():
27       print("Main thread start at %s" % get_time_str())
28       threads = []
29
30       # 创建线程
31       for i in range(5):
32           thread = MyThread(i)
33           threads.append(thread)
34
35       # 启动线程
36       for i in range(5):
37           threads[i].start()
38           time.sleep(1)
39
40       # 等待线程执行完毕
41       for i in range(5):
42           threads[i].join()
43
44       print("Main thread finish at %s" % get_time_str())
45
46
47   if __name__ == "__main__":
48       main()
```

执行结果如下：

```
Main thread start at 23:51:04
Thread 0          start at 23:51:04
Thread 0          sleeping
Thread 1          start at 23:51:05
Thread 1          sleeping
Thread 2          start at 23:51:06
Thread 2          sleeping
Thread 3          start at 23:51:07
Thread 3          sleeping
Thread 0          finish at 23:51:08
Thread 4          start at 23:51:08
Thread 4          sleeping
Thread 1          finish at 23:51:09
Thread 2          finish at 23:51:10
Thread 3          finish at 23:51:11
Thread 4          finish at 23:51:12
Main thread finish at 23:51:12
```

在这个例子中，我们先定义了threading.Thread的子类MyThread。在MyThread子类的构造函数中一定要先调用父类的构造函数，然后要实现run方法。在创建完线程之后我们就可以调用start方法来启动线程了，start方法会创建线程，调用一些内部启动方法之后再调用我们实现的run方法（其实start方法创建线程调用的也是_thread.start_new_thread方法）。

12.2.3　线程同步

如果有多个线程共同修改或者操作同一个对象或者数据，就有可能会发生一些意想不到的事情，例如：

动手写12.2.5

```
01  #!/usr/bin/env python
02  # -*- coding: UTF-8 -*-
03
04  import time
05  import threading
06
07  class MyThread(threading.Thread):
08      def __init__(self, thread_id):
```

```python
09            super(MyThread, self).__init__()
10            self.thread_id = thread_id
11
12        def run(self):
13            for i in range(10):
14                print("Thread %d\t printing! times:%d" % (self.thread_id,i))
15
16            time.sleep(1)
17
18            for i in range(10):
19                print("Thread %d\t printing! times:%d" % (self.thread_id,i))
20
21
22  def main():
23      print("Main thread start")
24      threads =  []
25
26      # 创建线程
27      for i in range(5):
28          thread = MyThread(i)
29          threads.append(thread)
30
31      # 启动线程
32      for i in range(5):
33          threads[i].start()
34
35      # 等待线程执行完毕
36      for i in range(5):
37          threads[i].join()
38
39      print("Main thread finish")
40
41  if __name__ == "__main__":
42      main()
```

我们可以尝试多次运行这个例子，每次执行这个例子，程序在屏幕上输出的结果都不太相同，而且不同的线程输出的内容有许多都叠加在一起，无法区分，这就是前面所说的多线程的不确定性。为了保证数据的正确性，我们需要将多个线程进行同步。

标准库threading中有Lock对象可以实现简单的线程同步（threading.Lock其实调用的就是_thread.

allocate_lock获取Lock对象）。多线程的优势在于可以同时运行多个任务，但是当线程需要处理同一个资源时，就需要考虑数据不同步的问题了（print对应的其实就是stdout）。

动手写12.2.6

```python
01  #!/usr/bin/env python
02  # -*- coding: UTF-8 -*-
03
04  import time
05  import threading
06
07  thread_lock = None
08
09  class MyThread(threading.Thread):
10      def __init__(self, thread_id):
11          super(MyThread, self).__init__()
12          self.thread_id = thread_id
13
14      def run(self):
15          # 锁定
16          thread_lock.acquire()
17          for i in range(3):
18              print("Thread %d\t printing!times:%d" %(self.thread_id,i))
19          # 释放
20          thread_lock.release()
21
22          time.sleep(1)
23
24          # 锁定
25          thread_lock.acquire()
26          for i in range(3):
27              print("Thread %d\t printing!times:%d" %(self.thread_id,i))
28          # 释放
29          thread_lock.release()
30
31
32  def main():
33      print("Main thread start")
34      threads = []
```

```
35
36      # 创建线程
37      for i in range(5):
38          thread = MyThread(i)
39          threads.append(thread)
40
41      # 启动线程
42      for i in range(5):
43          threads[i].start()
44
45      # 等待线程执行完毕
46       for i in range(5):
47            threads[i].join()
48
49      print("Main thread finish")
50
51  if __name__ == "__main__":
52      # 获取锁
53      thread_lock = threading.Lock()
54      main()
```

执行结果如下：

```
Main thread start
Thread 0          printing! times: 0
Thread 0          printing! times: 1
Thread 0          printing! times: 2
Thread 1          printing! times: 0
Thread 1          printing! times: 1
Thread 1          printing! times: 2
Thread 2          printing! times: 0
Thread 2          printing! times: 1
Thread 2          printing! times: 2
Thread 3          printing! times: 0
Thread 3          printing! times: 1
Thread 3          printing! times: 2
```

```
Thread 4            printing! times: 0
Thread 4            printing! times: 1
Thread 4            printing! times: 2
Thread 0            printing! times: 0
Thread 0            printing! times: 1
Thread 0            printing! times: 2
Thread 1            printing! times: 0
Thread 1            printing! times: 1
Thread 1            printing! times: 2
Thread 2            printing! times: 0
Thread 2            printing! times: 1
Thread 2            printing! times: 2
Thread 3            printing! times: 0
Thread 3            printing! times: 1
Thread 3            printing! times: 2
Thread 4            printing! times: 0
Thread 4            printing! times: 1
Thread 4            printing! times: 2
Main thread finish
```

我们可以从执行结果中看到，加了锁之后的线程不再像之前的例子那么不可控制了。每次执行都会得到相同的结果，并且例子中的五个线程是"同时"在执行的。当子线程运行到thread_lock.acquire()的时候，程序会判断thread_lock是否处于锁定状态，如果是锁定状态，线程就会在这一行阻塞，直到锁被释放为止。

12.2.4　队列

在线程之间传递、共享数据是常有的事情，我们可以使用共享变量来实现相应的功能。使用共享变量在线程之间传递信息或数据时需要我们手动控制锁（锁定、释放等），标准库提供了一个非常有用的Queue模块，可以帮助我们自动地控制锁，保证数据同步。

Python的Queue模块提供一种适用于多线程编程的先进先出法（First In First Out，FIFO）实现，它可用于在生产者（Producer）和消费者（Consumer）之间线程安全（Thread-safe）地传递消息或其他数据，因此多个线程可以共用同一个Queue实例。Queue的大小（元素的个数）可用来限制内存的使用。

Queue类实现了一个基本的先进先出（FIFO）容器，使用put()将元素添加到序列尾端，使用get()从队列尾部移除元素。

动手写12.2.7

```
01  #!/usr/bin/env python
02  # -*- coding: UTF-8 -*-
03
04  from queue import Queue
05
06  q = Queue()
07
08  for i in range(5):
09      q.put(i)
10
11  while not q.empty():
12      print(q.get())
```

执行结果如下：

```
0
1
2
3
4
```

Queue模块并不是一定要使用多线程才能使用，这个例子使用单线程演示了元素以插入顺序从队列中移除。

动手写12.2.8

```
01  #!/usr/bin/env python
02  # -*- coding: UTF-8 -*-
03
04  import time
05  import threading
06  import queue
07
08  # 创建工作队列并且限制队列的最大元素是10个
09  work_queue = queue.Queue(maxsize=10)
10
11  # 创建结果队列并且限制队列的最大元素是10个
12  result_queue = queue.Queue(maxsize=10)
13
14  class WorkerThread(threading.Thread):
```

```
15        def __init__(self, thread_id):
16            super(WorkerThread, self).__init__()
17            self.thread_id = thread_id
18
19        def run(self):
20            while not work_queue.empty():
21                # 从工作队列获取数据
22                work = work_queue.get()
23                # 模拟工作耗时3秒
24                time.sleep(3)
25                out="Thread %d\t received %s" % (self.thread_id, work)
26                # 把结果放入结果队列
27                result_queue.put(out)
28
29   def main():
30       # 工作队列放入数据
31       for i in range(10):
32           work_queue.put("message id %d" % i)
33
34       # 开启两个工作线程
35       for i in range(2):
36           thread = WorkerThread(i)
37           thread.start()
38
39       # 输出十个结果
40       for i in range(10):
41           result = result_queue.get()
42           print(result)
43
44   if __name__ == "__main__":
45       main()
```

执行结果如下：

```
Thread 0        received message id 0
Thread 1        received message id 1
Thread 0        received message id 2
Thread 1        received message id 3
```

```
Thread 1          received message id 5
Thread 0          received message id 4
Thread 0          received message id 7
Thread 1          received message id 6
Thread 1          received message id 9
Thread 0          received message id 8
```

多线程使用Queue模块也不需要多余的锁操作，因为queue.Queue对象已经在执行方法的时候帮助我们自动地调用threading.Lock来实现锁的使用了。标准库queue模块不止有Queue一种队列，还有LifoQueue和PriorityQueue等功能更复杂的队列。由于篇幅限制，本书就不展开讲解了，有兴趣的读者可以去相关网站查阅资料进行学习。

 ## 12.3 Python进程模块

前面章节介绍了Python的多线程使用方式，本章开头介绍的CPython的多线程没有能力利用多核计算，多线程更多是在IO密集型场景中使用（例如读写文件访问网络API等）的；而多进程可以更充分地利用所有的CPU资源，所以多进程适合计算密集型的场景（例如对视频进行高清转码，科学计算等）。本节主要介绍如何创建和管理进程。

12.3.1　os模块

前面章节已经介绍了不少标准库os模块和系统相关的功能，进程本质上是由操作系统来管理的，os模块自然也少不了一些和进程相关的操作。

调用system函数是最简单的创建进程的方式，函数只有一个参数，就是要执行的命令。

动手写12.3.1

```
01  #!/usr/bin/env python
02  # -*- coding: UTF-8 -*-
03
04  import os
05
06  # 判断是否是windows
07  if os.name == "nt":
08      return_code = os.system("dir")
09  else:
10      return_code = os.system("ls")
```

```
11
12   # 判断命令返回值是否是0，0代表运行成功
13   if return_code == 0:
14       print("Run success!")
15   else:
16       print("Something wrong!")
```

这个例子会根据不同的操作系统调用不同的命令，结果都是输出当前目录的文件和文件夹。os.system函数会返回调用的命令的返回值，0代表运行成功。

比os.system 函数更复杂一点的是exec系列函数，os.exec系列函数一共有八个，它们的定义分别是：

◇ os.execl(path, arg0, arg1, ...)

◇ os.execle(path, arg0, arg1, ..., env)

◇ os.execlp(file, arg0, arg1, ...)

◇ os.execlpe(file, arg0, arg1, ..., env)

◇ os.execv(path, args)

◇ os.execve(path, args, env)

◇ os.execvp(file, args)

◇ os.execvpe(file, args, env)

exec系列函数的执行效果基本相同，只是参数定义有些区别而已。由于exec函数不是特别常用，这里不再展开介绍，有兴趣的读者可以查找相关资料自行学习。

os.fork函数调用系统API并创建子进程，但是fork函数在Windows上并不存在，在Linux和Mac可以成功使用。

动手写12.3.2

```
01   #!/usr/bin/env python
02   # -*- coding: UTF-8 -*-
03
04   import os
05
06   print('Main Process ID (%s)' % os.getpid())
07   pid = os.fork()
08   if pid == 0:
09       print('This is child process(%s)and main process is %s.'%(os.getpid(),os.getppid()))
10   else:
11       print('Created a child process (%s).' % (pid, ))
```

注意：这个例子不能在Windows平台中运行，可以通过os.fork函数的返回值判断当前程序是在主进程还是子进程。当os.fork返回值是0时，代表当前的程序在子进程，而在主进程中os.fork返回的则是子进程的进程ID。

12.3.2　subprocess模块

标准库os中的system函数和exec系列函数虽然都可以调用外部命令（调用外部命令也是创建进程的一种方式），但是使用方式比较简单，而标准库的subprocess模块则提供了更多和调用外部命令相关的方法。

大部分subprocess模块调用外部命令的函数都使用类似的参数，其中args是必传的参数，其他都是可选参数：

◇ args：可以是字符串或者序列类型（如：list，tuple）。默认要执行的程序应该是序列的第一个字段，如果是单个字符串，它的解析依赖于平台。在Unix系统中，如果args是一个字符串，那么这个字符串会解释成被执行程序的名字或路径，然而这种情况只能用在不需要参数的程序上。

◇ bufsieze：指定缓冲。0表示无缓冲，1表示缓冲，其他的任何整数值表示缓冲大小，负数值表示使用系统默认缓冲，通常表示完全缓冲。默认值为0即没有缓冲。

◇ stdin，stdout，stderr：分别表示程序的标准输入、输出、错误句柄。

◇ preexec_fn：只在Unix平台有效，用于指定一个可执行对象，它将在子进程运行之前被调用。

◇ close_fds：在Windows平台下，如果close_fds被设置为True，则新创建的子进程将不会继承父进程的输入、输出与错误管道，所以不能将close_fds设置为True，同时重定向子进程的标准输入、输出与错误。

◇ shell：默认值为False，声明了是否使用shell来执行程序；如果shell=True，它将args看作是一个字符串，而不是一个序列。在Unix系统中shell=True，shell默认使用/bin/sh。

◇ cwd：用于设置子进程的当前目录。当它不为None时，子程序在执行前，它的当前路径会被替换成cwd的值。这个路径并不会被添加到可执行程序的搜索路径中，所以cwd不能是相对路径。

◇ env：用于指定子进程的环境变量。如果env=None，子进程的环境变量将从父进程中继承。当它不为None时，它是新进程的环境变量的映射，可以用它来代替当前进程的环境。

◇ universal_newlines：不同系统的换行符不同，文件对象stdout和stderr都被以文本文件的方式打开。

startupinfo 与 creationflags只在Windows下生效，将被传递给底层的CreateProcess()函数，用于设

置子进程的一些属性，如主窗口的外观、进程的优先级等等。

由于不同的操作系统对应的命令不一致，鉴于篇幅所限，本章节将不会展开讲解和系统命令相关的详细信息，有兴趣的读者可以查阅相关资料进行学习。

subprocess.call函数和os.system函数有点类似。subprocess.call函数接收参数运行命令并返回命令的退出码（退出码为0表示运行成功）。

动手写12.3.3

```
01  #!/usr/bin/env python
02  # -*- coding: UTF-8 -*-
03
04  import os
05  import subprocess
06
07  # 判断是否是windows
08  if os.name == "nt":
09      return_code = subprocess.call(["cmd", "/C", "dir"])
10  else:
11      return_code = subprocess.call(["ls", "-l"])
12
13  # 判断命令返回值是否是0， 0代表运行成功
14  if return_code == 0:
15      print("Run success!")
16  else:
17      print("Something wrong!")
```

subprocess.check_call方法和subprocess.call方法基本相同，只是如果执行的外部程序返回码不是0，就会抛出CalledProcessError异常（check_call其实就是再封装了一层call函数）。

动手写12.3.4

```
01  #!/usr/bin/env python
02  # -*- coding: UTF-8 -*-
03
04  import os
05  import subprocess
06
07  try:
08      # 判断是否windows
```

```
09      if os.name == "nt":
10          subprocess.check_call(["cmd", "/C", "test command"])
11      else:
12          subprocess.check_call(["ls", "test command"])
13  except subprocess.CalledProcessError as e:
14      print("Something wrong!", e)
```

这个例子会抛出subprocess.CalledProcessError的异常并告诉我们returned non-zero exit status 1，代表运行没有成功。

subprocess.Popen对象提供了功能更丰富的方式来调用外部命令，前面介绍的subprocess.call和subprocess.check_call其实调用的都是Popen对象，再进行封装。

动手写12.3.5

```
01  #!/usr/bin/env python
02  # -*- coding: UTF-8 -*-
03
04  import os
05  import subprocess
06
07  if os.name == "nt":
08      ping = subprocess.Popen("ping -n 5 www.baidu.com", shell=True,
        stdout=subprocess.PIPE)
09  else:
10      ping = subprocess.Popen("ping -c 5 www.baidu.com", shell=True,
        stdout=subprocess.PIPE)
11
12  # 等待命令执行完毕
13  ping.wait()
14
15  # 打印外部命令的进程id
16  print(ping.pid)
17
18  # 打印外部命令的返回码
19  print(ping.returncode)
20
21  # 打印外部命令的输出内容
22  output = ping.stdout.read()
23  print(output)
```

在subprocess.Popen的类参数中，stdout、stdin、stderr分别用来指定调用的外部命令的标准输出、标准输入和标准错误的处理器，其值可以是subprocess.PIPE、文件描述符和None等，默认值都是None。

12.3.3 multiprocessing.Process

前面小节介绍的都是如何启动外部命令（当然也可以调用程序自身），标准库multiprocessing模块提供了和线程模块threading类似的API来实现多进程。multiprocessing模块创建的是子进程而不是子线程，所以可以有效地避免全局解释器锁和有效地利用多核CPU的性能。

multiprocessing.Process对象和threading.Thread的使用方法大致一样，例如：

动手写12.3.6

```
01  #!/usr/bin/env python
02  # -*- coding: UTF-8 -*-
03
04  from multiprocessing import Process
05  import os
06
07  def info(title):
08      print(title)
09      print('module name:', __name__)
10      print('parent process:', os.getppid())
11      print('process id:', os.getpid())
12
13  def f(name):
14      info('function f')
15      print('hello', name)
16
17  if __name__ == '__main__':
18      info('main line')
19      p = Process(target=f, args=('零壹快学',))
20      p.start()
21      p.join()
```

执行结果如下：

```
main line
module name: __main__
parent process: 8588
process id: 7140
```

```
function f
module name: __mp_main__
parent process: 7140
process id: 17524
hello 零壹快学
```

和threading.Thread一样，我们使用target参数指定要执行的函数，使用args参数传递元组来作为函数的参数传递。multiprocessing.Process使用起来和threading.Thread没什么区别，甚至我们也可以写一个子类从父类multiprocessing.Process派生并实现run方法。例如：

动手写12.3.7

```
01  #!/usr/bin/env python
02  # -*- coding: UTF-8 -*-
03
04  from multiprocessing import Process
05  import os
06
07  class MyProcess(Process):
08      def __init__(self):
09          super(MyProcess, self).__init__()
10
11      def run(self):
12          print('module name:', __name__)
13          print('parent process:', os.getppid())
14          print('process id:', os.getpid())
15
16  def main():
17      processes = []
18
19      # 创建进程
20      for i in range(5):
21          processes.append(MyProcess())
22
23      # 启动进程
24      for i in range(5):
25          processes[i].start()
26
27      # 等待进程结束
```

```
28      for i in range(5):
29          processes[i].join()
30
31
32
33  if __name__ == "__main__":
34      main()
```

这里需要注意，在Unix平台上，在某个进程终结之后，该进程需要被其父进程调用wait，否则进程将成为僵尸进程（Zombie）。所以，有必要对每个Process对象调用join()方法（实际上等同于wait）。对于多线程来说，由于只有一个进程，所以不存在此必要性。

在multiprocessing模块中有个Queue对象，使用方法和多线程中介绍的Queue对象一样，区别是多线程的Queue对象是线程安全的，无法在进程间通信，而multiprocessing.Queue是可以在进程间通信的。

使用multiprocessing.Queue可以帮助我们实现进程同步：

动手写12.3.8

```
01  #!/usr/bin/env python
02  # -*- coding: UTF-8 -*-
03
04  from multiprocessing import Process, Queue
05  import os
06
07  # 创建队列
08  result_queue = Queue()
09
10  class MyProcess(Process):
11      def __init__(self, q):
12          super(MyProcess, self).__init__()
13          # 获取队列
14          self.q = q
15
16      def run(self):
17          output = 'module name %s\n' % __name__
18          output += 'parent process: %d\n' % os.getppid()
19          output += 'process id: %d' % os.getpid()
20          self.q.put(output)
21
```

```
22  def main():
23      processes = []
24
25      # 创建进程并把队列传递给进程
26      for i in range(5):
27          processes.append(MyProcess(result_queue))
28
29      # 启动进程
30      for i in range(5):
31          processes[i].start()
32
33      # 等待进程结束
34      for i in range(5):
35          processes[i].join()
36
37      while not result_queue.empty():
38          output = result_queue.get()
39          print(output)
40
41  if __name__ == "__main__":
42      main()
```

执行结果如下：

```
module name __mp_main__
parent process: 17016
process id: 15544
module name __mp_main__
parent process: 17016
process id: 7380
module name __mp_main__
parent process: 17016
process id: 15428
module name __mp_main__
parent process: 17016
process id: 8712
module name __mp_main__
parent process: 17016
process id: 17632
```

这里需要注意一点，线程之间可以共享变量，但是进程之间不会共享变量。所以在多进程使用Queue对象的时候，虽然multiprocessing.Queue的方法和queue.Queue方法一模一样，但是在创建进程的时候需要把Queue对象传递给进程，这样才能正确地让主进程获取子进程的数据，否则主进程的Queue内一直都是空的。感兴趣的读者可以翻阅相关资料了解具体概念，学习不同的操作系统进程之间是如何通信的。

 ## 12.4　小结

本章主要介绍了在Python编程语言中多线程、多进程编程的概念。读者需要注意Python等部分语言特有的全局变量锁特性，如果需要进行密集计算，建议使用Python的进程模块。同时本章还介绍了线程同步、队列等概念，读者在进行并行编程时需要特别注意保持数据的一致性，否则可能会产生一些意料之外的结果。

 ## 12.5　知识拓展

12.5.1　进程池

在利用Python进行系统管理，特别是同时操作多个文件目录或者远程控制多台主机的时候，并行操作可以节省大量的时间。当被操作对象数目不大时，可以直接利用multiprocessing中的Process动态生成多个进程。十几个还好，但如果是上百个、上千个目标，手动限制进程数量便显得太过烦琐，这时候进程池（Pool）就可以发挥功效了。

Pool可以提供指定数量的进程供用户调用，当有新的请求提交到Pool中时，如果池还没有满，就可以创建一个新的进程来执行该请求；但如果池中的进程数已经达到规定最大值，那么该请求就会等待，直到池中有进程结束，才会创建新的进程来执行它。

动手写12.5.1

```
01  #!/usr/bin/env python
02  # -*- coding: UTF-8 -*-
03
04  import multiprocessing
05  import time
06
07
```

```
08  def process_func(process_id):
09      print("process id %d start" % process_id)
10      time.sleep(3)
11      print("process id %d end" % process_id)
12
13
14  def main():
15      pool = multiprocessing.Pool(processes=3)
16      for i in range(10):
17          # 向进程池中添加要执行的任务
18          pool.apply_async(process_func, args=(i, ))
19
20      # 先调用close关闭进程池，不能再有新任务被加入到进程池中
21      pool.close()
22      # join函数等待所有子进程结束
23      pool.join()
24
25
26
27  if __name__ == "__main__":
28      main()
```

执行结果如下：

```
process id 0 start
process id 1 start
process id 2 start
process id 0 end
process id 3 start
process id 1 end
process id 4 start
process id 2 end
process id 5 start
process id 3 end
process id 6 start
process id 4 end
process id 7 start
process id 5 end
```

```
process id 8 start
process id 6 end
process id 9 start
process id 7 end
process id 8 end
process id 9 end
```

Pool创建子进程的方法与Process不同，它是通过apply_async(func,args=(args))方法实现的。我们可以在运行这个例子的时候观察任务管理器（Windows平台），或者使用ps命令查看正在运行的进程（Linux和Mac平台），观察进程的数量。

如果每次调用的都是同一个函数，还可以使用Pool的map函数，例如：

动手写12.5.2

```
01  #!/usr/bin/env python
02  # -*- coding: UTF-8 -*-
03
04  import multiprocessing
05  import time
06
07
08  def process_func(process_id):
09      print("process id %d start" % process_id)
10      time.sleep(3)
11      print("process id %d end" % process_id)
12
13
14  def main():
15      pool = multiprocessing.Pool(processes=3)
16
17      pool.map(process_func, range(10))
18
19      # 先调用close关闭进程池，不能再有新任务被加入到进程池中
20      pool.close()
21      # join函数等待所有子进程结束
22      pool.join()
23
24
25
26  if __name__ == "__main__":
27      main()
```

执行结果如下：

```
process id 0 start
process id 1 start
process id 2 start
process id 0 end
process id 3 start
process id 1 end
process id 2 end
process id 4 start
process id 5 start
process id 3 end
process id 6 start
process id 4 end
process id 7 start
process id 5 end
process id 8 start
process id 6 end
process id 9 start
process id 7 end
process id 8 end
process id 9 end
```

map方法的第一个参数是要执行的函数，第二个参数必须是一个可迭代对象。map方法会帮助我们迭代第二个参数，并把迭代出的元素作为参数分批传递给第一个要执行的函数并执行。

12.5.2　线程池

multiprocessing模块中有个multiprocessing.dummy模块。multiprocessing.dummy模块复制了multiprocessing模块的API，只不过它提供的不再是适用于多进程的方法，而是应用在多线程上的方法。但多线程实现线程池的方法和多进程实现进程池的方法一模一样：

动手写12.5.3

```
01  #!/usr/bin/env python
02  # -*- coding: UTF-8 -*-
03
04  import multiprocessing.dummy
05  import time
```

```
06
07
08  def process_func(process_id):
09      print("process id %d start" % process_id)
10      time.sleep(3)
11      print("process id %d end" % process_id)
12
13
14  def main():
15      # 虽然参数叫processes但是实际创建的是线程
16      pool = multiprocessing.dummy.Pool(processes=3)
17      for i in range(10):
18          # 向进程池中添加要执行的任务
19          pool.apply_async(process_func, args=(i, ))
20
21
22      pool.close()
23      pool.join()
24
25
26  if __name__ == "__main__":
27      main()
```

Pool的map的使用方法也是一样的：

动手写12.5.4

```
01  #!/usr/bin/env python
02  # -*- coding: UTF-8 -*-
03
04  import multiprocessing.dummy
05  import time
06
07
08  def process_func(thread_id):
09      print("process id %d start" % thread_id)
10      time.sleep(3)
11      print("process id %d end" % thread_id)
12
13
14  def main():
15      pool = multiprocessing.dummy.Pool(processes=3)
```

```
16
17        pool.map(process_func, range(10))
18
19        # 先调用close关闭进程池，不能再有新任务被加入到进程池中
20        pool.close()
21        # join函数等待所有子进程结束
22        pool.join()
23
24
25
26  if __name__ == "__main__":
27      main()
```

>> 第 13 章
正则表达式 <<

13.1　正则表达式介绍

正则表达式（Regular Expression，在代码中常简写为regex、regexp或RE），又称正规表示式、正规表示法、正规表达式、规则表达式、常规表示法，它是计算机科学的一个概念。正则表达式，顾名思义就是符合一定规则的表达式，是用于匹配字符串中字符组合的模式。正则表达式使用单个字符串来描述、匹配一系列匹配某个句法规则的字符串。在很多文本编辑器里，正则表达式通常被用来检索、替换那些匹配某个模式的文本（字符串）。

字符串是在编程中较多涉及的一种数据结构，对字符串的操作也是各式各样，而且形式多变，所以如何快速、方便地处理字符串就是重中之重了。

例如，我们要判断用户输入的E-mail地址是否合法。如果我们不使用正则表达式来判断的话，可以自定义一个函数提取"@"关键字，然后分割前后的字符串，再分别判断其是否合法。又例如在各大网站注册用户时常看到的对用户名的要求（例如：6～18个字符，可使用字母、数字、下划线，需以字母开头），如果我们不是用正则表达式来判断，我们就要写一堆麻烦的代码来判断用户输入的用户名是否合法。这样的代码不但冗长，不能一目了然，而且还难以重复利用。如果需要应对多变的需求就更不方便维护了。

但是有了正则表达式，这样的工作便简单多了。正则表达式正是为这种匹配判断文本类型的工作而诞生的。

正则表达式的设计思想就是使用一些描述性的符号和文字为字符串定义一个规则，凡是符合这个规则的，程序就认为该文本是"匹配"的，否则就认为该文本是"不匹配"的。通俗地讲，正则表达式就是逐字匹配表达式的描述规则，如果每个字符都匹配，那么程序就认为匹配成功，只要有一个匹配不成功，那么程序就认为匹配失败。

13.2 正则表达式语法

13.2.1 普通字符

　　普通字符是正则表达式中最基本的结构之一，要理解正则表达式自然也要从普通字符开始。本节主要介绍普通字符。

　　普通字符包括没有显式指定为元字符的所有可打印和不可打印字符，包括所有大写和小写字母、所有数字、所有标点符号和一些其他符号。

　　我们先以数字作为例子。假设我们想判断一个长度为1的字符串是否为数字（即这个位置上的字符只能是"0""1""2""3""4""5""6""7""8""9"这十个数字），如果我们使用程序去判断，那么一个可能的思路是用十个条件分支去判断这个字符串是否等于这十个字符。伪代码如下：

```
num == "0" or num == "1" or num == "2" ……  or num == "9"
```

　　这不失为一种有效的办法，但是过于烦琐。如果我们判断的是英文字母或者长度非常长并且可能是混合了各种字符的字符串时，代码就几乎无法阅读了。但是我们使用普通字符就可以非常简单地解决此类问题。

```
[0123456789]
```

　　这就是判断一个长度为1的字符串是否为数字的正则表达式。"[]"方括号表示这是一个字符组，代表一位字符。方括号中的数字"0123456789"表示只要待匹配的字符串与其中任何一个字符相同，程序就会认为匹配成功，反之则认为匹配失败。

　　当然还有更简单的写法：

```
[0-9]
```

　　如果符合规则的字符范围是连续的，我们就可以用"–"省略，相当于汉语中的"到"，可以直接读成"零到九"。

　　为什么是"0–9"而不是"9–0"呢？要理解这个问题就必须要了解字符的本质。在正则表达式中，所有的字符类型都有对应的编码。图13.2.1是一张ASCII编码表，"0"对应的是十进制的48，"9"对应的是十进制的57。码值小的在前，码值大的在后，所以判断数字须写成"[0–9]"。

Dec	Bin	Hex	Char	Dec	Bin	Hex	Char	Dec	Bin	Hex	Char	Dec	Bin	Hex	Char
0	0000 0000	00	[NUL]	32	0010 0000	20	space	64	0100 0000	40	@	96	0110 0000	60	`
1	0000 0001	01	[SOH]	33	0010 0001	21	!	65	0100 0001	41	A	97	0110 0001	61	a
2	0000 0010	02	[STX]	34	0010 0010	22	"	66	0100 0010	42	B	98	0110 0010	62	b
3	0000 0011	03	[ETX]	35	0010 0011	23	#	67	0100 0011	43	C	99	0110 0011	63	c
4	0000 0100	04	[EOT]	36	0010 0100	24	$	68	0100 0100	44	D	100	0110 0100	64	d
5	0000 0101	05	[ENQ]	37	0010 0101	25	%	69	0100 0101	45	E	101	0110 0101	65	e
6	0000 0110	06	[ACK]	38	0010 0110	26	&	70	0100 0110	46	F	102	0110 0110	66	f
7	0000 0111	07	[BEL]	39	0010 0111	27	'	71	0100 0111	47	G	103	0110 0111	67	g
8	0000 1000	08	[BS]	40	0010 1000	28	(	72	0100 1000	48	H	104	0110 1000	68	h
9	0000 1001	09	[TAB]	41	0010 1001	29	)	73	0100 1001	49	I	105	0110 1001	69	i
10	0000 1010	0A	[LF]	42	0010 1010	2A	*	74	0100 1010	4A	J	106	0110 1010	6A	j
11	0000 1011	0B	[VT]	43	0010 1011	2B	+	75	0100 1011	4B	K	107	0110 1011	6B	k
12	0000 1100	0C	[FF]	44	0010 1100	2C	,	76	0100 1100	4C	L	108	0110 1100	6C	l
13	0000 1101	0D	[CR]	45	0010 1101	2D	-	77	0100 1101	4D	M	109	0110 1101	6D	m
14	0000 1110	0E	[SO]	46	0010 1110	2E	.	78	0100 1110	4E	N	110	0110 1110	6E	n
15	0000 1111	0F	[SI]	47	0010 1111	2F	/	79	0100 1111	4F	O	111	0110 1111	6F	o
16	0001 0000	10	[DLE]	48	0011 0000	30	0	80	0101 0000	50	P	112	0111 0000	70	p
17	0001 0001	11	[DC1]	49	0011 0001	31	1	81	0101 0001	51	Q	113	0111 0001	71	q
18	0001 0010	12	[DC2]	50	0011 0010	32	2	82	0101 0010	52	R	114	0111 0010	72	r
19	0001 0011	13	[DC3]	51	0011 0011	33	3	83	0101 0011	53	S	115	0111 0011	73	s
20	0001 0100	14	[DC4]	52	0011 0100	34	4	84	0101 0100	54	T	116	0111 0100	74	t
21	0001 0101	15	[NAK]	53	0011 0101	35	5	85	0101 0101	55	U	117	0111 0101	75	u
22	0001 0110	16	[SYN]	54	0011 0110	36	6	86	0101 0110	56	V	118	0111 0110	76	v
23	0001 0111	17	[ETB]	55	0011 0111	37	7	87	0101 0111	57	W	119	0111 0111	77	w
24	0001 1000	18	[CAN]	56	0011 1000	38	8	88	0101 1000	58	X	120	0111 1000	78	x
25	0001 1001	19	[EM]	57	0011 1001	39	9	89	0101 1001	59	Y	121	0111 1001	79	y
26	0001 1010	1A	[SUB]	58	0011 1010	3A	:	90	0101 1010	5A	Z	122	0111 1010	7A	z
27	0001 1011	1B	[ESC]	59	0011 1011	3B	;	91	0101 1011	5B	[	123	0111 1011	7B	{
28	0001 1100	1C	[FS]	60	0011 1100	3C	<	92	0101 1100	5C	\	124	0111 1100	7C		
29	0001 1101	1D	[GS]	61	0011 1101	3D	=	93	0101 1101	5D	]	125	0111 1101	7D	}
30	0001 1110	1E	[RS]	62	0011 1110	3E	>	94	0101 1110	5E	^	126	0111 1110	7E	~
31	0001 1111	1F	[US]	63	0011 1111	3F	?	95	0101 1111	5F	_	127	0111 1111	7F	[DEL]

图 13.2.1　ASCII编码表

同理，如果想判断一个长度为1的字符串是不是英文小写字母，我们可以写成：

```
[a-z]
```

注意：虽然ASCII编码表中大写字母在小写字母之前，但是我们并不应该用"[A-z]"来包括所有大小写的英文字母，因为在这个范围中也包含了其他特殊字符，严谨的方法应该是"[A-Za-z]"或者"[a-zA-Z]"。

那么如何判断一个长度为2的字符串是否为数字呢？

```
[0-9][0-9]
```

没错，只要写两遍就行了（下一节将会介绍更简捷的办法）。假设要判断用户输入的是"Y"或者"y"，正则表达式里只需写成：

```
[Yy]
```

当允许的字符范围只有一个时可以省略"[]"。例如，判断用户输入的是"Yes"或者"yes"：

```
[Yy]es
```

13.2.2　字符转义

在上一小节中我们看到表示数字范围"0"到"9"时使用的是"[0-9]"，其中"-"表示范围，并不表示字符"-"本身，此类字符我们称之为元字符。不只是"-"，例子中"["")"都是元字符，这些字符在匹配中都有着特殊的意义。那么如果我们想匹配"-"字符本身的话，就需要做特殊处理了。

其实在正则表达式中，这类字符转义都有通用的方法，就是在字符前加上"\"。例如，匹配"["本身，用正则表达式可以写成：

```
[\[]
```

如果想匹配"0""-"和"9"这三个字符，则可以写成：

```
[0\-9]
```

这样就只会匹配"0""-"和"9"三个字符，而不是"0"到"9"十个字符。

13.2.3　元字符

元字符就是上文所说的在正则表达式中有特殊意义的字符。以下是正则表达式中常见的元字符：

表13.2.1　正则表达式的元字符

元字符	描述
\	将下一个字符标记为特殊字符或字面值。例如，n 匹配字符 n，而 \n 匹配换行符。序列 \\ 匹配 \，而 \(匹配 (
^	匹配输入的开始部分
$	匹配输入的结束部分
*	零次或更多次匹配前面的字符。例如，zo* 匹配 z 或 zoo
+	一次或更多次匹配前面的字符。例如，zo+ 匹配 zoo，但是不匹配 z
?	零次或一次匹配前面的字符。例如，a?ve? 匹配 never 中的 ve
.	匹配任何单个字符，但换行符除外
(pattern)	匹配模式并记住匹配项。通过使用以下代码，匹配的子串可以从生成的匹配项集合中检索：Item[0]...[n]。要匹配圆括号字符 ()，请使用 \(或 \)
x|y	匹配 x 或 y。例如，z|wood 匹配 z 或 wood。(z|w)oo 匹配 zoo 或 woo
{n}	n 是一个非负整数，表示精确匹配 n 次。例如，o{2} 不匹配 Bob 中的 o，但是匹配 foooood 中的前两个 o
{n,}	n 是一个非负整数，表示至少 n 次匹配前面的字符。例如，o{2,} 不匹配 Bob 中的 o，但是匹配 foooood 中的所有 o。o{1,} 表达式等效于 o+，o{0,} 等效于 o*

（续上表）

元字符	描述
{n,m}	m 和 n 变量是非负整数，表示至少 n 次且至多 m 次匹配前面的字符。例如，o{1,3} 匹配 fooooood 中的前三个 o。o{0,1} 表达式等效于 o?
[xyz]	一个字符集，表示匹配任意一个包含的字符。例如，[abc] 匹配 plain 中的 a
[^xyz]	一个否定字符集，表示匹配任何未包含的字符。例如，[^abc] 匹配 plain 中的 plin
[a-z]	字符范围，表示匹配指定范围中的任何字符。例如，[a-z] 匹配英语字母中的任意一个小写的字母字符
[^m-z]	一个否定字符范围，表示匹配未在指定范围中的任何字符。例如，[m-z] 匹配未在范围 m 到 z 之间的任何字符
\A	仅匹配字符串的开头
\b	匹配某个单词边界，即某个单词和空格之间的位置。例如，er\b 匹配 never 中的 er，但是不匹配 verb 中的 er
\B	匹配非单词边界。ea*r\B 表达式匹配 never early 中的 ear
\d	匹配数字字符
\D	匹配非数字字符
\f	匹配换页字符
\n	匹配换行符
\r	匹配回车字符
\s	匹配任何空白字符，包括空格、制表符、换页字符等
\S	匹配任何非空白字符
\t	匹配跳进字符
\v	匹配垂直跳进字符
\w	匹配任何单词字符，包括下划线。\w 符号等效于 [A-Za-z0-9_]
\W	匹配任何非单词字符。\W 符号等效于 [^A-Za-z0-9__]
\z	仅匹配字符串的结尾
\Z	仅匹配字符串的结尾，或者结尾的换行符之前

元字符较多，本章会在后面几节对常见元字符展开介绍。

13.2.4　限定符

限定符指定输入中必须存在字符、组或字符类的多少个实例才能找到匹配项。上一小节中的"*""+""?""{n}""{n,}"和"{n,m}"都是限定符。下面分别介绍它们的含义和用法。

◇　"{n}"限定符表示匹配上一元素 n 次，其中n是任何整数。例如"y{5}"只能匹配

"yyyyy"。"3{2}"则只能匹配"33"。"\w{3}"可以匹配任意三位英文字母,"yes"
"Yes""abc"和"ESC"都是可以匹配的,但是"No""123"和"No1"都不能被匹配。

◇ "{n,}"限定符表示至少匹配上一元素 n 次,其中n是任何整数。例如"y{3,}"可以匹配
"yyy"也可以匹配"yyyyyy"。同理"[0-9]{3,}"可以匹配任意三位数及数位为三以上的数
字。

◇ "{n, m}"限定符表示至少匹配上一元素 n 次,但不超过m次,其中n和m是整数。例如
"y{2,4}"可以匹配"yy""yyy"和"yyyy",同理"[0-9]{8,11}"表示可以匹配任意八位
至十一位的数字。

◇ "*"限定符表示与前面的元素匹配零次或多次,它相当于"{0,}"限定符。例如"91*9*"
可以匹配"919""9119""9199999"等,但是不能匹配"9129""929"等。

◇ "+"限定符表示匹配上一元素一次或多次,它相当于"{1,}"限定符。例如"an\w+"可以
匹配"antrum"等以"an"开头的三位及以上单词,但是不能匹配"an"。

◇ "?"限定符表示匹配上一元素零次或一次,它相当于"{0,1}"。例如"an?"可以匹配
"a"和"an",但是不能匹配"antrum"。

13.2.5 定位符

定位符能够将正则表达式固定到行首或行尾,它们还能够创建这样的正则表达式:正则表达
式将出现在一个单词内、一个单词的开头或者一个单词的结尾。

定位符用来描述字符串或单词的边界,"^"和"$"分别指字符串的开始与结束,"\b"描述
单词的前边界或后边界,"\B"表示非单词边界。以下是正则表达式的定位符:

表13.2.2 正则表达式的定位符

字符	描述
^	匹配输入字符串的开始位置,如果设置了 Multiline 属性,^也匹配"\n"或"\r"之后的位置。除非在方括号表达式中使用,此时它表示不接受该字符集合。要匹配 ^字符本身,请使用 \^
$	匹配输入字符串结尾的位置。如果设置了 Multiline 属性,$ 还会与 \n 或 \r 之前的位置匹配
\b	匹配一个单词边界,即单词与空格间的位置
\B	非单词边界匹配

◇ "^"定位符指定以下模式必须从字符串的第一个字符位置开始。例如:"\[a-z]+"可以匹
配"123abc"中的"abc",但是"^\[a-z]+"不能匹配"123abc",而可以匹配"abc123"
中的"abc",因为整个字符串必须以字母开头。

◇ "$"定位符指定前面的模式必须出现在输入字符串的末尾,或出现在输入字符串末尾的
"\n"之前。例如:"\[a-z]+"可以匹配"abc123"中的"abc",但是"\[a-z]+$"不能匹
配"abc123",而可以匹配"123abc",因为整个字符串必须以字母结尾。

◇ "\b"定位符指定匹配必须出现在单词字符（"\w"语言元素）和非单词字符（"\W"语言元素）之间的边界上。单词字符包括字母、数字和下划线，非单词字符包括不为字母、数字或下划线的任何字符。匹配也可以出现在字符串开头或结尾处的单词边界上。"\b"定位符经常用于确保子表达式与整个单词（而不仅与单词的开头或结尾）匹配。例如：字符串 "area bare arena mare" 使用正则表达式 "\bare\w*\b" 去匹配，"area" "arena" 是满足此正则表达式的。

◇ "\B"定位符指定匹配不得出现在单词边界上，它与 "\b"定位符截然相反。例如：字符串 "equity queen equip acquaint quiet" 使用正则表达式 "\Bqu\w+" 去匹配，"quity" "quip" 和 "quaint" 是满足此正则表达式的。

13.2.6　分组构造

分组构造描述了正则表达式的子表达式，用于捕获输入字符串的子字符串。以下是分组构造捕获匹配的子表达式：

> (子表达式)

其中 "子表达式" 为任何有效的正则表达式模式。使用括号的捕获按正则表达式中左括号的顺序从一开始就从左到右自动编号。

例如：对字符串 "He said that that was the correct answer." 我们使用 "(\w+)\s(\w+)\W" 来匹配，结果是：

> He said一组，其中 "He" 和 "said" 各分别为一个子组；
> that that一组，其中 "that" 和 "that" 各分别为一个子组；
> was the一组，其中 "was" 和 "the" 各分别为一个子组；
> correct answer.一组，其中 "correct" 和 "answer." 各分别为一个子组。

13.2.7　匹配模式

匹配模式指的是匹配的时候使用的规则。使用不同的匹配模式可能会改变正则表达式的识别，也可能会改变正则表达式中字符的匹配规定。本小节将会介绍几种常见的匹配规则。

不区分大小写模式是指在匹配单词时，正则表达式将不会区分字符串中的大小写。例如期望用户输入 "yes"，但是用户也有可能输入 "Yes" 或者 "yES" 等等，如果区分大小写，那么正则表达式就要写成 "[yY][eE][sS]"。这样做确实可以匹配到想要的结果，但是写起来很麻烦。如果启用了不区分大小写模式匹配字符串，我们只需使用正则 "yes" 就可以匹配用户输入的各种大小写混杂的 "Yes" "yes" "yEs" 了。

　　单行模式（或者叫点号通配）会改变元字符"."的匹配方式。元字符"."几乎可以匹配任何字符，但是默认情况下，元字符"."不会匹配"\n"换行符。然而，有时候确实想要匹配任何字符，这时候使用单行模式就可以让"."匹配任何字符（当然也可以使用例如"[\s\S]" "[\w\W]"等技巧来匹配所有字符）。

　　多行模式改变的是"^"和"$"的匹配方式。默认模式下"^"和"$"匹配的是整个字符串的起始位置和结束位置。但是在多行模式下，它们将会匹配字符串内部某一行文本的起始位置和结束位置。

 ## 13.3　re模块

13.3.1　re模块介绍

　　Python标准库中提供了与Perl类似的正则表达式匹配操作re模块。在该模块中，正则表达式和要搜索的字符串都可以是Unicode字符串（str）以及8位字符串（bytes）。但是，str和bytes不能混合使用，也就是说无法将str与bytes匹配，反之亦然；同样，如果是替换操作，替换的字符串的模式必须与搜索的字符串的类型相同。

　　正则表达式中的许多元字符都使用反斜线"\"开头，这与Python在字符串中相同的字符使用产生冲突。极端的例子是，想要匹配文字"\"，正则表达式应该写成"\\\\"来匹配字符串，因为在正则表达式中需要使用"\\"来匹配"\"，而Python的字符串也需要使用"\\"来代表字符串中的原始"\"。

　　有一种比较常见的解决方案是，我们可以在定义字符串时在前面添加"r"前缀。例如：

动手写13.3.1

```
01  print('\\\\')    # 输出 \\
02  print('\\')      # 输出 \
03  print(r'\\')     # 输出 \\
04  print('\n')      # 输出一个换行符
05  print(r'\n')     # 输出 \n字符而不是换行符
```

　　执行结果如下：

```
\\

\

\\

\n
```

该前缀表示在字符串中不以任何特殊方式处理反斜线"\"。

注意："r'\n'"代表的是字符"\"和"n"，而不是换行符。

13.3.2　compile函数

compile函数用于编译正则表达式，生成一个Pattern对象。例如：

动手写13.3.2

```
01  import re
02  pattern = re.compile(r'\w+')
```

之后我们就可以使用这个Pattern对象来进行正则匹配了。

13.3.3　match函数

match方法用于查找字符串指定位置（不指定的默认匹配整个字符串）正则匹配。它只匹配一次，也就是说只要找到一个匹配的结果就返回，而不会返回所有的匹配结果。

动手写13.3.3

```
01  import re
02
03  pattern = re.compile(r'\d+')                   # 匹配至少一个数字
04  m1 = pattern.match('one123')                   # 默认匹配整个字符串
05  print(m1)                                      # 返回 None
06  m2 = pattern.match('one123', 3, 5)             # 匹配从位置3到5的字符
07  print(m2)                                      # 匹配到则返回Match对象
08  print(m2.group())                              # 123
09
10  m3=re.match(r'\d+','one123')                   # 不使用compile直接匹配,
                                                     只能匹配整个字符串
11  print(m3)
12
13  m4 = re.match(r'[a-z]+', 'Abcde', re.I)        # 使用忽略大小写模式
14  print(m4)                                      # 返回Match对象
15  print(m4.group())                              # Abcde
```

执行结果如下：

```
None
<_sre.SRE_Match object; span=(3, 5), match='12'>
12
None
```

```
<_sre.SRE_Match object; span=(0, 5), match='Abcde'>
Abcde
```

13.3.4　re.search

search方法用于查找字符串指定位置（不指定的默认匹配整个字符串）正则匹配。它只匹配一次，也就是说只要找到了一个匹配的结果就返回，而不会返回所有匹配的结果。

search函数与match函数的区别：match函数需要完全满足正则表达式才返回，而search函数只需字符串包含匹配正则表达式的子串就认为匹配。

动手写13.3.4

```
01  import re
02
03  pattern = re.compile(r'\d+')              # 匹配至少一个数字
04  m1 = pattern.search('one123')             # 默认匹配整个字符串
05  print(m1)                                 # 注意这里与match的区别
06  print(m1.group())                         # 123
07  m2=pattern.search('one123',0,4)           # 匹配从位置0到4的字符
08  print(m2)                                 # 匹配到则返回Match对象
09  print(m2.group())                         # 1
10
11  m3=re.search(r'\d+','one123')             # 不使用compile直接匹配，
                                                匹配整个字符串
12  print(m3)
13  print(m3.group())                         # 123
14
15
16  m4=re.search(r'[a-z]+','123Abcde',re.I)   # 使用忽略大小写模式
17  print(m4)                                 # 返回Match对象
18  print(m4.group())                         # Abcde
```

执行结果如下：

```
<_sre.SRE_Match object; span=(3, 6), match='123'>
123
<_sre.SRE_Match object; span=(3, 4), match='1'>
1
<_sre.SRE_Match object; span=(3, 6), match='123'>
123
<_sre.SRE_Match object; span=(3, 8), match='Abcde'>
Abcde
```

13.3.5 re.findall

match函数和search函数都是一次匹配，只要找到了一个匹配结果就返回。但是在很多情况下，我们也会需要搜索整个字符串，获取全部匹配结果，这时候就需要findall函数。

findall函数的使用方法与match函数和search函数类似，但是返回结果却不同：无论是否匹配到都会返回一个list对象。

动手写13.3.5

```
01  import re
02
03  pattern = re.compile(r'\d{2}')              # 匹配至少一个数字
04  m1=pattern.findall('one1234')               # 默认匹配整个字符串
05  print(m1)                                   #  ['12', '34']
06
07  m2=pattern.findall('one123', 0, 4)          # 匹配从位置0到4的字符
08  print(m2)                                   #  []
09
10  m3=re.findall(r'\d+', 'one123')             # 不使用compile直接匹配，
                                                  只能匹配整个字符串
11  print(m3)                                   #  ['123']
12
13  m4=re.findall(r'[a-z]','123Abcde',re.I)     # 使用忽略大小写模式
14  print(m4)                                   # ['A', 'b', 'c', 'd', 'e']
```

执行结果如下：

```
['12', '34']
[]
['123']
['A', 'b', 'c', 'd', 'e']
```

13.3.6 re.split

字符串也有split方法，但是字符串只能完全匹配相同的字符。re模块中的split方法可以用正则表达式丰富分割字符串的规则。

动手写13.3.6

```
01  import re
02
03  pattern = re.compile(r'[\s\,\;]+')              # 匹配空格,和;
04  m1 = pattern.split('a,b;; c   d')
```

```
05   print(m1)                              #   ['a', 'b', 'c', 'd']
06
07   m2 = re.split(r'[\s\,\;]+', 'a,b;; c    d')
08   print(m2)                              #   ['a', 'b', 'c', 'd']
09   执行结果如下：
10   ['a', 'b', 'c', 'd']
11   ['a', 'b', 'c', 'd']
```

13.3.7　re.sub

同样，re模块也提供了使用正则表达式来替换字符串的方法——sub方法。

动手写13.3.7

```
01   import re
02
03   s='hello 123 world 456'
04   pattern = re.compile(r'(\w+) (\w+)')
05   m1=pattern.sub('hello world', s)      # 使用 'hello world' 替换
                                             'hello 123' 和 'world 456'
06
07   print(m1)                             # hello world hello world
08
09   m2=pattern.sub('hello world',s,1)     # 只替换一次
10   print(m2)                             # hello world world 456
11
12   m3 = re.sub(r'(\w+) (\w+)', 'hello world', s, 1)
13   print(m3)                             # 'hello world world 456'
```

执行结果如下：

```
hello world hello world
hello world world 456
hello world world 456
```

13.4　小结

本章介绍了Python编程语言中正则表达式的基础知识，帮助读者了解正则表达式中元字符的定义和具体使用方法，熟悉正则表达式的基本语法。同时介绍了Python编程语言中正则表达式操作常

用的类和方法，读者需要重点掌握Python编程语言中正则表达式的操作过程。

 13.5　知识拓展

13.5.1　re模块的分组匹配

从"13.2正则表达式语法"一节的"13.2.6分组构造"小节中我们学到，正则表达式是可以分组的。分组就是用一对圆括号"()"括起来的正则表达式，匹配出的内容就表示一个分组。从正则表达式的左边开始看，看到的第一个左括号"("表示第一个分组，第二个表示第二个分组，依次类推。需要注意的是，有一个隐含的全局分组（就是0）是整个正则表达式。

分完组以后，要想获得某个分组的内容，直接使用group(num)和groups()函数提取即可。

动手写13.5.1

```
01  import re
02
03  p1 = re.compile('\d-\d-\d')          # 不分组
04  m1 = p1.match('1-2-3')
05  print(m1.groups())                   # ()
06  print(m1.group())                    # 1-2-3
07
08  p2=re.compile('(\d)-(\d)-(\d)')      # 分组
09  m2 = p2.match('1-2-3')
10  print(m2.groups())                   # ('1', '2', '3')
11  print(m2.group())                    # 1-2-3
12
13  m3=re.findall('(\d)-(\d)-(\d)', '1-2-3 4-5-6')
14  print(m3)                            # [('1','2','3'),('4', '5','6')]
```

执行结果如下：

```
()
1-2-3
('1', '2', '3')
1-2-3
[('1', '2', '3'), ('4', '5', '6')]
```

注意match和search函数返回的是Match对象，而findall函数返回的则是一个包含分组后结果的list对象。

13.5.2 贪婪与非贪婪匹配

贪婪与非贪婪模式指的是限定符操作是尽可能多地匹配字符串还是尽可能少地匹配字符串。

贪婪匹配指的是限定符尽可能多地匹配字符串。默认情况下限定符都是贪婪匹配。

非贪婪匹配指的则是限定符尽可能少地匹配字符串。在限定符后加上"?"表示非贪婪匹配。

动手写13.5.2

```
01  import re
02
03  m1 = re.match(r'.+', 'Are you ok? No, I am not ok.')   # 贪婪
04  print(m1.group())          # Are you ok? No, I am not ok.
05
06  m2 = re.match(r'.+?', 'Are you ok? No, I am not ok.')  # 非贪婪
07  print(m2.group())          # A
08
09  m3 = re.findall(r'<.+>', r'<this><is><an><example>')   # 贪婪
10  print(m3)                  # ['<this><is><an><example>']
11
12  m4 = re.findall(r'<.+?>', r'<this><is><an><example>')  # 非贪婪
13  print(m4)                  # ['<this>', '<is>', '<an>', '<example>']
```

执行结果如下：

```
Are you ok? No, I am not ok.
A
['<this><is><an><example>']
['<this>', '<is>', '<an>', '<example>']
```

13.5.3 零宽断言

零宽断言，顾名思义就是一种零宽度的匹配，它匹配的内容不会保存到匹配结果中。表达式的匹配内容只是代表了一个位置而已，如标明某个字符的右边界是怎样的构造。

表 13.5.1　零宽断言的断言字符

字符	描述
?=	零宽度正预测先行断言，它断言自身出现的位置的后面可以匹配后面跟的表达式
?<=	零宽度正回顾后发断言，它断言自身出现的位置的前面可以匹配后面跟的表达式

（续上表）

字符	描述
?!	零宽度负预测先行断言，它断言自身出现的位置的后面不可以匹配后面跟的表达式
?<!	零宽度负回顾后发断言，它断言自身出现的位置的前面不可以匹配后面跟的表达式

例如：

动手写13.5.3

```
01  import re
02
03  s = r'eating apple seeing paper watching movie'
04  m1 = re.findall(r'(\b\w+?)ing', s)
05  print(m1)  #  ['eat', 'see', 'watch']
06
07  m2 = re.findall(r'(.+?)(?=ing)', s)
08  print(m2)  #  ['eat', 'ing apple see', 'ing paper watch']
09
10  m3 = re.findall(r'(.+?)(?<=ing)', s)
11  print(m3)  #  ['eating', ' apple seeing', ' paper watching']
12
13  s = 'unite one unethical ethics use untie ultimate'
14  m4 = re.findall(r'\b(?!un)\w+\b', s)
15  print(m4) #  ['one', 'ethics', 'use', 'ultimate']
16
17  m5 = re.findall(r'(?<![a-z])\d{3,}', 'abc123, 123, 4567')
18  print(m5) #  ['123', '4567']
```

执行结果如下：

```
['eat', 'see', 'watch']
['eat', 'ing apple see', 'ing paper watch']
['eating', ' apple seeing', ' paper watching']
['one', 'ethics', 'use', 'ultimate']
['123', '4567']
```

13.5.4　常用正则表达式参考

参考一：E-mail地址

```
^\w+([-+.]\w+)*@\w+([-.]\w+)*\.\w+([-.]\w+)*$
```

动手写13.5.4

```
01   import re
02
03   pattern=re.compile(r'^\w+([-+.]\w+)*@\w+([-.]\w+)*\.\w+([-.]\w+)*$')
04
05   def is_email(email):
06       if pattern.match(email):
07           print("这是一个有效的email地址", email)
08       else:
09           print("这不是一个有效的email地址", email)
10
11
12   is_email("01kuaixue@163.com")
13   is_email("01kuaixue@")
14   is_email("support@baidu.com")
15   is_email("www.baidu.com")
```

执行结果如下：

```
这是一个有效的email地址 01kuaixue@163.com
这不是一个有效的email地址 01kuaixue@
这是一个有效的email地址 support@baidu.com
这不是一个有效的email地址 www.baidu.com
```

这个例子中，"01kuaixue@163.com"和"support@baidu.com"完全符合E-mail地址的格式，而"01kuaixue@"和"www.baidu.com"并不是有效的E-mail地址。

参考二：Internet URL

```
^(https?:\/\/)?([\da-z.-]+)\.([a-z.]{2,6})([\/\w .-])\/?$
```

动手写13.5.5

```
01   import re
02
03   pattern = re.compile(r'^(https?:\/\/)?([\da-z.-]+)\.([a-z.]{2,6})
     ([\/\w .-])\/?$')
04
05   def is_url(url):
06       if pattern.match(url):
07           print("这是一个有效的InternetURL", url)
```

```
08       else:
09           print("这不是一个有效的InternetURL", url)
10
11
12  is_url("c:/windows")
13  is_url("thisIsAUrl")
14  is_url("support@baidu")
15  is_url("www.baidu.com")
```

执行结果如下：

```
这不是一个有效的InternetURL c:/windows
这不是一个有效的InternetURL thisIsAUrl
这不是一个有效的InternetURL support@baidu.com
这是一个有效的InternetURL www.baidu.com
```

这个例子中只有 "www.baidu.com" 是满足Internet URL地址条件的，其他的 "c:/windows" "thisIsAUrl" 和 "support@baidu" 都不是有效的Internet URL。

参考三：匹配首尾空白字符的正则表达式

```
^\s|\s$
```

动手写13.5.6

```
01  import re
02
03  pattern = re.compile(r'^\s|\s$')
04
05  def has_blank(blank):
06      if pattern.search(blank):
07          print("前或后有空白字符", blank)
08      else:
09          print("前和后都没有空白字符", blank)
10
11
12  has_blank("<span>01</span>")
13  has_blank(" text ")
14  has_blank(" string")
15  has_blank("www.baidu.com")
```

执行结果如下：

前和后都没有空白字符<span>01</span>
前或后有空白字符　text
前或后有空白字符　string
前和后都没有空白字符 www.baidu.com

参考四：手机号码

```
^(13[0-9]|14[0-9]|15[0-9]|166|17[0-9]|18[0-9]|19[8|9])\d{8}$
```

动手写13.5.7

```
01  import re
02
03  pattern = re.compile(r'^(13[0-9]|14[0-9]|15[0-9]|166|17[0-9]|
    18[0-9]|19[8|9])\d{8}$')
04
05  def is_phone(phone):
06      if pattern.search(phone):
07          print("这是一个手机号", phone)
08      else:
09          print("这不是一个手机号", phone)
10
11
12  is_phone("13888888888")
13  is_phone("110")
14  is_phone("4008517517")
15  is_phone("www.baidu.com")
```

执行结果如下：

这是一个手机号 13888888888
这不是一个手机号 110
这不是一个手机号 4008517517
这不是一个手机号 www.baidu.com

参考五：电话号码（"XXX-XXXXXXX" "XXX-XXXXXXXX" "XXXX-XXXXXXX" "XXXX-XXXXXXXX" "XXXXXXX" 和 "XXXXXXXX"，如0511-1234567、021-12345678）

```
^(\d{3,4}-)?\d{7,8}$
```

动手写13.5.8

```
01  import re
02
```

```
03   pattern = re.compile(r'^(\d{3,4}-)?\d{7,8}$')
04
05   def is_tel(tel):
06       if pattern.search(tel):
07           print("这是一个电话号码", tel)
08       else:
09           print("这不是一个电话号码", tel)
10
11
12   is_tel("021-88888888")
13   is_tel("0755-83765566")
14   is_tel("01kuaixue")
15   is_tel("www.baidu.com")
```

执行结果如下：

```
这是一个电话号码 021-88888888
这是一个电话号码 0755-83765566
这不是一个电话号码 01kuaixue
这不是一个电话号码 www.baidu.com
```

参考六：18位身份证号码（数字、字母x结尾）

```
^((\d{18})|([0-9x]{18})|([0-9X]{18}))$
```

动手写13.5.9

```
01   import re
02
03   pattern = re.compile(r'^((\d{18})|([0-9x]{18})|([0-9X]{18}))$')
04
05   def is_idcard(idcard):
06       if pattern.search(idcard):
07           print("这是一个身份证号码", idcard)
08       else:
09           print("这不是一个身份证号码", idcard)
10
11
12   is_idcard("021-88888888")
13   is_idcard("0755-83765566")
14   is_idcard("440000197608163750")
15   is_idcard("www.baidu.com")
```

执行结果如下：

这不是一个身份证号码 021-88888888
这不是一个身份证号码 0755-83765566
这是一个身份证号码 440000197608163750
这不是一个身份证号码 www.baidu.com

参考七：账号是否合法（字母开头，允许5~16字节，允许字母、数字、下划线）

^[a-zA-Z][a-zA-Z0-9_]{4,15}$

动手写13.5.10

```
01  import re
02
03  pattern = re.compile(r'^[a-zA-Z][a-zA-Z0-9_]{4,15}$')
04
05  def is_user(username):
06      if pattern.search(username):
07          print("这是一个有效的账号", username)
08      else:
09          print("这不是一个有效的账号", username)
10
11
12  is_user("01_kuaixue")
13  is_user("01@163.com")
14  is_user("c:/windows")
15  is_user("xuetang_01")
```

执行结果如下：

这不是一个有效的账号 01_kuaixue
这不是一个有效的账号 01@163.com
这不是一个有效的账号 c:/windows
这是一个有效的账号 kuaixue_01

参考八：一年的12个月（01~09和1~12）

^(0?[1-9]|1[0-2])$

动手写13.5.11

```
01  import re
02
```

```
03  pattern = re.compile(r'^(0?[1-9]|1[0-2])$')
04
05  def is_month(month):
06      if pattern.search(month):
07          print("这是一个有效的月份", month)
08      else:
09          print("这不是一个有效的月份", month)
10
11
12  is_month("03")
13  is_month("3")
14  is_month("12")
15  is_month("20")
```

执行结果如下：

```
这是一个有效的月份 03
这是一个有效的月份 3
这是一个有效的月份 12
这不是一个有效的月份 20
```

参考九：日期格式（2018-01-01只做粗略匹配，格式不限制，二月有30天等）

```
^\d{4}-\d{1,2}-\d{1,2}$
```

动手写13.5.12

```
01  import re
02
03  pattern = re.compile(r'^\d{4}-\d{1,2}-\d{1,2}$')
04
05  def is_date(date):
06      if pattern.search(date):
07          print("这是一个有效的日期", date)
08      else:
09          print("这不是一个有效的日期", date)
10
11
12  is_date("1990-10-1")
13  is_date("2018-3-05")
```

```
14  is_date("180114")
15  is_date("2000")
```

执行结果如下：

```
这是一个有效的日期 1990-10-1
这是一个有效的日期 2018-3-05
这不是一个有效的日期 180114
这不是一个有效的日期 2000
```

参考十：一个月的31天（01～09和1～31）

```
^((0?[1-9])|((1|2)[0-9])|30|31)$
```

动手写13.5.13

```
01  import re
02
03  pattern = re.compile(r'^((0?[1-9])|((1|2)[0-9])|30|31)$')
04
05  def is_day(day):
06      if pattern.search(day):
07          print("这是一个有效的日期", day)
08      else:
09          print("这不是一个有效的日期", day)
10
11
12  is_day("05")
13  is_day("5")
14  is_day("30")
15  is_day("188")
```

执行结果如下：

```
这是一个有效的日期 05
这是一个有效的日期 5
这是一个有效的日期 30
这不是一个有效的日期 188
```

参考十一：IP地址

```
^(([0-9]|[1-9][0-9]|1[0-9]{2}|2[0-4][0-9]|25[0-5])\.){3}([0-9]|[1-9]
[0-9]|1[0-9]{2}|2[0-4][0-9]|25[0-5])$
```

动手写13.5.14

```
01  import re
02
03  pattern = re.compile(r'^(([0-9]|[1-9][0-9]|1[0-9]{2}|2[0-4][0-
    9]|25[0-5])\.){3}([0-9]|[1-9][0-9]|1[0-9]{2}|2[0-4][0-9]|25[0-
    5])$')
04
05  def is_ip(ip):
06      if pattern.search(ip):
07          print("这是一个有效的IP地址", ip)
08      else:
09          print("这不是一个有效的IP地址", ip)
10
11
12  is_ip("127.0.0.1")
13  is_ip("8.8.8.8")
14  is_ip("256.188.888.10")
15  is_ip("100.3.266.1")
```

执行结果如下：

```
这是一个有效的IP地址 127.0.0.1
这是一个有效的IP地址 8.8.8.8
这不是一个有效的IP地址 256.188.888.10
这不是一个有效的IP地址 100.3.266.1
```

第 ⑭ 章
邮件处理

14.1 电子邮件介绍

14.1.1 电子邮件简介

电子邮件（Electronic Mail），简称电邮（E-mail），是指一种由寄件人将数字信息发送给一个人或多个人的信息交换方式，一般通过互联网或其他电脑网络进行书写、发送和接收信件，目的是达成发信人和收信人之间的信息交互。一些早期的电子邮件需要寄件人和收件人同时在线，类似即时通信。但是现在的电子邮件系统是以存储与转发的模型为基础的，邮件服务器接受、转发、提交以及存储邮件，寄信人、收信人及他们的电脑都不用同时在线，寄信人和收信人只需在寄信或收信时连接到邮件服务器即可。

过去，电子邮件泛指所有电子式的文件转送，例如在20世纪70年代初期有几位作家用"电子邮件"来描述文件的传真，因此很难确定是从什么时候开始用"电子邮件"来描述匹配现在定义的电子邮件的。

电子邮件（匹配现代定义，下同）包括三个部分：消息的"信封"、邮件标头以及邮件内容。标头至少包括一些传递邮件相关的信息，例如寄信人的邮件地址及一至多个收信人的邮件地址，一般也会包括一些叙述性的内容，例如邮件的标题以及时间等。

电子邮件最早是纯文字（ASCII）的沟通媒介，但后来扩展到可以加入多媒体的附件、其他字符集的文字等，同时也产生了多用途互联网邮件扩展协议（MIME），这些标准被定义在 RFC 2045、RFC 2046、RFC 2047、RFC 2048、RFC 2049 等RFC（请求意见稿）中。

14.1.2 电子邮件格式

在互联网中，电邮地址的格式是：用户名@主机名（域名）。@是英文"at"的意思，所以电子邮件地址是表示在某部主机上的一个用户账号（例：123456@qq.com）。

电子邮件的报文格式与普通手写邮件类似，也由两部分组成：邮件头部和邮件体。邮件头部相当于信封，主要包括收信人和发信人的地址、发送日期、邮件主题等；邮件体即邮件正文，相当于信的内容。

```
MIME-Version: 1.0
Date: Sun, 10 Mar 1999 01:09:23 +0800
Message-ID: <CBG+KcW58ih5sgy3mJ6WKiLrp+grPf3qbz-3R7rdkbAJrhp2XWA@mail.example.com>
Subject: Test
From: 01 <01kuaixue@example.com>
To: example@example.com
Content-Type: multipart/alternative; boundary="000000000000afa0a40583ac6634"

--000000000000afa0a40583ac6634
Content-Type: text/plain; charset="UTF-8"

This is an email!

--000000000000afa0a40583ac6634
Content-Type: text/html; charset="UTF-8"

<div dir="ltr">This is an email!</div>

--000000000000afa0a40583ac6634--
```

图14.1.1　一封电子邮件的报文格式实例

如图14.1.1所示，方框选中的行就是报文头部，其余的行是邮件正文，即报文信息。报文头部包括了一些以关键字开头的行，其中最重要的关键字就是"To"和"Subject"。To这一行是收件人的电子邮件地址，Subject这一行是邮件的主题，是发件人写的，旨在告诉收件人该邮件的目的。邮件头部还有一项是CC，表示抄送的意思，即此邮件应同时发给其他所列出的收件人。报文头部关键字还有From和Date，表示发信人的电子邮件地址和邮件发送日期，这两项一般是由邮件系统自动填入。

14.1.3　电子邮件工作原理

要在Internet上提供电子邮件功能，必须有专门的电子邮件服务器。目前Internet有很多提供邮件服务的厂商：Sina（新浪）、QQ（腾讯）、163（网易）等等，都有自己的邮件服务器。

这些邮件服务器类似于现实生活中的邮局，主要负责接收用户投递过来的邮件，并把邮件投递到邮件接收者的电子邮箱中。

电子邮箱（E-mail地址）的获得需要在邮件服务器上进行申请。确切地说，电子邮箱其实就是用户在邮件服务器上申请的一个账户，用户在邮件服务器上申请一个账号后，邮件服务器就会为这个账号分配一定的空间，让用户可以使用这个账号以及空间，以此用来发送电子邮件和保存别人发送过来的电子邮件。

用户连接上邮件服务器之后，要想给它发送一封电子邮件，需要遵循一定的通信规则，SMTP

协议就是用来定义这种通信规则的。因此，我们通常也把处理用户SMTP请求（邮件发送请求）的服务器称为SMTP服务器（邮件发送服务器）。

同样，用户若想从邮件服务器管理的电子邮箱中接收电子邮件，在连上邮件服务器后，也要遵循一定的通信格式，POP3协议就是用来定义这种通信格式的。因此，我们通常也把处理用户POP3请求（邮件接收请求）的服务器称为POP3服务器（邮件接收服务器）。

14.2 发送电子邮件

在实际应用中，一步一步地实现电子邮件的发送与接收是一个相当烦琐的过程。幸好，Python标准库为我们提供了不少和电子邮件有关的功能。

14.2.1 SMTP发送电子邮件

Python标准库提供了smtplib模块，用于实现SMTP协议，发送邮件。标准库还提供了email模块帮助我们构造邮件格式。

SMTP（Simple Mail Transfer Protocol，即简单邮件传输协议），是一组由源地址到目的地址传送邮件的规则，用来控制信件的中转方式。

Python的smtplib提供了一种发送电子邮件的方便途径，它对SMTP协议进行了简单的封装。

Python创建SMTP对象的语法为：

```
smtpObj = smtplib.SMTP([host  [, port  [, local_hostname]]] )
```

参数说明：

◇ host：SMTP服务器主机，是可选参数。可以指定主机的IP地址或者域名，如：smtp.exmail.qq.com。

◇ port：如果你提供了host参数，你就需要指定SMTP服务使用的端口号，一般情况下SMTP的端口号为25。

◇ local_hostname：如果 SMTP 在你的本机上，你只需要指定服务器地址为localhost即可（本书的假设都是使用QQ企业邮箱作为邮件服务器）。

Python SMTP对象使用sendmail方法发送邮件，语法如下：

```
SMTP.sendmail(from_addr, to_addrs, msg [, mail_options, rcpt_options]
```

参数说明：

◇ from_addr：邮件发送者地址。

◇ to_addrs：字符串列表，邮件发送地址。

◇ msg：发送消息，一般使用字符串。

动手写14.2.1

```python
01  #!/usr/bin/env python
02  # -*- coding: UTF-8 -*-
03
04  import smtplib
05
06  from email.mime.text import MIMEText
07  from email.header import Header
08
09  # 邮箱用户名
10  sender = "sender@01kuaixue.com"
11  # 邮箱密码
12  password = "01Kuaixue"
13  # 收件人无论是否只有一个收件人都必须是列表
14  receiver = ["to@qq.com", ]
15
16  # 邮件正文
17  message = MIMEText("使用Python发送邮件", "plain", "utf-8")
18
19  # 发件人显式的名字
20  message["From"] = Header("Python邮件", "utf-8")
21
22  # 收件人显式的名字
23  message["To"] = Header("邮件", "utf-8")
24
25  # 邮件标题
26  message["Subject"] = "Python SMTP 发送邮件"
27
28  try:
29      # 使用QQ企业邮箱服务器发送
30      smtp = smtplib.SMTP_SSL("smtp.exmail.qq.com", 465)
31      # 登录
32      smtp.login(sender, password)
33      # 发送
34      smtp.sendmail(sender, receiver, message.as_string())
35      print("邮件已发送")
36  except smtplib.SMTPException as e:
37      print("Error! 发送失败", e)
```

如果一切顺利，则会在屏幕上打印出：

邮件已发送

之后我们就可以在收件箱里看到邮件了。

14.2.2 发送HTML格式的电子邮件

前一小节介绍了发送邮件的整个流程，并演示了成功发送一个纯文本格式的邮件的示例。纯文本格式的邮件只能是显式文字，如果想要发送更丰富的内容，我们可以发送HTML格式的邮件。

发送HTML格式的邮件很简单，只要在使用MIMEText函数构造邮件消息体的时候将第二个参数指定格式为"html"即可。

动手写14.2.2

```
01  #!/usr/bin/env python
02  # -*- coding: UTF-8 -*-
03
04  import smtplib
05
06  from email.mime.text import MIMEText
07  from email.header import Header
08
09  # 邮箱用户名
10  sender = "sender@01kuaixue.com"
11  # 邮箱密码
12  password = "01Kuaixue"
13  # 收件人无论是否只有一个收件人都必须是列表
14  receiver = ["to@qq.com", ]
15
16  # 邮件正文
17  mail_msg = """
18  <p>使用Python发送邮件</p>
19  <br>
20  <p><a href="http://www.baidu.com">这是一个超链接</a></p>
21  """
22
23  # 指定消息体使用 HTML格式
24  message = MIMEText(mail_msg, "html", "utf-8")
25
```

```
26    # 发件人显式的名字
27    message["From"] = Header("Python邮件", "utf-8")
28
29    # 收件人显式的名字
30    message["To"] = Header("邮件", "utf-8")
31
32    # 邮件标题
33    message["Subject"] = "Python SMTP 发送邮件"
34
35    try:
36        # 使用QQ企业邮箱服务器发送
37        smtp = smtplib.SMTP_SSL("smtp.exmail.qq.com", 465)
38        # 登录
39        smtp.login(sender, password)
40        # 发送
41        smtp.sendmail(sender, receiver, message.as_string())
42        print("邮件已发送")
43    except smtplib.SMTPException as e:
44        print("Error! 发送失败", e)
```

14.2.3　发送带附件的邮件

日常生活中，我们在使用电子邮箱时经常要发送附件和接收附件，那在Python中如何发送附件呢？

附件其实就是另一种格式的MIME，所以在构造邮件消息体的时候需要使用MIMEMultipart来构建复合类型的消息体，然后把文本和附件一个一个地加进去。例如：

动手写14.2.3

```
01    #!/usr/bin/env python
02    # -*- coding: UTF-8 -*-
03
04    import smtplib
05
06    from email.mime.text import MIMEText
07    from email.mime.multipart import MIMEMultipart
08    from email.header import Header
09
10    # 邮箱用户名
```

```
11   sender = "sender@01kuaixue.com"
12   # 邮箱密码
13   password = "01Kuaixue"
14   # 收件人无论是否只有一个收件人都必须是列表
15   receiver = ["to@qq.com", ]
16
17
18   # 指定消息体使用复合类型
19   message = MIMEMultipart()
20
21   # 发件人显式的名字
22   message["From"] = Header("Python邮件", "utf-8")
23
24   # 收件人显式的名字
25   message["To"] = Header("邮件", "utf-8")
26
27   # 邮件标题
28   message["Subject"] = "Python SMTP 发送邮件"
29
30   # 邮件正文
31   mail_msg = """
32   <p>使用Python发送邮件</p>
33   <br>
34   <p><a href="http://www.baidu.com">这是一个超链接</a></p>
35   """
36
37   message.attach(MIMEText(mail_msg, "html", "utf-8"))
38
39   # 添加附件
40   attached_file = MIMEText(open(__file__, encoding="utf-8").read(),
     "base64", "utf-8")
41   # 指定附件的文件名可以和原先的文件不一样
42   attached_file["Content-Disposition"] = 'attachment;filename="mail.
     py"'
43   message.attach(attached_file)
44
45   try:
46       # 使用QQ企业邮箱服务器发送
47       smtp = smtplib.SMTP_SSL("smtp.exmail.qq.com", 465)
48       # 登录
```

```
49       smtp.login(sender, password)
50       # 发送
51       smtp.sendmail(sender, receiver, message.as_string())
52       print("邮件已发送")
53   except smtplib.SMTPException as e:
54       print("Error! 发送失败", e)
```

如果一切顺利，我们就能收到带上附件的邮件了。

14.2.4　发送图片

前面小节介绍了发送HTML格式的邮件，我们都知道HTML网页可以嵌入诸如图片、视频等元素，那我们是否可以在HTML格式的邮件中嵌入这些内容呢？答案是可以的，但效果不好，因为大部分的邮件客户端和服务商都会屏蔽邮件正文的外部资源，像网页中的图片或者视频、音频等都是外部资源。

那如果我们需要发送图片，该如何实现呢？只需把图片作为附件添加到邮件消息体中，然后在HTML格式的正文中使用src=cid:img1格式嵌入即可。

动手写14.2.4

```
01   #!/usr/bin/env python
02   # -*- coding: UTF-8 -*-
03
04   import smtplib
05
06   from email.mime.text import MIMEText
07   from email.mime.image import MIMEImage
08   from email.mime.multipart import MIMEMultipart
09   from email.header import Header
10
11   # 邮箱用户名
12   sender = "sender@01kuaixue.com"
13   # 邮箱密码
14   password = "01Kuaixue"
15   # 收件人无论是否只有一个收件人都必须是列表
16   receiver = ["to@qq.com", ]
17
18
19   # 采用related定义内嵌资源的邮件体
```

```
20  message = MIMEMultipart("related")
21
22  # 发件人显式的名字
23  message["From"] = Header("Python带图片邮件", "utf-8")
24
25  # 收件人显式的名字
26  message["To"] = Header("邮件", "utf-8")
27
28  # 邮件标题
29  message["Subject"] = "Python SMTP 发送邮件"
30
31  # 邮件正文
32  msg_content = MIMEMultipart("alternative")
33
34  mail_msg = """
35  <p>使用Python发送邮件</p>
36  <br>
37  <p>
38  图片
39  <img src="cid:img1">
40  </p>
41  """
42  msg_content.attach(MIMEText(mail_msg, "html", "utf-8"))
43  message.attach(msg_content)
44
45  # 添加图片
46  with open("test.png", "rb") as f:
47      img1 = MIMEImage(f.read())
48
49  # 定义资源的名字为 img1
50  img1.add_header("Content-ID", "img1")
51  message.attach(img1)
52
53  try:
54      # 使用QQ企业邮箱服务器发送
55      smtp = smtplib.SMTP_SSL("smtp.exmail.qq.com", 465)
56      # 登录
57      smtp.login(sender, password)
```

```
58        # 发送
59        smtp.sendmail(sender, receiver, message.as_string())
60        print("邮件已发送")
61 except smtplib.SMTPException as e:
62        print("Error! 发送失败", e)
```

如果一切顺利，我们就能收到可以显示图片的邮件了。

14.3　接收电子邮件

上一节介绍了如何使用SMTP协议来发送邮件，本节将要介绍如何接收、处理邮件。

接收邮件有两种常用的协议：POP3和IMAP协议。

IMAP和POP3有什么区别？

POP3协议（Post Office Protocol–Version 3，即邮局协议版本3）允许电子邮件客户端下载服务器上的邮件，但是在客户端的操作（如移动邮件、标记已读等）不会反馈到服务器上，比如通过客户端收取了邮箱中的3封邮件并移动到其他文件夹，邮件服务器上的这些邮件不会被同时移动。

IMAP协议（Internet Mail Access Protocol，即Internet邮件访问协议）提供Webmail与电子邮件客户端之间的双向通信，任何在客户端做的改变都会同步到服务器上。在客户端对邮件进行了操作，服务器上的邮件也会进行相应的操作。

同时，IMAP协议像POP3协议一样，提供了方便的邮件下载服务，让用户能够进行离线阅读。IMAP协议提供的摘要浏览功能可以让你在阅读完所有的邮件信息（到达时间、主题、发件人、大小等）后才做出是否下载的决定。此外，IMAP协议能更好地支持在多个不同设备上随时访问新邮件的功能。

不过有的邮件提供商只提供了这两种协议中的一种，下面分别介绍这两种下载邮件的方式。

14.3.1　使用POP3协议下载邮件

使用POP3协议接收邮件比较方便，下面是接收邮件的例子。

动手写14.3.1

```
01 #!/usr/bin/env python
02 # -*- coding: UTF-8 -*-
03
04 import poplib
```

```
05  from email.parser import Parser
06
07  # 登录邮箱的用户名
08  username = "sender@01kuaixue.com"
09  # 登录邮箱的密码
10  password = "01Kuaixue"
11
12  # 连接邮箱服务器
13  pop_server = poplib.POP3_SSL("pop.exmail.qq.com", 995)
14
15  # 打印出邮箱服务器的欢迎文字
16  print(pop_server.getwelcome().decode("utf-8"))
17
18  # 登录邮箱服务器
19  pop_server.user(username)
20  pop_server.pass_(password)
21
22  # 打印出当前账号的状态，第一个返回值为邮件数，第二个返回值为占用空间
23  print("Server stat", pop_server.stat())
24
25  # 获取所有邮件列表
26  resp, mails, octets = pop_server.list()
27  print(mails)
28
29  # 获取最新的一封邮件（序号最大的），邮件索引从1开始计数
30  index = len(mails)
31  resp, lines, octets = pop_server.retr(index)
32
33  msg_content = b'\r\n'.join(lines).decode("utf-8")
34  # 解析出邮件
35  msg = Parser().parsestr(msg_content)
36  # 可以根据邮件索引号直接从服务器删除邮件：
37  pop_server.dele(index)
38  # 关闭连接：
39  pop_server.quit()
```

如果正确连接上服务器并且列出邮件数量，说明我们已经正确使用了POP3协议并收到了邮件。

14.3.2　使用IMAP协议下载邮件

使用IMAP协议下载邮件和使用POP3协议下载邮件的方式基本相同。

动手写14.3.2

```python
01  #!/usr/bin/env python
02  # -*- coding: UTF-8 -*-
03
04  import imaplib
05  import email
06
07  # 登录邮箱的用户名
08  username = "sender@01kuaixue.com"
09  # 登录邮箱的密码
10  password = "01Kuaixue"
11
12
13  # 连接邮箱服务器
14  imap_server = imaplib.IMAP4_SSL("imap.exmail.qq.com", 993)
15
16  # 登录邮箱服务器
17  imap_server.login(username, password)
18
19  print("==============LOG=============")
20  imap_server.print_log()
21  print("=============================")
22
23  # 获取邮箱目录
24  resp, data = imap_server.list()
25  print(data)
26
27  # 选择默认收件箱并打印邮件数量
28  res, data = imap_server.select('INBOX')
29  print(res, data)
30  print(data[0])
31
32   # 获取最新的一封邮件
33  typ, lines = imap_server.fetch(data[0], '(RFC822)')
34
35  # 解析出邮件
```

```
36   msg = email.message_from_string(lines[0][1].decode('utf-8'))
37
38   # 关闭连接：
39   imap_server.close()
```

14.3.3　解析邮件

解析邮件的过程正好和发送邮件时构造邮件的过程相反，只要做相反操作即可。

动手写14.3.3

```
01   #!/usr/bin/env python
02   # -*- coding: UTF-8 -*-
03
04   import poplib
05   from email.parser import Parser
06   from email.header import decode_header
07   from email.utils import parseaddr
08
09   # 登录邮箱的用户名
10   username = "sender@01kuaixue.com"
11   # 登录邮箱的密码
12   password = "01Kuaixue"
13
14   # 连接邮箱服务器
15   pop_server = poplib.POP3_SSL("pop.exmail.qq.com", 995)
16
17   # 打印出邮箱服务器的欢迎文字
18   print(pop_server.getwelcome().decode("utf-8"))
19
20   # 登录邮箱服务器
21   pop_server.user(username)
22   pop_server.pass_(password)
23
24   # 打印出当前账号的状态，第一个返回值为邮件数，第二个返回值为占用空间
25   print("Server stat", pop_server.stat())
26
27   # 获取所有邮件列表
28   resp, mails, octets = pop_server.list()
29   print(mails)
```

```
30  # 获取最新的一封邮件（序号最大的），邮件索引从1开始计数
31  index = len(mails)
32  resp, lines, octets = pop_server.retr(index)
33
34  msg_content = b'\r\n'.join(lines).decode("utf-8")
35  # 解析出邮件
36  msg = Parser().parsestr(msg_content)
37  # 可以根据邮件索引号直接从服务器删除邮件：
38  pop_server.dele(index)
39  # 关闭连接：
40  pop_server.quit()
41
42  def decode_email(s):
43      if not s:
44          return ""
45      value, charset = decode_header(s)[0]
46      if charset:
47          value = value.decode(charset)
48      return value
49
50  # 打印邮件的发件人、收件人和主题：
51
52  mail_from = msg.get("From", "")
53  hdr, mail_from_addr = parseaddr(mail_from)
54  mail_from_name = decode_email(hdr)
55  print("发件人", mail_from_name, mail_from_addr)
56
57  mail_to = msg.get("To", "")
58  hdr, mail_to_addr = parseaddr(mail_to)
59  mail_to_name = decode_email(hdr)
60  print("收件人", mail_to_name, mail_to_addr)
61
62  subject = decode_email(msg.get("Subject", ""))
63  print("主题", subject)
64
65  # 递归解析邮件
66  def decode_mime(msg):
```

```
67      if msg.is_multipart():
68          parts = msg.get_payload()
69          for part in parts:
70              print(decode_mime(part))
71      else:
72          content_type = msg.get_content_type()
73          if content_type in ("text/plain", "text/html"):
74              content = msg.get_payload(decode=True)
75              print(content)
76          else:
77              print("Attachement", content_type)
78
79  decode_mime(msg)
```

解析邮件要比构造邮件烦琐，因为解析邮件需要每时每刻判断消息体的类型和编码，有些时候需要多多尝试才能成功。

 ## 14.4　小结

本章主要介绍了电子邮件的工作原理以及Python编程语言中如何处理电子邮件的相关操作。当前电子邮件主要使用SMTP、IMAP（或POP3）等协议，Python标准库中已经提供了现成的模块供开发人员使用。

>> 第 ⑮ 章

加密解密 《

15.1 加密技术概述

现代互联网中，信息安全与数据保密尤其重要。加密技术能够解决信息安全的问题，它将重要的数据信息通过一定的技术手段转换成乱码数据（加密数据）进行传输，再通过一定的技术手段对乱码数据进行还原（解密数据）。加密技术主要用于加密/解密和签名/验签，目前广泛应用在互联网、区块链、电子商务等领域。加密算法过程涉及很多复杂的数学运算，本章将对加密技术进行介绍，并重点介绍一些常见的加密算法的实际应用。

15.1.1 加密技术介绍

现代密码学出现之前，历史上存在过很多的加密技术，如公元前7世纪的斯巴达加密棒、16世纪数学家卡尔达诺发明的栅格密码、猪圈密码和二战中德军广泛使用的恩尼格玛密码机等。这些传统加密技术都是直接作用在字母、数字上的，而且年代古老，现在已经有了更有效的快速破解方法。计算机科学在二战时的发展促成了更为复杂的密码的产生，它不再受限于书写的文字，可以加密任何二进制形式的数据。然而计算机的发展也让破解工作变得比之前更加容易。1977年美国国家标准局公布了DES（Data Encryption Standard）加密标准，标志着现代密码学的诞生。从那时开始，密码学各类的加密算法应运而生，RSA、SHA、MD5、AES、ECC等加密强度不断提高的加密技术开始出现。

加密算法和密钥是加密技术中两个最重要的元素。加密算法是用于加密和解密的数学函数（通常是两个关联的函数，一个用于加密，一个用于解密）。密钥是加密和解密算法中的一种输入参数，只有特定的通信方才会知道。一个加密系统的安全性在于密钥的保密性，而不是加密算法的保密性。

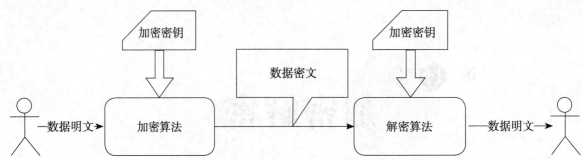

图15.1.1　加密技术中的加密算法和密钥

　　数据传输中会存在三个角色——发送方、接收方和窃听方。窃听方是不被期望能获得传输数据的真实内容的人。发送方先对数据进行加密，接收方收到后再进行解密，这样即使其他人窃听了数据也无法解密。另外，如果窃听方想伪造发送数据，也需要对数据提前进行加密和签名。

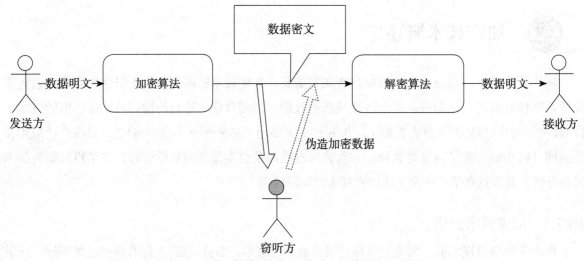

图15.1.2　数据传输过程中的发送方、接收方和窃听方

　　为了进行加密和通信，人们发明了很多公开的算法，如对称算法（加密和解密使用相同的密钥）与非对称算法（加密和解密使用不同的密钥）等。在选择加密算法上，有一个常识就是使用公开的算法，因为一方面这些算法经过了实践的检验，另一方面这样做对破译难度、破译条件和破译时间都有预估。理论上，任何加密技术都可以通过一定的手段进行破解，不同的是破解难度和破解所需要的时间。

　　加密技术可以分为单向加密和双向加密。

　　单向加密算法，是指在加密过程中不使用密钥，将数据加密处理成加密数据，加密数据无法被解密。因为无法通过加密数据反向得到原来的内容，单向加密算法又被称为不可逆加密算法。单向加密算法一般使用哈希算法（Hash值）来生成密文，也被称为哈希加密算法。

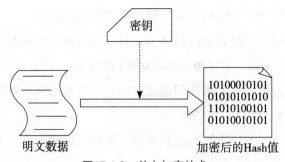

图15.1.3　单向加密技术

单向加密算法一般用于用户密码验证，用户输入明文密码后，经过加密算法处理，将得到的相同加密密码数据在后台系统中进行认证。

根据密钥类型，双向加密算法可以分为对称加密算法、非对称加密算法和数字签名等，下面将对这三个概念进行介绍。

15.1.2　对称加密算法

对称加密算法又称为传统加密算法，是指在数据通信中，发送方和接收方会先协定一个相同的密钥，然后对数据加密和解密使用这一相同的密钥。常见的对称加密算法有DES、3DES、AES、Blowfish、RC4、RC5、RC6等，目前使用最广泛的对称加密算法是AES。

对称加密算法的优点是算法逻辑公开、计算量小、加密速度快，适合对大量数据或文本进行加密。但因为双方都一对一地使用同一个密钥，导致对称加密算法的缺点也很明显，如果要和N方进行通信，要保管N组密钥，维护成本较大，而且任何一方丢失密钥就会导致数据被破解。

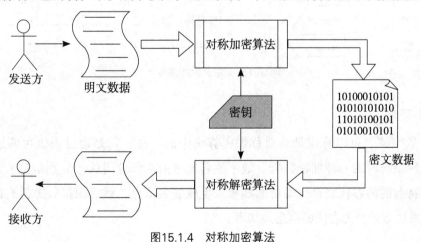

图15.1.4　对称加密算法

15.1.3　非对称加密算法

非对称加密算法也称为公钥加密算法，与对称加密算法不同，非对称算法需要两个密钥——

公共密钥和私有密钥（简称公钥 "Public Key" 和私钥 "Private Key"）。公共密钥与私有密钥是成对出现的，如果用公共密钥对一组数据进行加密，只有使用对应的私有密钥才可以对其解密。因为加密和解密使用了不同的密钥，所以被称为非对称加密算法。

非对称加密算法中，公钥是可以给任何通信方的，只要私钥保管好就能保证加密的安全。常见的非对称加密算法有RSA、ECC、DSA等。

非对称加密算法的优点：使用不同的密钥加密、解密会更加安全，不同的通信方只需要保管一个公钥，维护成本较小。

非对称加密算法的缺点：加密和解密速度慢，甚至会比对称加密算法速度慢1000倍以上，所以只适用于少量数据的加密。

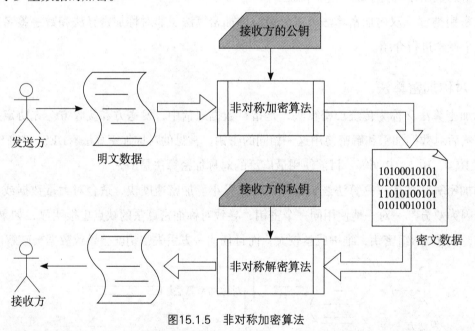

图15.1.5　非对称加密算法

15.1.4　数字签名

本质上，数字签名可以算作是非对称加密算法中的一种，它是通过提供可鉴别的数字信息来验证用户或网站身份的一种加密数据。数字签名通常由两部分组成，分别是签名信息和信息验证。由发送方持有的能够代表自己身份的私钥来生成签名信息，然后由接收方持有的与私钥对应的公钥来验证发送方是否为合法的信息发送者。

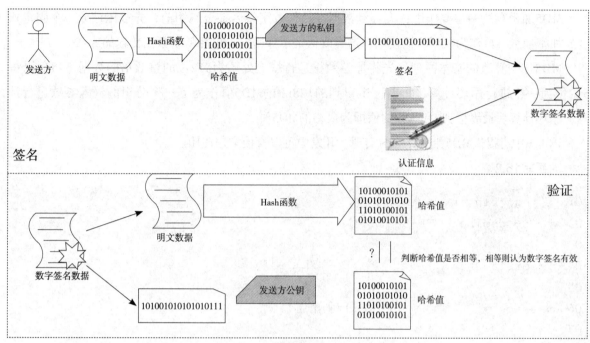

图15.1.6　数字签名与验证

15.2　Python加密技术

本节将对Python中常见的加密技术和实现方法进行介绍，重点介绍各加密技术的基本概念和Python语言中的实现方法，但并没有列出详细的数学推导过程，对严密数学计算过程感兴趣的读者可以自行阅读相关扩展书籍。

15.2.1　使用MD5加密

MD5加密算法（Message-Digest Algorithm 5）可以将任意长度的数据加密并压缩成另一固定长度的数据值（一般为128bit的数据）。

MD5加密算法属于单向加密技术，无法通过加密后的值计算出原始数据，加密过程不可逆，即MD5加密无法被解密。这是因为MD5使用了散列哈希函数，在计算过程中，部分数据信息是丢失的，从原数据计算出MD5值很容易，但是逆向时，一个MD5值会对应多个原数据，所以伪造数据是非常困难的。

一般情况下，不同的原始数据通过MD5加密算法会得到不同的MD5值，但是在极小概率下会存在两份不同的数据经过加密后得到相同的MD5值，这被称为Hash碰撞。在实际应用中，这个概率极小，可以忽略不计。

MD5加密算法的主要作用：大容量数据在用作数字签名签署私钥前，先被压缩成一个固定长度的加密信息，再作为数据传输使用，这样既保证了保密性，也降低了数据传输的成本。

MD5加密算法的基本原理：先将原始数据进行填充处理为512位的整数倍的数据，然后以每512位为一组进行循环计算，将前一组得到的128bit的MD5值作为下一个分组的输入参数进行计算，循环计算后最终得到的128bit的值即为最终的MD5值。

Python中有提供MD5加密算法的实现，开发中可以直接拿来使用。

动手写15.2.1

```
01  #!/usr/bin/env python
02  # -*- coding: UTF-8 -*-
03
04  import hashlib
05
06  message = "零基础Python从入门到精通"
07
08  md5 = hashlib.md5(message.encode())
09  print("%s md5 加密结果是: %s" % (message, md5.hexdigest()))
```

执行结果如下：

零基础Python从入门到精通 md5 加密结果是: 2d7e35cdf655a224c980e0be02918727

因为MD5有不可逆向解密的特性，它被广泛应用于密码验证和数据完整性的验证。在使用时，一般会将新注册用户的密码通过MD5加密后存储到数据库中，当用户登录时，通过验证MD5来检查用户输入密码的正确性。

动手写15.2.2

```
01  #!/usr/bin/env python
02  # -*- coding: UTF-8 -*-
03
04  import hashlib
05
06  class User:
07      def __init__(self, username, password):
08          self.username = username
09          md5 = hashlib.md5(password.encode())
10          self.password = md5.hexdigest()
11
```

```
12      def check_password(self, password):
13          md5 = hashlib.md5(password.encode())
14          if md5.hexdigest() == self.password:
15              return "密码正确"
16          else:
17              return "密码错误"
18
19
20  user = User("01kuaixue", "12345678")
21  print("加密后的密码: ", user.password)
22  print(user.check_password("123456"))
23  print(user.check_password("12345678"))
```

执行结果如下：

```
加密后的密码:  25d55ad283aa400af464c76d713c07ad
密码错误
密码正确
```

虽然MD5具有加密结果不可逆的优点，但是MD5加密算法不是绝对安全的。比如用户设置登录密码的场景：如果密码设置得过于简单，破解者可以通过穷举法（即通过大量的数据逐一尝试）对MD5加密进行暴力破解。目前市面上已经有很多商业化的MD5字典库，其收集了大量原始数据，一般不复杂的密码都可以直接在其中找到原文和加密后的MD5值，使破解更加容易。

开发者不仅需要考虑MD5值的存储安全性，也需要考虑如何使加密过程更加安全。比如最简单的操作是，对MD5数据再次进行MD5加密或使用其他加密方法再处理，这样即使数据泄露，也会加大破解者的破解难度和时间。

动手写15.2.3

```
01  #!/usr/bin/env python
02  # -*- coding: UTF-8 -*-
03
04  import hashlib
05
06  def md5(content):
07      return hashlib.md5(content.encode()).hexdigest()
08
09  message = "零基础Python从入门到精通"
```

```
10   print(message)
11   print("第一次MD5加密", md5(message))
12   print("第二次MD5加密", md5(md5(message)))
```

执行结果如下：

```
零基础Python从入门到精通
第一次MD5加密  2d7e35cdf655a224c980e0be02918727
第二次MD5加密  01290eb8a3ae1892a5351b946176814b
```

15.2.2 使用SHA加密

SHA加密算法（Secure Hash Algorithm）与MD5加密算法类似，也是使用散列哈希函数进行数据加密的。SHA-1产生一个名为报文摘要的160位的输出。报文摘要可以被输入到一个可生成或验证报文签名的签名算法中。对报文摘要进行签名（DES加密算法有三个重要的入参，而不是对报文进行签名）可以提高进程效率，因为报文摘要的大小通常要比报文小很多。数字签名的验证者必须像数字签名的创建者一样，使用相同的散列算法。

动手写15.2.4

```
01   #!/usr/bin/env python
02   # -*- coding: UTF-8 -*-
03
04   import hashlib
05
06   message = "零基础Python从入门到精通"
07
08   sha1 = hashlib.sha1(message.encode())
09   print("%s SHA1 加密结果是: %s" % (message, sha1.hexdigest()))
```

执行结果如下：

```
零基础Python从入门到精通  SHA1  加密结果是: 8b26ba567cae77c2d034d91c47738596
5d68a5fd
```

15.2.3 使用DES加密

DES加密算法（Data Encryption Standard）是一种典型的对称加密算法，通过DES加密算法可以对数据进行加密和解密。DES的密钥长度为8字节（全长为64位，实际参与运算的为56位，分8组，每组最后一位为奇偶校验位，用于校验错误）。

DES加密算法的基本原理：以64位的明文作为一个单位进行加密，这64位单位被称为分组，每个分组内将密钥和明文数据按照一定的规则进行置换和数据位移，从而得到密文。DES加密过程是可逆的，可以通过加密后的密文和密钥逆向运算得到数据原来的明文。

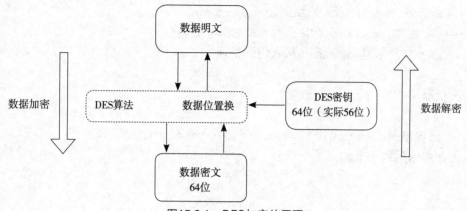

图15.2.1　DES加密的原理

DES加密算法有三个重要的入参，分别为Key、Data和Mode。Key为加密解密时所用的密钥，Data为数据原文，Mode为工作模式（分为加密和解密两种模式）。

Python标准库中没有DES加密的库，不过我们可以使用第三方库"PyCryptodome"来实现。

Linux和 Mac用户可以使用命令安装：

```
pip3 install pycryptodome
```

Windows用户如果使用的是Anaconda提供的Python，那么已经预装了加密库，无须安装任何其他库。

下面使用Python的第三方加密库进行DES加密：

动手写15.2.5

```
01  ®#!/usr/bin/env python
02  # -*- coding: UTF-8 -*-
03
04  from Crypto.Cipher import DES
05  from Crypto import Random
06
07  # 补全8位，必须是8位的倍数
08  def fill_text(msg):
09      to_add = 0
10      if len(msg) % 8 != 0:
11          to_add = 8 - len(msg) % 8
12      return msg + b"\0"*to_add
```

```
13
14  key = b'12345678'
15  iv = Random.new().read(DES.block_size)
16  cipher = DES.new(key, DES.MODE_ECB, iv)
17  plaintext = "零基础Python从入门到精通"
18
19  print("原文：", plaintext)
20
21  msg = cipher.encrypt(fill_text(plaintext.encode()))
22  print("加密后的字节码：", msg)
23
24
25  text = cipher.decrypt(msg)
26  print("解密后的文本：", text.decode())
```

执行结果如下：

```
原文：零基础Python从入门到精通
加密后的字节码： b'\x8d\x1c\xca+\t\x16\xd4d@\xd4o\xc2\xdd&\xb1\xec\
xc1d\x92 \xbb\xb9\x1d\xfb\xd8\x15%-\xd8\xba\xf7\xaa\x93Z\x01\x11\x18\
xef\\\x03'
解密后的文本：零基础Python从入门到精通
```

DES的一大特点就是计算过程简单，加密速度很快，在20世纪70年代时被广泛使用。但是因为DES实际使用了56位的密钥，以目前飞速发展的计算能力在24小时内就能破解，所以DES加密算法不安全，只会在很少的场景中使用，一些严格加密的场景中不建议使用。

15.2.4　使用AES加密

因为DES密钥较简单，容易被破解，在其基础上人们发展出了AES加密算法（Advanced Encryption Standard），它是一种利用区块分组加密的算法。与DES加密算法类似，AES加密算法将数据原文分成相同长度的小组，每次加密一组数据，直到加密完整个数据。AES标准规范了分组长度只能是128位，即每个分组位16个字节。AES加密算法使用的密钥长度可以是128位、192位或256位。常见的AES密钥通常为128位，密钥长度越长，破解难度越大，但同时也意味着加密和解密速度变慢。

AES加密算法的加密过程涉及四个计算步骤，分别是替换字节、行移位、列混排和轮密钥加密，整个加密过程中会不断迭代重复上述四个步骤（解密过程即上述加密步骤的逆向运算）。AES加密算法内部实现较为复杂，下面给出算法过程简图。

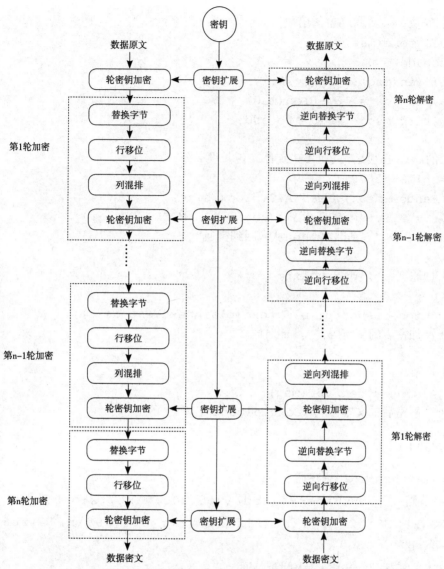

图15.2.2 AES加密算法的加密和解密算法过程简图

AES加密算法的加密和解密步骤中多次轮换使用密钥进行多重加密，由初始密钥经过每次迭代扩展算法计算得出。

动手写15.2.6

```
01  #!/usr/bin/env python
02  # -*- coding: UTF-8 -*-
03
04  from Crypto.Cipher import AES
05  from Crypto import Random
06
```

```
07   # 补全16位，必须是16位的倍数
08   def fill_text(msg):
09       to_add = 0
10       if len(msg) % 16 != 0:
11           to_add = 16 - len(msg) % 8
12       return msg + b"\0"*to_add
13
14   # AES的key 必须是 16、24 或者32位长度
15   key = b'12345678'
16   iv = Random.new().read(AES.block_size)
17   cipher = AES.new(fill_text(key), AES.MODE_ECB, iv)
18   plaintext = "零基础Python从入门到精通"
19
20   print("原文: ", plaintext)
21
22   msg = cipher.encrypt(fill_text(plaintext.encode()))
23   print("加密后的字节码: ", msg)
24
25
26   text = cipher.decrypt(msg)
27   print("解密后的文本: ", text.decode())
```

执行结果如下：

```
原文：零基础Python从入门到精通
加密后的字节码： b'\x0fg\x04\xdd/\x15\xee,y\xb7\x8e\xfa\xec\x82{3\
xf07{,5$\x90F8\x00\t-\x9c\x13\x8b\x9c\xf1\x99\xf44\xb8{-\xdf\
x8a%):*:e\xe2'
解密后的文本：零基础Python从入门到精通
```

15.2.5   使用RSA加密

RSA加密算法，是由三个发明者的名字简写构成（三人分别是Ron Rivest、Adi Shamir、Leonard Adleman），是一种非对称加密算法，它是根据"大质数乘积难以因式分解"的数学原理设计的。使用之前，首先生成一对密钥，分别是公钥和私钥，它们遵循"一个密钥加密的内容可以被另一个密钥解密"的原则，在使用时，将其中一个密钥私自持有作为私钥，另一个密钥则公开提供给他人作为公钥使用。

RSA加密算法中，被公钥加密的数据只能被对应的私钥解密；同样，被私钥加密的数据也只能被公钥解密。公钥和私钥只是对两种密钥的使用场景和是否对外公开来区分的，本质上密钥内容

区别并不大。

动手写15.2.7

```python
01  #!/usr/bin/env python
02  # -*- coding: UTF-8 -*-
03
04  from Crypto.Cipher import PKCS1_OAEP
05  from Crypto.PublicKey import RSA
06  from Crypto import Random
07
08  random_generator = Random.new().read
09
10  # 生成RSA密钥对
11  new_rsa = RSA.generate(1024, random_generator)
12
13  # 导出私钥用户可以保存下来多次使用
14  private_pem = new_rsa.exportKey()
15  print("private key:")
16  print(private_pem)
17
18  # 导出公钥用户可以保存下来多次使用
19  public_pem = new_rsa.publickey().exportKey()
20  print("public key:")
21  print(public_pem)
22
23  def encrypt(pub_key, msg):
24      rsa = RSA.importKey(pub_key)
25      cipher = PKCS1_OAEP.new(rsa)
26      return cipher.encrypt(msg)
27
28  def decrypt(priv_key, msg):
29      rsa = RSA.importKey(priv_key)
30      cipher = PKCS1_OAEP.new(rsa)
31      return cipher.decrypt(msg)
32
33  plaintext = "零基础Python从入门到精通"
34  print("原文: ", plaintext)
35
36  msg = encrypt(public_pem, plaintext.encode())
```

```
37  print("加密后的字节码: ", msg)
38
39  text = decrypt(private_pem, msg)
40  print("解密后的文本: ", text.decode())
```

执行结果如下：

```
private key:
b'-----BEGIN RSA PRIVATE KEY-----\nMIICXQIBAAKBgQCsl64FlgfHJTDzAwewK
mdBLegFwrxBK5JMlyFl39AXmjsvcxfy\noEmp3r6gORpwaASgDLegyOUur9bcwyYQ0XM
WVgRVI0c80UbXGQthhkUGtYJWkN2t\n3W1G+aDNoaUnUESsLqKUMr8e0jsNVbyLmp3yb
kZHO8sx4w+jFCnc1MD5PQIDAQAB\nAoGAGo/FYmqyi713iQ7AUiZUeb185dYQbt8rxsn
DhBAr0FYWIblOyDJO4+u53qKr\nJP19KLyMThxc2RCKurL12sTBNz+7dEvZw6TSzNzgu
Y5mJJLz/JRogzGQiA6ORZ9k\nQndR3j9nBcBIKLtqJYrJpSzhitrE4d+tBm3pZED4o5V
rNqkCQQC9RL7S+Xcng0zM\nMCbUAahqROPv5Y6tH8my4fASF4hSzdikcQTj8HXl67vkr
1xdvd3l6viBRndqtfa5\nV3OroHiXAkEA6XHEHrTVsIEMUESaaFv2wmsYkH6AtApwws2
VFEB22M3yhiaqydww\nHe8l3OTHG89iwE39vyp35T4NwrZGFOcjSwJBALOgKNKlu7YeY
KZxFIikwieJFiK5\nZL1dq9k/oM4q01By2CbItHF35wy8u2gAHdNBvPTWGd7m97Ko22
1vV/IMrCUCQQDV\nvUFpL/97pRyGHdoWdSVg6zfJjNoAfpKx+hNmQIPQi/hjVeIIAt/
XeJB9SMb5Mo/j\nLUWIk7TFI2TsA4H1P5AzAkBPAz2VfuukXpSqXuBtpzLEnu6+TRLtf
BbsaVdkc+TJ\n1TKbWb0SFCj8RNmZW8q4oKwCbSzHAIGbQ2cVjzLEiJ3m\n-----END
RSA PRIVATE KEY-----'
public key:
b'-----BEGIN PUBLIC KEY-----\nMIGfMA0GCSqGSIb3DQEBAQUAA4GNADCBiQKBg
QCsl64FlgfHJTDzAwewKmdBLegF\nwrxBK5JMlyFl39AXmjsvcxfyoEmp3r6gORpwaA
SgDLegyOUur9bcwyYQ0XMWVgRV\nI0c80UbXGQthhkUGtYJWkN2t3W1G+aDNoaUnUES
sLqKUMr8e0jsNVbyLmp3ybkZH\nO8sx4w+jFCnc1MD5PQIDAQAB\n-----END PUBLIC
KEY-----'
```
原文：零基础Python从入门到精通
加密后的字节码：
```
b"\xa2A\x8a\xa6\tZ\xc4\xb2\rC\xce98\x0f$\xe0w\x98\x80\x05\xb8\xda\
xf7\xadh\x82\xe5'\x83\x17\x07\xbf\xe1\x002\x99.\xa3)\xeak\xa2(6\x16\
x1b4\xf2\r\xba\xe5)w\xf7j#\x94\xe5S\xfbx\xfd\xf1\xc6\x12\xaas\x8dq\
x12\x95\x8e\x02>J6\xcad\xf7\xf7=\xd2\xafx\x80\xfc\xaf\x07DX\xb2\xeb)\
xefM\xe7\xac\xc4\x0b\xdd\xb0\x01W\xc7F\x05q\xe8\xcatC\x11\xdf\xf6\
xc3f\x7fh\x98\x00y7jR\xe8\x94\xa4x"
```
解密后的文本：零基础Python从入门到精通

15.3 **加密技术使用场景**

15.3.1 密码存储

当今互联网各大网站和APP的登录都需要用户输入密码，通常用户在注册登录时，会先输入密码，后台对于用户密码存储的保护通常是通过对密码进行加密实现的。网站将用户密码加密后的密文存储在数据库中，在用户登录时，将输入的密码进行加密，然后与数据库中存放的密码密文进行对比，以验证用户输入密码是否正确。

考虑一种场景：如果两个或多个人的密码相同，那么通过相同的密码加密得到的密文就会是相同的结果，此时如果被破解了一个密码，那么可以认为多个人的密码被同时破解了，此时是很危险的。针对这种情况，加密技术中可以使用"加盐"的方式来防范上述问题。

"加盐"是指对用户自定义密码中加入其他成分（如系统当前时间戳，或是随意生成的哈希值），用来增加密码的复杂度。把密码原文和加入的"盐"结合后再进行加密，这样可以大概率地避免加密后密文重复的问题。

在实际使用时，"盐"也是要存储在数据库中，用来反复校验用户登录时输入的密码正确与否的，感兴趣的读者可以自行查阅加盐加密技术相关文档。

15.3.2 base64加密

base64加密编码让二进制数据可以通过非8-bit的数据传输层进行数据传入，例如电子邮件信息。Base64-encoded数据会比原始数据少占用33%左右的存储空间。Python标准库内置了base64加密的方法，大大方便了开发工作。

动手写15.3.1

```
01  #!/usr/bin/env python
02  # -*- coding: UTF-8 -*-
03
04  import base64
05
06  message = "零基础Python从入门到精通"
07
08  msg = base64.b64encode(message.encode())
09
10  print("原文: ", message)
11  print("base64 编码后的结果是: ", msg)
12
13  text = base64.b64decode(msg)
14  print("base64 解码后的文本: ", text.decode())
```

执行结果如下：

原文：零基础Python从入门到精通
base64 编码后的结果是： b'6Zu25Z+656GAUHl0aG9u5LuO5YWl6Zeo5Yiw57K+6YCa'
base64 解码后的文本：零基础Python从入门到精通

 **小结**

本章介绍了编程领域里常见的信息加密技术，介绍了单向加密算法、对称加密算法、非对称加密算法和数字签名的基本概念和思想，对Python中MD5、SHA、DES、AES、RSA和base64等加密和解密的经典算法进行了详细的介绍，最后总结了常见的加密场景，强调了在现代互联网中加密技术对于信息安全尤其重要。

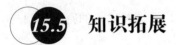 **知识拓展**

本章的知识拓展会介绍不同时期的密码存储方式，透过历史看密码加密技术的升级和演进。

15.5.1 密码学之父

"密码"这一概念并不新奇，它的应用也非常广泛，例如我们登录微博、微信、邮箱账户时，都需要输入密码。事实上，密码已经存在了几个世纪，在罗马时期就有所记载，罗马军方通过使用密码（暗号）作为区分朋友和敌人的方式。

从本质上讲，密码是一种简单的保护信息的方法。费尔南多·科巴托（Fernando Corbató）是现代计算机密码的教父，在20世纪60年代中期领导了CTSS项目，将"密码"这一想法引入计算机科学。他在麻省理工学院（MIT）工作期间，开发了一个巨大的兼容分时系统（CTSS），所有研究人员都可以访问，但是他们共享同一个主机和磁盘文件；为了确保每个人的文件都有私密性，费尔南多·科巴托开发了"密码"的概念，使用户只能访问他们自己的特定文件。

15.5.2 万维网的发展

随着万维网在20世纪90年代爆炸式地增长，越来越多人开始使用互联网，在此过程中创建了大量敏感数据和信息。网站为每个用户分配账户，用户通过用户名和密码登录账户，才有权限访问和操作自己的资源和信息。

网站将用户的密码存储在数据库中，用户登录时通过数据库进行检索和校验，数据库中存储的是用户的真实密码——计算机中通常叫作明文密码。明文密码这个设计思路，一直被各大网站所采用。

2011年，包括天涯、世纪佳缘、珍爱网、美空网、百合网在内的众多知名网站的密码泄露，先后有CSDN600万用户密码泄露，这就是著名的"密码外泄门"，其中部分密码以明文方式显示。明文密码存储方式高效，但却不安全，数据库一旦被黑客窃取，用户的真实密码也随之暴露。

15.5.3　Hash在密码学的应用

密码学家罗伯特·莫里斯（Robert Morris Sr.）在20世纪70年代为贝尔实验室工作，设计了"哈希"（Hashing），即将一串字符转换为代表原始短语的数字代码的过程，这种转换过程是一种压缩映射，即散列值的空间通常远小于输入的空间。不同的输入可能会散列成相同的输出，所以不可能从散列值来确定唯一的输入值。Hashing在早期的类Unix操作系统中被采用，这种操作系统目前在移动设备和工作站中被广泛使用。例如，Apple的Mac OS使用Unix，而PlayStation 4则使用类似Unix的操作系统Orbis OS。

由于Hash散列不具有可逆性，所以Hash在密码数据库中有很好的应用价值。对用户密码进行Hash散列，再存入数据库中，已经成为网站密码存储的主流方式。

15.5.4　加盐算法

Hash散列解决了明文密码泄露的安全问题，因此黑客开始盯上Hash碰撞问题。

一个网站假设使用MD5方式进行密码散列，A用户在网站中注册了自己的账号，他提交的注册信息中的密码为"admin"，那么实际存到数据库中的密码为"21232F297A57A5A743894A0E4A801FC3"。B用户在注册时，使用了和A用户相同的密码，B将自己的用户名和密码提交给后台的服务器，服务器会存储一样的密码"21232F297A57A5A743894A0E4A801FC3"。这就产生了新的安全问题——对于相同的明文密码，Hash后的值也会相同。

黑客之前窃取了大量的明文密码，将这些密码全部进行Hash散列，得到一组新的密码表，在网络安全中被称作彩虹表。彩虹表中存储了Hash加密后的值，以及对应的原始明文密码。如果一个网站的数据库使用了Hash加密，当数据库泄露时，黑客只需要通过彩虹表和目标数据库进行对比，就可以反向查找到用户真实的密码。

为了解决彩虹表的问题，现代密码数据库引入了加盐算法，使用"salting"来进一步加密密码，即先在密码中插入随机数据，然后再对结果字符串进行哈希处理。

第 16 章
网络编程

16.1 计算机网络介绍

16.1.1　OSI七层模型

　　OSI（Open System Interconnect，即开放系统互联参考模型）是国际标准化组织（ISO）和国际电报电话咨询委员会（CCITT）联合制定的。OSI采用了分层的结构化技术，共分为七层，从下至上分别是：物理层、数据链路层、网络层、传输层、会话层、表示层和应用层。值得注意的是，OSI七层模型只是一种理论模型，而下文要讲的TCP/IP模型，则是已经被网络互联所广泛采用的方案。理解OSI七层模型，对于理解网络传输的关系会有很大的帮助。

应用层
表示层
会话层
传输层
网络层
数据链路层
物理层

图16.1.1　OSI七层模型

◇ 物理层：OSI模型的最底层，通过传输媒介起到的物理连接作用，如光纤、同轴电缆等，传输的是比特流。

◇ 数据链路层：主要作用是建立和拆除数据链路以及对数据进行差错校验，将物理层的比特信息封装成数据帧，常见的设备有交换机等。我们常说的MAC地址就是在这一层上。

◇ 网络层：建立网络链接，为上层提供服务，主要作用有路由选择，可以在一个数据链路上使用多个网络链接，进行流量管理等，常见的设备有路由器。我们常说的IP地址就是在这一层上，其传输的数据的单位为数据包。

◇ 传输层：接收上一层的数据，在必要的时候对数据进行分割，然后交给网络层，并且保证数据能到达有效对端。传输层建立端口到端口的通信，TCP和UDP工作都在这一层上。

◇ 会话层：定义了如何开始、控制和结束一个会话，管理主机之间的会话进程。下文要说的SSH是这一层比较典型的应用。

◇ 表示层：定义了数据的加密、压缩、格式转换等，向上对应用层提供服务，向下接收来自会话层的服务。对上层数据或信息进行变换以保证一个主机应用层信息可以被另一个主机的应用程序理解。

◇ 应用层：为操作系统或网络应用程序提供访问网络服务的接口，一般的Web开发都是基于应用层的开发，常见的HTTP便是这一层的协议。

16.1.2　TCP/IP协议介绍

TCP/IP英文全称为"Transmission Control Protocol / Internet Protocol"，翻译过来就是"传输控制协议/因特网互联协议"，又叫作"网络通信协议"，是Internet中最基本的协议。计算机之间互相通信就需要遵从这个协议。TCP/IP协议定义了我们的电子设备是如何接入互联网以及是如何传输的。

图16.1.2　OSI模型和TCP/IP模型的对应关系

OSI模型和TCP/IP模型对应关系如图16.1.2所示，TCP/IP的应用层对应了OSI模型的应用层、表示层和会话层，TCP/IP的传输层对应了OSI模型的传输层，TCP/IP的网络层对应了OSI模型的网络层，TCP/IP的网络接口层对应了OSI模型的数据链路层和物理层。其作用不再赘述。

16.1.3　什么是IP地址?

目前，IP协议被广泛使用，究其原因在于IP具有介质无关性，因为TCP/IP协议栈已经表示了通向下面物理层和数据链路层的网络接口。这样，IP就可以在几种不同的介质技术组成的网络架构上

进行操作。对于每台计算机而言，一个网络接口对应一个IP地址。

目前IP地址有两种——IPv4地址和IPv6地址，由于IPv4使用32bit表示IP地址，在理论上只能提供2^{32}个不同的主机地址（事实上，这个数量由于一些历史原因，还要更少），所以IPv6地址将会逐步取代IPv4。不过由于目前还是以IPv4为主流，本章重点介绍的还是IPv4地址。

IPv4地址被分为A、B、C、D、E五类，下面是每一类对应的IP地址的范围。

A类地址范围：1.0.0.1到126.255.255.254

B类地址范围：128.0.0.1到191.255.255.254

C类地址范围：192.0.0.1到223.255.255.254

D类地址范围：224.0.0.1到239.255.255.254

E类地址范围：240.0.0.1到255.255.255.255

乍一看似乎看不出什么规律，但它其实是按照IP地址首字节（8位）的最高位为1的个数进行划分的，也就是：

A类地址范围：0xxxxxxx

B类地址范围：10xxxxxx

C类地址范围：110xxxxx

D类地址范围：1110xxxx

E类地址范围：11110xxx

这五类地址中，A、B、C三类地址用作单播地址，也就是用于单个信源到单个目的的通信，D类地址是为IP组播应用保留的，E类地址是为实验保留的。

特殊的是，单播地址中又有地址块被另外保留下来，作为私有地址使用，也就是不能与公共的Internet进行连接。以下地址被规定为私有地址：

10.0.0.0到10.255.255.255

172.16.0.0到172.31.255.255

192.168.0.0到192.168.255.255

讲完了IPv4的地址分类后，再简单介绍一下IP地址的构成：前8位，即首字节，用于标示网络的ID。后24位，用于表示主机ID。比如1.0.0.1和2.0.0.1表示不在同一网段内的不同主机，因为其前8位不一样；而1.0.0.2和1.0.0.3则表示了在同一网段的不同主机。其中除去表示网络ID的字节，剩余表示主机ID的字节如果是全0和全1的话，则分别表示的是网络地址和广播地址。在计算一个网段内能有多少不同主机的时候，需要减去2，即网络地址和广播地址。

16.1.4 什么是子网掩码?

上一小节介绍了IP地址的分类，这样的分类会造成一个问题。比如，一个组织内总共有两台主机，主机A的IP地址为10.0.0.1，主机B的IP地址为10.0.0.2，除去前8位表示网络ID，后24位中一共可以表示2^{24}–2台主机，但因为只有两台主机，所以浪费了大量的IP资源。为解决这一问题，人们提出了子网掩码的概念。

子网掩码的技术其实就是用主机ID的位数来标示网络ID，从而对IP地址进行更细的分类。通常用1表示网络位，用0表示主机位，比如192.168.1.0 和255.255.255.0，有的时候会用192.168.1.0/24来表示，其中"24"表示子网掩码中1的个数。

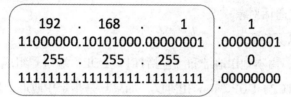

图16.1.3　IP和子网掩码对应关系

16.1.5　域名

一般情况下，IP地址比较难记，因此产生了域名以方便用户进行记忆。域名在我们的生活中很常见，域名常见的格式如www.01kuaixue.com所示，其中包含了三部分内容：

◇ www：主机名，表示该域名中的某一台主机。

◇ 01kuaixue：域名。

◇ com：表示域名类型，常见的有com、net、org、edu等。

每个部分使用"."进行分割。

我们在浏览器地址栏中输入一个网址，如果想要将域名和IP对应起来，则需要通过DNS域名解析。具体解析过程我们不做深究。

 16.2 **Python底层网络模块**

上一节介绍了计算机网络的基本概念，后面的小节将会介绍网络编程。Python的标准库中提供了很多网络相关的模块，有底层的socket模块，也有和HTTP相关的模块，前面章节介绍的电子邮件也算是标准库中与网络相关的模块。

16.2.1　Socket简介

计算机网络编程都离不开一个基本的组件：套接字（Socket）。

操作系统通常会为应用程序提供一组应用程序接口（API），也称为套接字接口（Socket API）。应用程序可以通过套接字接口来使用网络套接字，以进行数据交换。最早的套接字接口来自于4.2 BSD，现代常见的套接字接口大多源自Berkeley套接字（Berkeley Sockets）标准。

套接字接口以IP地址及通信端口组成套接字地址（Socket Address）。远程的套接字地址和本地的套接字地址完成连线后，再加上使用的协议（Protocol），这个五元组（Five-element Tuple，来源IP、目的IP、来源端口、目的端口和协议）作为套接字对（Socket Pairs）就可以彼此交换数据了。例如，在同一台计算机上，TCP协议与UDP协议可以同时使用相同的port而互不干扰。操作系统可以根据套接字地址决定应该将数据送达的特定的进程或线程。这就像是电话系统中，以电话号码加上分机号码来决定通话对象一般。

详细的网络接口有以下特征：

（1）本地接口地址，由本地IP地址和（包括TCP、UDP）端口号组成。

（2）传输协议，如TCP、UDP、Raw IP协议，如果只是指定IP地址，那么TCP 53与UDP 53不是一个接口。

套接字本质上是操作系统提供的一种进程间通信机制，使主机间或者一台计算机上的进程间可以通信。在Python中，大多数网络模块都隐藏了socket模块的基本细节，用户在调用网络库的时候可以不直接和套接字交互。但是Python官方库还是提供了socket模块来允许用户操作许多底层的套接字接口。

16.2.2　socket模块

标准库中的socket模块提供了对底层BSD套接字样式网络的访问。使用socket模块可以实现客户机和服务器之间的套接字。在Python中使用socket模块包含的函数和类定义可以生成通过网络通信的程序。

套接字格式：socket(family, type[,protocal])。使用给定的套接族、套接字类型、协议编号（默认为0）来创建套接字。

family参数指定调用者期待返回的套接字接口地址结构的类型。常见的可以使用的是AF_UNIX、AF_INET、AF_INET6和AF_UNSPEC。AF_UNIX用于同一台机器上的进程通信（Windows不支持）。AF_INET表示使用IPv4通信，不能返回任何IPv6相关的信息。AF_INET6表示使用IPv6通信，不能返回任何IPv4相关的信息。AF_UNSPEC表示函数返回的是适用于指定主机名和服务名并且适合任何协议族的地址，可能是IPv4也可能是IPv6，依赖于通信的时候使用的是何种IP地址协议。

type参数指定套接字类型。常见的有SOCK_STREAM、SOCK_DGRAM和SOCK_RAW。可以根据是面向连接还是非连接分为SOCK_STREAM（对应TCP协议）或SOCK_DGRAM（对应UDP协议），或者使用原始套接字，普通的套接字无法处理ICMP、IGMP等网络报文，而SOCK_RAW可以。SOCK_RAW可以处理特殊的IPv4报文。此外，利用原始套接字，可以通过IP_HDRINCL套接字选项由用户构造IP头。

protocol参数一般不填，默认为0。

创建TCP Socket：

```
sock = socket.socket(socket.AF_INET, socket.SOCK_STREAM)
```

创建UDP Socket：

```
sock = socket.socket(socket.AF_INET, socket.SOCK_DGRAM)
```

创建完Socket后会获得.socket.socket对象。这个时候只是建立了socket对象，还没有进行真正的网络通信。

如果是在服务端建立TCP或者UDP监听用户的请求，则需要将socket对象绑定到指定的地址上，使用socket.bind(address)来绑定。有一点需要注意的是，bind方法的address参数必须是一个包含两个元素的元组（hostname, port）的形式。如果端口号被其他进程或者服务使用，就会引发socket.error错误：

```
sock.listen(("127.0.0.1", 999))
```

绑定地址和端口号之后就可以开始监听，以便接收请求：

```
sock.listen(backlog)
```

blacklog参数用于指定最多连接数，至少为0，小于0的都会被设置成0。如果没有指定（Python 3.5开始，backlog参数不再是必须的参数），系统会自动选取一个其认为合理的值。接收到连接请求之后，这些请求在被关闭之前都必须排队，如果队列满了就会被拒绝请求。

在调用listen方法之后就可以使用socket对象的accept方法等待客户请求连接了：

```
connection, address = socks.accept()
```

调用accept方法的时候，socket对象会进入阻塞状态。当客户请求连接时，accept方法建立连接并返回给connection和address变量。accept方法发挥两个元素，第一个（connection）是新的socket对象，用于标识出服务器和哪个客户端连接进行通信；第二个（address）是客户端连接到服务器的网络地址。

在收到connection和address之后，服务端就可以使用接收到的socket对象connection变量来接收和发送数据了。服务器端和客户端都可以调用recv方法来接收数据，调用send方法来发送数据。传输结束后，服务器和客户端都需要对socket对象调用close方法用以关闭连接。

16.2.3 socket对象方法

socket对象提供了许多与底层网络相关的方法（假设s为socket对象）。本小节介绍大部分常用的socket对象方法。

1. 服务端可以使用的方法

（1）s.bind()：绑定地址(host,port)到套接字。在AF_INET下，以元组(host,port)的形式表示地址。

（2）s.listen()：开始TCP监听。backlog指定在拒绝连接之前，操作系统可以挂起的最大连接数量。

（3）s.accept()：被动接受TCP客户端连接，（阻塞式）等待连接的到来。

2. 客户端可以使用的方法

（1）s.connect()：主动初始化TCP服务器连接，一般address的格式为元组(hostname,port)，如果连接出错，返回socket.error错误。

（2）s.connect_ex()：connect()函数的扩展版本，出错时返回出错码，而不是抛出异常。

3. 公共用途的方法

（1）s.recv()：接收TCP数据，数据以字符串形式返回，bufsize指定要接收的最大数据量。flag提供有关消息的其他信息，通常可以忽略。

（2）s.send()：发送TCP数据，将string中的数据发送到连接的套接字。返回值是要发送的字节数量，该数量可能小于string的字节大小。

（3）s.sendall()：完整发送TCP数据。将string中的数据发送到连接的套接字，但在返回之前会尝试发送所有数据。成功返回None，失败则抛出异常。

（4）s.recvfrom()：接收UDP数据，与recv()类似，但返回值是(data,address)。其中data是包含接收数据的字符串，address是发送数据的套接字地址。

（5）s.sendto()：发送UDP数据，将数据发送到套接字，address是形式为(ipaddr,port)的元组，指定远程地址。返回值是发送的字节数。

（6）s.close()：关闭套接字。

（7）s.getpeername()：返回连接套接字的远程地址。返回值通常是元组(ipaddr,port)。

（8）s.getsockname()：返回套接字自己的地址。通常是一个元组(ipaddr,port)。

（9）s.setsockopt(level,optname,value)：设置给定套接字选项的值。

（10）s.getsockopt(level,optname [,buflen])：返回套接字选项的值。

（11）s.settimeout(timeout)：设置套接字操作的超时期，timeout是一个浮点数，单位是秒，值为None时表示没有超时期。一般超时期应该在刚创建套接字时设置，因为它们可能用于连接的操作（如connect()）。

（12）s.gettimeout()：返回当前超时期的值，单位是秒，如果没有设置超时期，则返回None。

（13）s.fileno()：返回套接字的文件描述符。

（14）s.setblocking(flag)：如果flag为0，则将套接字设为非阻塞模式，否则将套接字设为阻塞模式（默认值）。非阻塞模式下，如果调用recv()没有发现任何数据，或调用send()无法立即发送数据，那么将引起socket.error异常。

（15）s.makefile()：创建一个与该套接字相关联的文件。

 ## 16.3　TCP编程

前面小节介绍了socket对象的常见方法和使用步骤，socket是网络编程中一个抽象的概念。本节将会以一组TCP客户端和服务端作为例子，为读者展示实际应用中简单的socket网络编程。

16.3.1　客户端

当我们使用浏览器打开网页的时候，浏览器就是一个客户端，浏览器也会创建socket对象并主动向所访问的网站服务器发起连接。如果一切顺利，访问的网站服务端接受了我们的连接，说明TCP连接建立起来了，之后我们就可以发送相关的内容了。

要建立一个基于TCP的socket，首先要创建相关的socket对象：

动手写16.3.1

```
01  #!/usr/bin/env python
02  # -*- coding: UTF-8 -*-
03
04  import socket
05
06  sock = socket.socket(socket.AF_INET, socket.SOCK_STREAM)
```

这和前一小节介绍的socket对象一样，使用socket.socket创建socket对象，我们指定使用IPv4（socket.AF_INET）和TCP（socket.SOCK_STREAM）。这时候我们仅仅创建了socket对象，但是还没有建立连接。

如果要建立TCP连接，我们还必须知道服务端的地址和端口号。一般情况下HTTP使用的都是80端口（HTTP协议是基于TCP协议的一种应用层协议）。服务端的地址可以使用域名来代替，系统会帮我们把域名转换成IP地址。

这里以连接百度网站作为示例：

动手写16.3.2

```
01  #!/usr/bin/env python
02  # -*- coding: UTF-8 -*-
```

```
03
04  import socket
05
06  sock = socket.socket(socket.AF_INET, socket.SOCK_STREAM)
07
08  sock.connect(("www.baidu.com", 80))
```

如果建立失败，程序会抛出socket.error错误。注意connect方法需要传入一个包含网络地址和端口号的元组。

建立连接之后就可以发送数据了，使用send方法发送数据。这里我们模拟浏览器发送一个HTTP请求。

动手写16.3.3

```
01  #!/usr/bin/env python
02  # -*- coding: UTF-8 -*-
03
04  import socket
05
06  sock = socket.socket(socket.AF_INET, socket.SOCK_STREAM)
07
08  sock.connect(("www.baidu.com", 80))
09
10  sock.send(b"GET / HTTP/1.1\r\nHOST: www.baidu.com\r\nConnection:
    close\r\n\r\n")
```

由于HTTP协议本身相对复杂，篇幅所限，此处就不展开讨论HTTP协议本身了。若发送完没有发生任何错误，我们就能接收数据了。

动手写16.3.4

```
01  #!/usr/bin/env python
02  # -*- coding: UTF-8 -*-
03
04  import socket
05
06  sock = socket.socket(socket.AF_INET, socket.SOCK_STREAM)
07
08  sock.connect(("www.baidu.com", 80))
09
10  sock.send(b"GET / HTTP/1.1\r\nHOST: www.baidu.com\r\nConnection:
    close\r\n\r\n")
11
12  buffer = []
```

```
13  while True:
14      content = sock.recv(1024)
15      if content:
16          buffer.append(content)
17      else:
18          break
19  web_content = b"".join(buffer)
20  print(web_content)
```

接收数据的时候调用socket对象的recv方法，需要注意的是，数据并不能一次性全部接收完。TCP协议传递的是一种流数据，在调用recv方法的时候可以指定一次接收多少字节数据，1024代表接收1kb的数据。当recv返回空的时候代表数据接收完毕（HTTP协议和其他TCP协议的交互过程十分复杂，这里简化了操作，认为无返回就是接收完毕，实际要视真实网络情况而定）。

我们可以把接收到的数据保存成以".html"为后缀的文件，并用浏览器打开查看效果。

动手写16.3.5

```
01  #!/usr/bin/env python
02  # -*- coding: UTF-8 -*-
03
04  import socket
05
06  sock = socket.socket(socket.AF_INET, socket.SOCK_STREAM)
07
08  sock.connect(("www.baidu.com", 80))
09
10  sock.send(b"GET / HTTP/1.1\r\nHOST: www.baidu.com\r\nConnection: close\r\n\r\n")
11
12  buffer = []
13  while True:
14      content = sock.recv(1024)
15      if content:
16          buffer.append(content)
17      else:
18          break
19  web_content = b"".join(buffer)
20
21  # 分割http协议头，保存的html文件不包含http协议头
```

```
22  http_header, http_content = web_content.split(b"\r\n\r\n", 1)
23
24  with open("baidu.html", "wb") as f:
25        f.write(http_content)
```

16.3.2 服务端

上一小节介绍了一个简单的连接百度客户端的案例，本小节将会介绍一个简单的服务端。和客户端相比，服务端要复杂不少。

创建一个TCP服务端和客户端一样，也需要先创建一个socket对象。

动手写16.3.6

```
01  #!/usr/bin/env python
02  # -*- coding: UTF-8 -*-
03
04  import socket
05
06  sock = socket.socket(socket.AF_INET, socket.SOCK_STREAM)
```

创建socket对象的方法和客户端一模一样。

接下来服务端需要绑定监听的IP地址和端口。用户可以从网上查阅相关资料了解本机的IP地址，也可以使用"0.0.0.0"这个特殊地址来监听本机上的所有IP地址，亦可以使用"127.0.0.1"这个特殊地址来监听。需要注意的是，监听"127.0.0.1"意味着这个服务端只能被本机上的客户端访问，而不能被别的计算机访问。上一小节连接百度客户端使用的是80端口，服务端也需要监听相同的端口号，才能被正常连接上。为了不和已经开启的应用程序服务监听的端口号发生冲突，这里以2018端口号作为示例：

动手写16.3.7

```
01  #!/usr/bin/env python
02  # -*- coding: UTF-8 -*-
03
04  import socket
05
06  sock = socket.socket(socket.AF_INET, socket.SOCK_STREAM)
07
08  sock.bind(("0.0.0.0", 2018))
```

如果端口被占用，系统会抛出OSError错误，并出现类似"OSError: [WinError 10048]通常每个套接字地址(协议/网络地址/端口)只允许使用一次"的错误信息（不同操作系统信息可能不一样，但是含义一样）。碰到这种错误就需要更换2018端口号了。

　　绑定端口之后就可以使用"listen"监听端口了。这里假设服务端支持同时连入五个客户端。

动手写16.3.8

```python
01  #!/usr/bin/env python
02  # -*- coding: UTF-8 -*-
03
04  import socket
05
06  sock = socket.socket(socket.AF_INET, socket.SOCK_STREAM)
07
08  sock.bind(("0.0.0.0", 2018))
09
10  sock.listen(5)
```

　　接下来就可以使用accept来等待客户端连接了。

```python
01  #!/usr/bin/env python
02  # -*- coding: UTF-8 -*-
03
04  import socket
05  import threading
06
07  def echo_server(client: socket.socket, address: tuple):
08      print("欢迎来自{}:{}的新客户端".format(address[0], address[1]))
09      client.send("Welcome from {}:{}\r\n".format(address[0], address
    [1]) .encode("utf-8"))
10      while True:
11          content = client.recv(1024)
12          if content == b"exit":
13              break
14          elif content:
15              print(content.decode("utf-8"))
16          else:
17              break
18      print("客户端退出了!")
19      client.close()
20
21  sock = socket.socket(socket.AF_INET, socket.SOCK_STREAM)
22
23  sock.bind(("0.0.0.0", 2018))
```

```
24
25  sock.listen(5)
26  print("Server start! Listening 0.0.0.0:2018")
27  while True:
28      client, address = sock.accept()
29      t = threading.Thread(target=echo_server, args=(client, address))
30      t.start()
```

由于这里需要同时处理五个连接，所以每次请求程序都需要创建线程来处理用户的连接。否则后续的连接只能等待前面的连接退出之后才能处理。

同样，我们可以写个简单的客户端来测试服务端工作是否如期望的一样运行。

动手写16.3.9

```
01  #!/usr/bin/env python
02  # -*- coding: UTF-8 -*-
03
04  import socket
05
06  client = socket.socket(socket.AF_INET, socket.SOCK_STREAM)
07
08  client.connect(("127.0.0.1", 2018))
09  client.send("I'm Client!".encode("utf-8"))
10
11  server_content = client.recv(1024)
12  print(server_content.decode("utf-8"))
13
14  client.send(b"exit")
15  client.close()
```

客户端执行完就会退出，但是服务端会一直运行，等待新的连接。

 16.4 UDP编程

上一节介绍了TCP编程，TCP用于建立可靠连接，消息接收后需要返回ACK确认消息（不需要我们手动编程返回消息，因为系统底层的TCP协议实现已经帮我们自动完成了这些操作）。

与TCP编程相比，UDP编程则是面向无连接的协议，发出的消息并不需要对方确认。TCP就好比打电话的过程，需要先拨通对方的电话，等待对方应答才能相互交流；UDP就好比发送信件，无论对方能否收到，我们都能发送数据，并且也不需要对方的应答。

相对于TCP协议，UDP协议的优势就是速度快，因为UDP传输数据不需要对方确认，但这一点是不可靠的。对于可靠性不是十分敏感的数据，可以使用UDP协议，例如直播视频、系统日志等等。本节将会介绍UDP协议的网络编程。

和TCP编程十分类似，UDP通信也分为客户端和服务端。

服务器端首先需要创建socket对象，然后绑定端口。

动手写16.4.1

```
01  #!/usr/bin/env python
02  # -*- coding: UTF-8 -*-
03
04  import socket
05
06  sock = socket.socket(socket.AF_INET, socket.SOCK_DGRAM)
07
08  sock.bind(("0.0.0.0", 2019))
```

创建的socket对象几乎和TCP编程一样，只是需要把socket.SOCK_STREAM替换成socket.SOCK_DGRAM就可以了。

之后UDP服务端不需要调用listen方法，直接调用recvfrom来接收客户端的数据即可。

动手写16.4.2

```
01  #!/usr/bin/env python
02  # -*- coding: UTF-8 -*-
03
04  import socket
05
06  sock = socket.socket(socket.AF_INET, socket.SOCK_DGRAM)
07
08  sock.bind(("0.0.0.0", 2019))
09
10  while True:
11      data, address = sock.recvfrom(1024)
12      print("收到来自 {}:{} 的信息".format(address[0], address[1]))
13      print(data.decode("utf-8"))
```

UDP实现的服务端十分简洁，和服务端对应的客户端也很简洁。

动手写16.4.3

```
01  #!/usr/bin/env python
```

```
02  # -*- coding: UTF-8 -*-
03
04  import socket
05
06  sock = socket.socket(socket.AF_INET, socket.SOCK_DGRAM)
07
08  server = ("127.0.0.1", 2019)
09
10  sock.sendto("零壹快学".encode("utf-8"), server)
11
12  sock.close()
```

16.5 urllib模块

前面两小节分别介绍了基本的TCP编程和UDP编程。我们日常的网络使用离不开TCP和UDP协议，有许多常见的应用层协议都基于此，例如平时访问网站使用的HTTP协议就是基于TCP协议的。然而如果每次编写一个HTTP客户端都要使用socket库去实现HTTP协议，这个过程相当烦琐和复杂，而且还容易犯错，幸好Python标准库中提供了urllib模块。urllib模块的功能十分强大，它不仅提供了HTTP网络通信的功能，还提供了许多和HTTP协议相关的数据处理函数等。通过urllib模块可以很方便地实现一个HTTP客户端。

由于篇幅有限，本节主要介绍urllib模块实现HTTP请求中使用到的GET操作和POST操作。

16.5.1 GET请求

GET请求是HTTP协议中最基本、最常见的操作，我们在浏览器中直接输入网址访问网站就是一个最常见的GET请求操作。这里以打开百度为例。

动手写16.5.1

```
01  #!/usr/bin/env python
02  # -*- coding: UTF-8 -*-
03
04  from urllib import request
05
06  # 抓取百度
07  def fetch_baidu():
08      http_client = request.urlopen("http://www.baidu.com")
```

```
09      content = http_client.read()
10      print("HTTP Status: {}, {}".format(http_client.status,
        http_client.reason))
11      print("HTTP Resoponse headers:")
12      for k, v in http_client.getheaders():
13          print("{}: {}".format(k, v))
14
15      # 也可以使用 with request.urlopen("http://www.baidu.com") as f的
        表达式省略close
16      http_client.close()
17
18      # 收到的数据需要转码
19      return content.decode("utf-8")
20
21  def save_page(content):
22      with open("baidu.html", "w", encoding="utf-8") as f:
23          f.write(content)
24
25  def main():
26      content = fetch_baidu()
27      save_page(content)
28
29  if __name__ == "__main__":
30      main()
```

执行结果如下（由于是动态数据，所以部分显示内容每次执行对应的值会不一样）：

```
HTTP Status: 200, OK
HTTP Resoponse headers:
Bdpagetype: 1
Bdqid: 0xb2775b74000075ac
Cache-Control: private
Content-Type: text/html
Cxy_all: baidu+b8d512c365bc948f4df7f604cad22b84
Date: Sat, 18 Aug 2018 13:56:55 GMT
Expires: Sat, 18 Aug 2018 13:56:45 GMT
P3p: CP=" OTI DSP COR IVA OUR IND COM "
Server: BWS/1.1
Set-Cookie: BAIDUID=DEAB5E986C5A8C54839C4C9B76C77A26:FG=1;
expires=Thu, 31-Dec-37 23:55:55 GMT; max-age=2147483647; path=/;
domain=.baidu.com
```

```
Set-Cookie: BIDUPSID=DEAB5E986C5A8C54839C4C9B76C77A26; expires=Thu,
31-Dec-37 23:55:55 GMT; max-age=2147483647; path=/; domain=.baidu.com
Set-Cookie: PSTM=1534600615; expires=Thu, 31-Dec-37 23:55:55 GMT;
max-age=2147483647; path=/; domain=.baidu.com
Set-Cookie: delPer=0; expires=Mon, 10-Aug-2048 13:56:45 GMT
Set-Cookie: BDSVRTM=0; path=/
Set-Cookie: BD_HOME=0; path=/
Set-Cookie: H_PS_PSSID=1437_21117_26350_26925_20927; path=/; domain=.
baidu.com
Vary: Accept-Encoding
X-Ua-Compatible: IE=Edge,chrome=1
Connection: close
Transfer-Encoding: chunked
```

发送GET请求只需要调用urllib库中requests模块的urlopen方法，只把要访问的网址作为参数传入，http_client变量是一个HTTPResponse对象，里面包含了许多网站返回的数据。通过read方法获取网页内容，status和reason属性可以告诉我们是否访问。由于本书不是介绍HTTP协议本身的，并且HTTP协议也是一个相当复杂的协议，在这里就不展开讨论了。

16.5.2　POST请求

POST请求一般用于表单提交，例如用于登录或者注册新用户的时候。如果使用POST发送请求，一般要把参数内容以bytes类型传入。

动手写16.5.2

```
01  #!/usr/bin/env python
02  # -*- coding: UTF-8 -*-
03
04  import json
05  import pprint
06  from urllib import request, parse
07
08  def fetch_page():
09      username = "01kuaixue"
10      password = "01Kuaixue"
11
12      # 参数需要进行 url 转码
13      post_data = parse.urlencode([
```

```
14          ("username", username),
15          ("password", password),
16      ])
17
18      # 构造 Request对象
19      http_request = request.Request("http://httpbin.org/post")
20
21      http_request.add_header("Refer", "01kuaixue")
22      # data 参数必须是bytes对象
23      http_request.data = post_data.encode("utf-8")
24
25      with request.urlopen(http_request) as http_response:
26          content = http_response.read()
27          result = json.loads(content.decode("utf-8"))
28          pprint.pprint(result)
29
30  def main():
31      fetch_page()
32
33
34  if __name__ == "__main__":
35      main()
```

执行结果如下（由于是动态数据，所以部分显示内容在每次执行时所对应的值会不一样）：

```
{'args': {},
 'data': '',
 'files': {},
 'form': {'password': '01Kuaixue', 'username': '01kuaixue'},
 'headers': {'Accept-Encoding': 'identity',
        'Connection': 'close',
        'Content-Length': '37',
        'Content-Type': 'application/x-www-form-urlencoded',
        'Host': 'httpbin.org',
        'Refer': '01kuaixue',
        'User-Agent': 'Python-urllib/3.6'},
 'json': None,
 'origin': '180.155.206.181',
 'url': 'http://httpbin.org/post'}
```

POST请求只需构造一个Request对象,并把参数传递给Request对象的data属性即可(也可以在urlopen方法中传递给data参数)。需要注意的是,参数必须经过URL编码转换。

动手写16.5.3

```
01  #!/usr/bin/env python
02  # -*- coding: UTF-8 -*-
03
04  from urllib import parse
05
06  username = "01kuaixue"
07  password = "!@#$%^&*( )_="
08
09  post_data = parse.urlencode([
10      ("username", username),
11      ("password", password),
12  ])
13
14  print(post_data)
```

执行结果如下:

```
username=01kuaixue&password=%21%40%23%24%25%5E%26%2A%28+%29_%3D
```

urlencode函数会合并参数变成一个字符串,并且还会把一些特殊字符转换为URL统一的编码格式。

 **小结**

本章主要介绍了计算机网络的基本概念和在Python编程语言中的Socket编程。计算机网络是一个很复杂的概念,但是Python标准库中提供了常见的底层网络操作和封装过的TCP、UDP以及HTTP操作。读者需要认真理解计算机网络,因为在今后的编程中会接触更多与计算机网络相关的内容。

 **知识拓展**

16.7.1 requests模块介绍

虽然Python标准库中提供了和HTTP相关的urllib模块,但是由于HTTP协议本身十分复杂,而且

Web技术日新月异，更新快捷，所以要更新一个标准库已经不是一件十分容易的事。这时候我们就可以使用requests模块。requests是一个第三方模块，在使用之前需要进行安装，不需要用户手动为URL添加查询字串，也不需要对 POST 数据进行表单编码。Keep-Alive和HTTP连接池的功能是100%自动化的。

requests能完全满足目前Web的需求，功能特性如下：

◇ Keep-Alive&连接池。

◇ 国际化域名和URL。

◇ 带持久Cookie的会话。

◇ 浏览器式的SSL认证。

◇ 自动内容解码。

◇ 基本/摘要式的身份认证。

◇ 优雅的key/value Cookie。

◇ 自动解压。

◇ Unicode响应体。

◇ HTTP(S)代理支持。

◇ 文件分块上传。

◇ 流下载。

◇ 连接超时。

◇ 分块请求。

◇ 支持.netrc。

Linux以及Mac用户可以使用命令（请使用管理员权限运行）：

```
pip3 install requests
```

Windows平台下的Anaconda用户可以在打开Anaconda Prompt后使用命令：

```
conda install requests
```

16.7.2 requests模块简单使用

使用requests发送网络请求非常简单，一开始要导入requests模块，然后尝试获取某个网页，如GET、POST、PUT、DELETE、HEAD和OPTION等：

动手写16.7.1

```
01  #!/usr/bin/env python
02  # -*- coding: UTF-8 -*-
```

```
03
04   import requests
05
06   r = requests.get('http://httpbin.org/get')
07   print(r.text)
08
09   # POST参数只需传递字典即可，不需要手动执行urlencode
10   r = requests.post('http://httpbin.org/post', data = {'key':'value'})
11   print(r.text)
12
13   r = requests.put('http://httpbin.org/put', data = {'key':'value'})
14   print(r.text)
15
16   r = requests.delete('http://httpbin.org/delete')
17   print(r.text)
18
19   r = requests.head('http://httpbin.org/get')
20   print(r.text)
21
22   r = requests.options('http://httpbin.org/get')
23   print(r.text)
```

执行结果如下：

```
{
  "args": {},
  "headers": {
    "Accept": "*/*",
    "Accept-Encoding": "gzip, deflate",
    "Connection": "close",
    "Host": "httpbin.org",
    "User-Agent": "python-requests/2.18.4"
  },
  "origin": "180.1.1.1",
  "url": "http://httpbin.org/get"
}

{
  "args": {},
```

```
    "data": "",
    "files": {},
    "form": {
        "key": "value"
    },
    "headers": {
     "Accept": "*/*",
     "Accept-Encoding": "gzip, deflate",
     "Connection": "close",
     "Content-Length": "9",
     "Content-Type": "application/x-www-form-urlencoded",
     "Host": "httpbin.org",
     "User-Agent": "python-requests/2.18.4"
    },
    "json": null,
    "origin": "180.1.1.1",
    "url": "http://httpbin.org/post"
}

{
  "args": {},
  "data": "",
  "files": {},
  "form": {
    "key": "value"
  },
  "headers": {
    "Accept": "*/*",
    "Accept-Encoding": "gzip, deflate",
    "Connection": "close",
    "Content-Length": "9",
    "Content-Type": "application/x-www-form-urlencoded",
    "Host": "httpbin.org",
    "User-Agent": "python-requests/2.18.4"
  },
```

```
    "json": null,
    "origin": "180.1.1.1",
    "url": "http://httpbin.org/put"
}

{

    "args": {},
    "data": "",
    "files": {},
    "form": {},
    "headers": {
      "Accept": "*/*",
      "Accept-Encoding": "gzip, deflate",
      "Connection": "close",
      "Content-Length": "0",
      "Host": "httpbin.org",
      "User-Agent": "python-requests/2.18.4"
    },
      "json": null,
      "origin": "180.1.1.1",
      "url": "http://httpbin.org/delete"
}
```

从这个例子中可以看到，前一节复杂的GET和POST操作在requests库中只要一两行就能完成。

以上只是HTTP协议和requests库的冰山一角。由于篇幅有限，读者可以从requests库官网（https://2.python-requests.org//zh_CN/latest/）了解更多的例子。

第 17 章

MySQL 数据库

 17.1 MySQL介绍

　　MySQL是一个关系型数据库管理系统，由瑞典MySQL AB公司开发，目前属于甲骨文公司（Oracle）旗下产品。MySQL是最流行的关系型数据库管理系统之一，而在Web应用方面，MySQL是最好的RDBMS（Relational Database Management System，关系数据库管理系统）应用软件。

　　MySQL数据库将数据保存在不同的数据表中，使其速度和灵活性显著提高。

　　MySQL所采用的SQL语言是用于访问数据库的最常用标准化语言，并且采用了双授权政策，分为社区版和商业版。由于其体积小、速度快、总体拥有成本低，特别是开放源码这一特点，MySQL数据库成为一般中小型网站的开发首选。

 17.2 MySQL工具介绍

17.2.1 MySQL 控制台客户端

　　通过命令行登录MySQL的命令为：

```
mysql -u用户名 -p密码 -h ip地址 -P端口号
```

```
root@wen-GP62-2QE:/home/lyxt/mysql# mysql -uroot -p -h127.0.0.1 -P3307
Enter password:
Welcome to the MySQL monitor.  Commands end with ; or \g.
Your MySQL connection id is 2
Server version: 5.7.21 MySQL Community Server (GPL)

Copyright (c) 2000, 2013, Oracle and/or its affiliates. All rights reserved.

Oracle is a registered trademark of Oracle Corporation and/or its
affiliates. Other names may be trademarks of their respective
owners.

Type 'help;' or '\h' for help. Type '\c' to clear the current input statement.

mysql>
```

图17.2.1　MySQL控制台登录

17.2.2 MySQL Workbench软件

MySQL Workbench是MySQL AB发布的一款可视化的数据库设计软件，为数据库管理员、程序开发者和系统规划师提供可视化设计、模型建立以及数据库管理的功能。它包含了用于创建复杂的数据建模的ER模型、正向和逆向数据库工程，也可以用于执行通常需要花费大量时间和需要的难以变更和管理的文档任务。MySQL Workbench可在Windows、Linux和Mac上使用。

下载地址：https://dev.mysql.com/downloads/workbench。

17.3 数据库管理

17.3.1 创建数据库

MySQL创建库的语法如下：

```
CREATE {DATABASE | SCHEMA}  [IF NOT EXISTS] db_name
```

IF NOT EXISTS的意思是如果不存在db_name库则创建该库，如果存在则当前命令会被忽略。如果MySQL已经有一个库，然后用户再次执行创建命令，MySQL会返回创建库失败的错误。而如果指定IF NOT EXISTS，MySQL只会返回一个警告，但是执行语句不会报错。

尝试创建lyxt库，执行命令如下：

动手写17.3.1

```
01  mysql> create database lyxt;
02  Query OK, 1 row affected (0.00 sec)
```

此时如果再次执行创建lyxt库会报错。

```
mysql> create database lyxt;
ERROR 1007 (HY000): Can't create database 'lyxt'; database exists
```

如果加上if not exists选项，则创建命令会正常执行，MySQL会返回一个warning信息。

动手写17.3.2

```
01  mysql> create database if not exists lyxt;
02  Query OK, 1 row affected, 1 warning (0.00 sec)
```

从执行结果可以看到，执行成功，不再有数据库已存在的错误信息。

执行命令"show warnings;"可以查看警告信息，如下所示，警告为：不能创建lyxt库，lyxt库已经存在。

动手写17.3.3

```
01  mysql> show warnings;
02  +-------+------+-------------------------------------------------+
03  | Level | Code | Message                                         |
04  +-------+------+-------------------------------------------------+
05  | Note  | 1007 | Can't create database 'lyxt'; database exists   |
06  +-------+------+-------------------------------------------------+
07  1 row in set (0.00 sec)
```

创建数据库，并指定字符集为utf8。

动手写17.3.4

```
01  mysql> create database lyxt DEFAULT CHARACTER SET utf8;
02  Query OK, 1 row affected (0.00 sec)
```

17.3.2　选择数据库

在创建数据库后，如果我们想在创建的数据库下进行操作，需要先切换到该库。切换库的语法如下：

```
USE dbname;
```

切换到刚刚创建的lyxt库下，执行简单的查询命令"show tables;"可以查看当前库下有哪些表。由于lyxt库下还没有表，所以"show tables;"会返回空。

动手写17.3.5

```
01  mysql> use lyxt
02  Database changed
03  mysql> show tables;
04  Empty set (0.00 sec)
```

再切换到MySQL库下，查看MySQL库下有哪些表。

动手写17.3.6

```
01  mysql> use mysql
02  Database changed
03  mysql> show tables;
04  +---------------------------+
```

```
05  | Tables_in_mysql          |
06  +--------------------------+
07  | columns_priv             |
08  | db                       |
09  | ...                      |
10  | time_zone_transition_type |
11  | user                     |
12  +--------------------------+
13  31 rows in set (0.00 sec)
```

17.3.3 查看数据库

通过命令"show create database dbname"可以查看库的创建方法，包括库的字符集信息。如下所示，我们创建lyxt库时并没有指定字符集，系统会自动加上参数DEFAULT CHARACTER SET latin1。

动手写17.3.7

```
01  mysql> show create database lyxt;
02  +----------+------------------------------------------------------------+
03  | Database |Create Database                                             |
04  +----------+------------------------------------------------------------+
05  | lyxt     | CREATE DATABASE `lyxt` /*!40100 DEFAULT CHARACTER SET latin1 */ |
06  +----------+------------------------------------------------------------+
07  1 row in set (0.00 sec)
```

执行"show databases;"可以看到当前数据库中有哪些库。

动手写17.3.8

```
01  mysql> show databases;
02  +--------------------+
03  | Database           |
04  +--------------------+
05  | information_schema |
06  | lyxt               |
07  | mysql              |
08  | performance_schema |
09  | sys                |
10  +--------------------+
11  5 rows in set (0.00 sec)
```

17.3.4　修改数据库

如果创建库时忘记指定字符集，可以执行alter命令来调整库的字符集。命令如下：

动手写17.3.9

```
01  mysql> alter database lyxt DEFAULT CHARACTER SET utf8;
02  Query OK, 1 row affected (0.00 sec)
```

执行查看库命令"show create database lyxt;"可以看到库的字符集为utf8，不再是系统默认的latin1。

动手写17.3.10

```
01  mysql> show create database lyxt;
02  +----------+--------------------------------------------------------------+
03  |Database  | Create Database                                              |
04  +----------+--------------------------------------------------------------+
05  |  lyxt    |CREATE DATABASE `lyxt` /*!40100 DEFAULT CHARACTER SET utf8 */|
06  +----------+--------------------------------------------------------------+
07  1 row in set (0.00 sec)
```

17.3.5　删除数据库

删除库是将已经创建的库从数据库中删除，执行该操作的同时会清除该库下的所有内容，包括表结构与数据。MySQL删除库的语法为：

```
Drop database dbname;
```

dbname为要删除的库名，如果库不存在，执行删除命令会报错。

删除刚刚创建的lyxt库，执行命令如下：

动手写17.3.11

```
01  mysql> drop database lyxt;
02  Query OK, 0 rows affected (0.00 sec)
```

执行查询命令，可以看到lyxt库已经不存在了。

动手写17.3.12

```
01  mysql> show databases;
02  +--------------------+
03  | Database           |
```

```
04  +--------------------------+
05  | information_schema        |
06  | mysql                     |
07  | performance_schema        |
08  | sys                       |
09  +--------------------------+
10  4 rows in set (0.00 sec)
```

17.4 字段类型

MySQL支持多种数据类型，分为三类：数值、日期/时间和字符串（字符）类型。

数值类型包括整数和小数类型，其中整数类型包括TINYINT、SMALLINT、MEDIUMINT、INT、BIGINT；浮点数类型包括FLOAT与DOUBLE；定点数类型包括DECIMAL。

日期/时间类型包括DATE、TIME、DATATIME、TIMESTAMP和YEAR。

字符串类型包括CHAR、VARCHAR、BINARY、VARBINARY、BLOB、TEXT、ENUM和SET。其中BINARY和VARBINARY是二进制字符串类型。

17.4.1 数值类型

MySQL提供了多种整数类型，从TINYINT到BIGINT，可以存储数据的范围越来越大，同时所需要的存储空间也越来越大，整数类型可以添加自增属性。

整数类型分为有符号数和无符号数，可以在数据类型后添加UNSIGNED关键字来标识该类型是有符号的还是无符号的。比如INT表示有符号的4字节长度的整数，INT UNSIGNED标识该类型是无符号的4字节长度的整数。

有符号与无符号的取值范围是不同的，比如TINYINT的取值范围是-128～127，TINYINT UNSIGNED的取值范围是0～255。因为TINYINT占用一个字节，最高位为符号位，所以最大值就是2^7-1。TINYINT UNSIGNED的8位都用来存数据，所以最大值为2^8-1。各个有符号的整数类型的取值范围与占用字节如表17.4.1所示。

表17.4.1　有符号的整数类型的取值范围与占用字节

类型	取值范围	占用字节
TINYINT	-128 ～ 127	1
SMALLINT	-32768 ～ 32767	2

（续上表）

类型	取值范围	占用字节
MEDIUMINT	-8388608 ~ 8388607	3
INT	-2147483648 ~ 2147483647	4
BIGINT	-9223372036854775808 ~ 9223372036854775807	8

各个无符号的整数类型的取值范围与占用字节如表17.4.2所示。

表17.4.2　无符号的整数类型的取值范围与占用字节

类型	取值范围	占用字节
TINYINT	0 ~ 255	1
SMALLINT	0 ~ 65535	2
MEDIUMINT	0 ~ 16777215	3
INT	0 ~ 4294967295	4
BIGINT	0 ~ 18446744073709551615	8

浮点数类型包括单精度浮点数［float(M,D)型］和双精度浮点数［double(M,D)型］。定点数类型是decimal(M,D)型。

（1）decimal型的取值范围与double型相同，但是decimal型的有效取值范围由M和D决定，而且字节数是M+2。也就是说，定点数的存储空间由其精度决定。

（2）MySQL中可以指定浮点数和定点数的精度。其基本形式如下：数据类型(M,D)。

其中，数据类型参数是浮点数或定点数的数据类型名称；M参数称为精度，是数据的总长度；小数点不占位置；D参数称为标度，是指小数点后面的长度。

举个例子：float(6,2)的含义为：数据是float型，数据长度是6，小数点后保留2位。所以，1234.56是符合要求的。

（3）注意：上述指定的小数精度的方法虽然都适用于浮点数和定点数，但它不是浮点数的标准用法。建议在定义浮点数时，如果不是实际情况需要，最好不要使用，如果使用了，可能会影响数据库的迁移。

（4）对于定点数而言，decimal(M,D)是定点数的标准格式，一般情况下可以选择这种数据类型。

（5）如果插入值的精度高于实际定义的精度，系统会自动进行四舍五入处理，使值的精度达到要求。

17.4.2　字符串类型

字符串类型指CHAR、VARCHAR、BINARY、VARBINARY、BLOB、TEXT、ENUM和SET。

CHAR与VARCHAR类型类似，但它们之间在保存和检索的方式上有所区别，在最大长度和尾部空格是否被保留等方面也不同。CHAR和VARCHAR在存储或检索过程中不进行大小写转换。

BINARY和VARBINARY类似于CHAR和VARCHAR，不同的是它们包含二进制字符串而不要非二进制字符串。也就是说，BINARY和VARBINARY存储的是二进制字符串，而不是字符型字符串。这说明它们没有字符集，并且排序和比较基于列值字节的数值。

TEXT有四种类型：TINYTEXT、TEXT、MEDIUMTEXT和LONGTEXT。这些对应四种BLOB类型，有相同的最大长度和存储需求。

ENUM是枚举类型。

SET是集合类型，不同于ENUM类型，它是一个排列组合。假如有abc，它可以选择a或b或c，也可以选择ab或ac或bc，还可以选择abc。

17.4.3　时间类型

表示时间值的日期和时间类型为YEAR、TIME、DATE、DATETIME和TIMESTAMP。

◇ YEAR：字节数为1，取值范围为"1901 ~ 2155"。

◇ TIME：字节数为3，取值范围为"-838:59:59 ~ 838:59:59"。

◇ DATE：字节数为4，取值范围为"1000-01-01 ~ 9999-12-31"。

◇ DATETIME：字节数为8，取值范围为"1000-01-01 00:00:00 ~ 9999-12-31 23:59:59"。

◇ TIMESTAMP：字节数为4，取值范围为"19700101080001 ~ 20380119111407"。

当插入值超出有效取值范围时，系统会报错，并将零值插入到数据库中。

1. YEAR类型

给YEAR类型赋值有三种方法。

第一种是直接插入4位字符串或者4位数字。

第二种是插入2位字符串，这种情况下如果插入"'00' ~ '69'"，相当于插入"2000 ~ 2069"；如果插入"'70' ~ '99'"，相当于插入"1970 ~ 1999"；如果插入的是"'0'"，则与插入"'00'"的效果相同，都是表示2000年。

第三种是插入2位数字，它与第二种（插入两位字符串）的不同之处仅在于：如果插入的是一位数字"0"，则表示的是0000，而不是2000年。所以在给YEAR类型赋值时，一定要分清"0"和"'0'"，虽然两者只是相差一对引号，但实际效果却相差了2000年。

2. TIME类型

TIME类型表示为"时：分：秒"，尽管小时的范围一般是0 ~ 23，但是为了表示某些特殊时间间隔，MySQL扩大了TIME的小时范围，并且支持负值。对TIME类型赋值，标准格式是"HH：MM：SS"，但不一定非要这种格式。

如果插入的是 "D HH：MM：SS" 格式，则相当于插入了 "（D*24+HH）：MM：SS"。比如插入 "2 23:50:50"，相当于插入了 "71:50:50"。

如果插入的是 "HH：MM" 或 "SS" 格式，其效果是将其他未被表示位的值赋为零值。比如插入 "30"，相当于插入了 "00:00:30"；如果插入 "11:25"，相当于插入了 "11:25:00"。

另外也可以插入 "D HH" 和 "D HH：MM"，效果可以依照上面的例子推理出来。在MySQL中，对于 "HHMMSS" 格式，系统能够自动转化为标准格式。

如果我们想插入当前系统的时间，则可以插入 "CURRENT_TIME" 或者 "NOW()"。TIME类型只占3个字节，如果只是存储时间数据，它最适合。

3．DATE类型

MySQL用 "YYYY-MM-DD" 格式来显示DATE类型的值，插入数据时，数据可以保持这种格式。另外，MySQL还支持一些不严格的语法格式，分隔符 "–" 可以用 "@" "." 等众多符号替代。在插入数据时，也可以使用 "YY-MM-DD" 格式，YY转化成对应的年份的规则与YEAR类型类似。如果我们想插入当前系统的时间，则可以插入 "CURRENT_DATE" 或者 "NOW()"。

4．DATETIME类型

标准格式为 "YYYY-MM-DD HH：MM：SS"，具体赋值方法与上面各种类型的方法相似。

5．TIMESTAMP类型

TIMESTAMP的取值范围比较小，没有DATETIME的取值范围大，因此输入值时一定要保证在TIMESTAMP的范围之内。它的插入也与插入其他日期和时间数据类型类似。那么TIMESTAMP类型如何插入当前时间呢？第一，可以使用CURRENT_TIMESTAMP；第二，输入NULL，系统自动输入当前的TIMESTAMP；第三，无任何输入，系统自动输入当前的TIMESTAMP。另外TIMESTAMP有一个很特殊的点是：它的数值是与时区相关的。

 17.5　数据表操作

在数据库中，表是存储数据的基本单位，是数据库中最重要的操作对象和面向用户的基本接口。每张表会有若干列，每一行代表一条数据记录。在MySQL中，数据是按行存储的。

17.5.1　创建数据表

创建表的基本语法如下：

```
CREATE   [TEMPORARY] TABLE  [IF NOT EXISTS] tbl_name
(
列名1      数据类型       [约束条件]        [默认值],
```

```
列名2        数据类型        [约束条件]        [默认值],
......

) [表的约束条件];
```

1. 使用主键约束

主键由表的一列或者多列组合而成。主键约束要求主键列数据唯一，且不能为空值。主键可以标识表的唯一一条记录，表的主键相当于表的目录。为表创建主键后，使用主键列作为查询条件可以大大加快表的查询速度。

主键可以由多个字段构成，语法如下：

```
PRIMARY KEY (列名1, 列名2, ... , 列名n)
```

创建用户表user_tmp3，指定id列与name列为联合主键，创建表的语法如下：

动手写17.5.1

```
01  CREATE TABLE 'user_tmp3' (
02    'id' int(11) ,
03    'name' varchar(128) ,
04    'age' int(11) ,
05    PRIMARY KEY ('id','name')
06  ) ENGINE=InnoDB DEFAULT CHARSET=utf8;
```

2. 使用外键约束

创建外键约束的语法如下：

```
[ CONSTRAINT <外键名> ] FOREIGN KEY (列名1 , ...)
REFERENCES <父表名> (主键列名1, ...)
```

外键名是定义的外键约束的名字，一个表中的不同约束的名字不能相同。"列名1,..." 表示要添加外键约束的列，"父表名"表示外键约束中子表依赖的父表的表名，"主键列名1, ..." 表示父表中定义的主键列。

一个简单的外键约束示例如下：

动手写17.5.2

```
constraint p_c_id foreign key(c_id) references country(id)
```

创建外键约束父表和子表示例如下，其中country表为父表，people表为子表。

动手写17.5.3

```
01  mysql> create table country(id int primary key, name varchar(100));
02  Query OK, 0 rows affected (0.38 sec)
03
04  mysql> create table people(id int primary key, name varchar(100),
      age int, c_id int, constraint p_c_id foreign key(c_id) references
      country(id)) ;
05  Query OK, 0 rows affected (0.47 sec)
```

3. 使用非空约束

非空约束是指列的值不能为空。对于使用了非空约束的字段，如果用户在插入数据时没有指定值，数据库会报错。

非空约束的语法规则如下：

列名　　数据类型　　not null

创建表user_tmp4，指定用户姓名不能为空，建表语句如下：

动手写17.5.4

```
01  mysql> create table user_tmp4(id int, name varchar(20) not null);
02  Query OK, 0 rows affected (0.37 sec)
```

4. 使用唯一约束

唯一约束是指列的值唯一，但是可以为空。对于使用了唯一约束的字段，数据库可以保证这些字段的值不会重复。唯一约束的语法如下：

在定义完列类型后直接加UNIQUE关键字：

列名　　数据类型　　UNIQUE

创建用户表，指定id列唯一。示例如下：

动手写17.5.5

```
01  mysql> create table user_tmp5(id int unique, name varchar(100));
02  Query OK, 0 rows affected (0.40 sec)
```

5. 使用默认约束

默认约束的作用是为某列指定默认值。在向表中插入数据时，如果不指定该列的值，那么会使用默认值来填充该列。

默认约束的语法规则如下:

字段名　数据类型　DEFAULT　默认值

定义数据表user_tmp9，对于name列指定默认值为"new_user"。

动手写17.5.6

```
01  mysql> create table user_tmp9(id int, name varchar(100) default
    "new_user");
02  Query OK, 0 rows affected (0.38 sec)
```

在向user_tmp9表中插入数据时，如果不给定name列的值，那么会自动填充"new_user"作为该列的值。

动手写17.5.7

```
01  mysql> insert into user_tmp9 set id = 1;
02  Query OK, 1 row affected (0.07 sec)
03  mysql> select * from user_tmp9;
04  +------+----------+
05  | id   | name     |
06  +------+----------+
07  | 1    | new_user |
08  +------+----------+
09  1 row in set (0.00 sec)
```

6. 使用自增属性

为列添加自增属性语法如下:

列名　　数据类型　　AUTO_INCREMENT

创建用户表user_tmp10，设置id列为自增列:

动手写17.5.8

```
01  mysql> create table user_tmp10(id int primary key auto_increment,
    name varchar(100) );
02  Query OK, 0 rows affected (0.39 sec)
```

17.5.2　查看数据表

查看当前创建的表:

动手写17.5.9

```
01  mysql> show tables;
02  +--------------------+
```

```
03  | Tables_in_lyxt     |
04  +-------------------+
05  | user              |
06  +-------------------+
07  1 row in set (0.00 sec)
```

创建一张表后，可以查看这张表的表结构。语法如下：

```
show create table 表名;
```

查看user表的表结构，示例如下：

动手写17.5.10

```
01  mysql> show create table user\G
02  *************************** 1. row ***************************
03         Table: user
04  Create Table: CREATE TABLE 'user' (
05    'id' int(11) DEFAULT NULL,
06    'name' varchar(128) DEFAULT NULL,
07    'age' int(11) DEFAULT NULL
08  ) ENGINE=InnoDB DEFAULT CHARSET=latin1
09  1 row in set (0.00 sec)
```

也可以只查看表中各个列的定义，语法如下：

```
desc 表名;
```

查看user表列的定义，示例如下：

动手写17.5.11

```
01  mysql> desc user;
02  +-------+--------------+------+-----+---------+-------+
03  | Field | Type         | Null | Key | Default | Extra |
04  +-------+--------------+------+-----+---------+-------+
05  | id    | int(11)      | YES  |     | NULL    |       |
06  | name  | varchar(128) | YES  |     | NULL    |       |
07  | age   | int(11)      | YES  |     | NULL    |       |
08  +-------+--------------+------+-----+---------+-------+
09  3 rows in set (0.00 sec)
```

17.5.3　修改数据表

修改表是指对数据库中已经存在的表的表结构进行修改，常见的修改表操作包括重命名表、修改字段的名字或类型、增加或者删除列字段、更改列的位置、调整表的引擎、删除表的外键约束等。

1. 修改表名

修改表名只会修改表的名字，对表的数据、字段的类型都没有影响。修改表名有两种语法形式，分别是使用ALTER命令和使用RENAME命令。

使用ALTER修改表名的语法如下：

```
ALTER TABLE 原表名 RENAME  [TO] 新表名;
```

修改表user_tmp1为user_tmp_1，执行命令如下：

动手写17.5.12

```
01  mysql> alter table user_tmp1 rename user_tmp_1;
02  Query OK, 0 rows affected (0.25 sec)
```

使用RENAME修改表名的语法如下：

```
RENAME TABLE 原表名 TO 新表名;
```

将表table user_tmp_1 修改回user_tmp1，执行命令如下：

动手写17.5.13

```
01  mysql> rename table user_tmp_1 to user_tmp1;
02  Query OK, 0 rows affected (0.24 sec)
```

2. 修改表的字段类型

修改表字段类型的语法如下：

```
ALTER TABLE 表名 MODIFY 列名 数据类型;
```

执行ALTER命令修改字段name类型：

动手写17.5.14

```
01  mysql> alter table user_tmp1 modify name varchar(200);
02  Query OK, 0 rows affected (0.16 sec)
03  Records: 0  Duplicates: 0  Warnings: 0
```

3. 修改表的字段名字

修改字段名字的语法如下：

ALTER TABLE 表名 CHANGE 原列名 新列名 数据类型；

将user_tmp1的name字段修改为new_name：

动手写17.5.15

```
01  mysql> alter table user_tmp1 change name new_name varchar(300);
02  Query OK, 0 rows affected (0.77 sec)
03  Records: 0  Duplicates: 0  Warnings: 0
```

4. 为表添加字段

为表添加字段的语法如下：

ALTER TABLE 表名 ADD 新列名 数据类型　[约束条件]　[FIRST | AFTER 字段名]；

为user_tmp1表添加一个字段col1同时添加非空约束：

动手写17.5.16

```
01  mysql> alter table user_tmp1 add column col1 int not null;
02  Query OK, 0 rows affected (0.72 sec)
03  Records: 0  Duplicates: 0  Warnings: 0
```

为user_tmp1表在第一列添加一个字段col2：

动手写17.5.17

```
01  mysql> alter table user_tmp1 add column col2 int first;
02  Query OK, 0 rows affected (0.61 sec)
03  Records: 0  Duplicates: 0  Warnings: 0
```

为user_tmp1表在第一列col2后添加一个字段col3：

动手写17.5.18

```
01  mysql> alter table user_tmp1 add column col3 int after col2;
02  Query OK, 0 rows affected (0.55 sec)
03  Records: 0  Duplicates: 0  Warnings: 0
```

5. 为表删除字段

删除表字段的语法如下：

ALTER TABLE 表名 DROP 列名；

将user_tmp1表的字段col3列删除，执行命令如下：

动手写17.5.19

```
01  mysql> alter table user_tmp1 drop column col3;
02  Query OK, 0 rows affected (0.61 sec)
03  Records: 0  Duplicates: 0  Warnings: 0
```

6. 调整表字段的位置

修改表字段位置的语法如下：

```
ALTER TABLE 表名 MODIFY 列名 数据类型 FIRST | AFTER 字段名；
```

调整表user_tmp1，将id列调整为第一列：

动手写17.5.20

```
01  mysql> alter table user_tmp1 modify id int first;
02  Query OK, 0 rows affected (0.62 sec)
03  Records: 0  Duplicates: 0  Warnings: 0
```

调整表user_tmp1，将col2列调整到col1后面：

动手写17.5.21

```
01  mysql> alter table user_tmp1 modify col2 int after col1;
02  Query OK, 0 rows affected (0.70 sec)
03  Records: 0  Duplicates: 0  Warnings: 0
```

7. 调整表的引擎

修改表存储引擎的语法如下：

```
ALTER TABLE 表名 ENGINE=新引擎名；
```

可以通过命令"show engines"查看当前数据库支持哪些引擎。

8. 删除表的外键约束

删除表的外键约束的语法如下：

```
ALTER TABLE 表名 DROP FOREIGN KEY 外键约束名；
```

将people表的外键删除：

动手写17.5.22

```
01  mysql> alter table people drop foreign key p_c_id;
```

```
02  Query OK, 0 rows affected (0.21 sec)
03  Records: 0  Duplicates: 0  Warnings: 0
```

17.5.4　删除数据表

删除表的语法如下，其中TABLE 关键字可以替换为TABLES：

```
DROP TABLE  [IF EXISTS] 表1，表2，... 表n;
```

使用DROP TABLE删除多张表，命令如下：

动手写17.5.23

```
01  mysql> drop table user_tmp4, user_tmp5, user_tmp6;
02  Query OK, 0 rows affected (0.59 sec)
```

17.6　数据库语句

17.6.1　新增数据

MySQL表中使用 INSERT INTO SQL语句来插入数据。

数据表插入数据通用的 INSERT INTO SQL语法如下：

```
INSERT INTO table_name ( field1, field2,...fieldN )
                        VALUES
                            ( value1, value2,...valueN );
```

如果数据是字符型，必须使用单引号或者双引号，如"value"。

动手写17.6.1

```
01  mysql> create table user(id int primary key auto_increment, name
    varchar(100), age int, phone_num varchar(20));
02  Query OK, 0 rows affected (0.55 sec)
03
04  mysql> insert into user (name, age, phone_num) values('xiaoli',
    21, 15236547896), ('qiansan', 18, 15212345678), ("zhangsan", 30,
    18210721111);
05  Query OK, 3 rows affected (0.30 sec)
06  Records: 3  Duplicates: 0  Warnings: 0
```

17.6.2 查询数据

在MySQL数据库中使用SQL SELECT语句来查询数据。

数据库中查询数据通用的SELECT语法如下：

```
SELECT column_name,column_name
FROM table_name
[WHERE Clause]
[LIMIT N] [ OFFSET M]
```

查看user表的数据：

动手写17.6.2

```
01  mysql> select * from user;
02  +----------+------------------+------------+--------------------+
03  | id       | name             | age        | phone_num          |
04  +----------+------------------+------------+--------------------+
05  | 1        | xiaoli           | 21         | 15236547896        |
06  | 2        | qiansan          | 18         | 15212345678        |
07  | 3        | zhangsan         | 30         | 18210721111        |
08  +----------+------------------+------------+--------------------+
09  3 rows in set (0.01 sec)
```

查询年龄大于20的用户：

动手写17.6.3

```
01  mysql> select name, age from user where age>20;
02  +----------+---------+
03  | name     | age     |
04  +----------+---------+
05  | xiaoli   | 21      |
06  | zhangsan | 30      |
07  +----------+---------+
08  2 rows in set (0.06 sec)
```

17.6.3 修改数据

如果我们需要修改或更新MySQL中的数据，我们可以使用SQL UPDATE命令来操作。

修改MySQL数据表数据的SQL语法如下：

```
UPDATE table_name SET field1=new-value1, field2=new-value2
[WHERE Clause]
```

将用户id为1的年龄更新为22：

动手写17.6.4

```
01  mysql> update user set age=22 where id=1;
02  Query OK, 1 row affected (0.09 sec)
03  Rows matched: 1  Changed: 1  Warnings: 0
```

17.6.4　删除数据

可以使用SQL的DELETE FROM命令来删除MySQL数据表中的记录。

删除数据的语法如下：

```
DELETE FROM table_name   [WHERE Clause]
```

删除年龄在25岁以上的用户：

动手写17.6.5

```
01  mysql> delete from user where age >25;
02  Query OK, 1 row affected (0.04 sec)
```

17.6.5　replace操作

如果数据库中存在相同主键的数据，replace的作用相当于修改操作；如果数据库中不存在相同主键的数据，replace的作用相当于插入操作。

replace的语法如下：

```
REPLACE   [INTO] tbl_name  [(col_name,...)]
{VALUES | VALUE} ({expr | DEFAULT},...),(...),...
```

动手写17.6.6

```
01  mysql> select * from user;
02  +---------+----------------+------------+------------------+
03  | id      | name           | age        | phone_num        |
04  +---------+----------------+------------+------------------+
05  | 1       | xiaoli         | 22         | 15236547896      |
```

```
06  |  2          |  qiansan        |  18        |  15212345678       |
07  +----------+----------------+------------+--------------------+
08  2 rows in set (0.01 sec)
09
10  mysql> replace into user (id, name, age, phone_num) values(1,
    'xiaoli', 21, 15236547896), (2, 'qiansan', 18, 15212345678), (3,
    "zhangsan", 30, 18210721111);
11  Query OK, 4 rows affected (0.04 sec)
12  Records: 3  Duplicates: 1  Warnings: 0
13
14  mysql> select * from user;
15  +----------+----------------+------------+--------------------+
16  |  id       |  name          |  age       |  phone_num         |
17  +----------+----------------+------------+--------------------+
18  |  1        |  xiaoli        |  21        |  15236547896       |
19  |  2        |  qiansan       |  18        |  15212345678       |
20  |  3        |  zhangsan      |  30        |  18210721111       |
21  +----------+----------------+------------+--------------------+
22  3 rows in set (0.01 sec)
```

首先查看到当前user表里有两条数据，执行replace语句，然后再次执行数据查询语句，可以看到id为1的用户存在，所以replace语句变为修改操作，将用户1的年龄修改为21。用户2的信息与replace语句内容一样，则不修改。用户3不存在，replace语句相当于插入操作。

17.7　数据表字符集

字符集是一套符号和编码，校验规则（Collation）是字符集内用于比较字符的一套规则，即字符集的排序规则。MySQL可以使用多种字符集和检验规则来组织字符。

MySQL服务器支持多种字符集，在同一台服务器、同一个数据库，甚至同一个表的不同字段都可以指定使用不同的字符集。相比之下，Oracle等其他数据库管理系统在同一个数据库内只能使用相同的字符集，则MySQL明显有更大的灵活性。

每种字符集都可能有多种校验规则，并且都有一个默认的校验规则。每个校验规则只针对某个字符集，和其他字符集没有关系。

在MySQL中，字符集的概念和编码方案被看作是同义词，一个字符集是一个转换表和一个编码方案的组合。

17.7.1　查看字符集

1. 查看MySQL服务器支持的字符集

动手写17.7.1

```
01  mysql>  show character set;
02  +-------+--------------------------+--------------------+--------+
03  |Charset|Description               | Default collation  | Maxlen |
04  +-------+--------------------------+--------------------+--------+
05  | big5  | Big5 Traditional Chinese | big5_chinese_ci    |    2   |
06  | dec8  | DEC West European        | dec8_swedish_ci    |    1   |
07  | cp850 | DOS West European        | cp850_general_ci   |    1   |
08  | hp8   | HP West European         | hp8_english_ci     |    1   |
09  | koi8r | KOI8-R Relcom Russian    | koi8r_general_ci   |    1   |
10  | latin1| cp1252 West European     | latin1_swedish_ci  |    1   |
11  ...
```

2. 查看字符集的校验规则

动手写17.7.2

```
01  mysql> show collation;
02  +---------------- ---+---------+-----+---------+----------+---------+
03  | Collation          | Charset | Id  | Default | Compiled | Sortlen |
04  +--------------------+---------+-----+---------+----------+---------+
05  | big5_chinese_ci    | big5    |   1 | Yes     | Yes      |    1    |
06  | big5_bin           | big5    | 84  |         | Yes      |    1    |
07  | dec8_swedish_ci    | dec8    |   3 | Yes     | Yes      |    1    |
08  | dec8_bin | dec8 | 69  |         | Yes    | 1        |         |
09  ...
```

3. 查看当前数据库的字符集

动手写17.7.3

```
01  mysql> show variables like 'character%'\G
02  *************************** 1. row ***************************
03  Variable_name: character_set_client
```

```
04                 Value: utf8
05 ************************* 2. row *************************
06 Variable_name: character_set_connection
07                 Value: utf8
08 ************************* 3. row *************************
09 Variable_name: character_set_database
10                 Value: latin1
11 ************************* 4. row *************************
12 Variable_name: character_set_filesystem
13                 Value: binary
14 ************************* 5. row *************************
15 Variable_name: character_set_results
16                 Value: utf8
17 ************************* 6. row *************************
18 Variable_name: character_set_server
19                 Value: latin1
20 ************************* 7. row *************************
21 Variable_name: character_set_system
22                 Value: utf8
23 ************************* 8. row *************************
24 Variable_name: character_sets_dir
25                 Value: /home/lyxt/mysql-5.7.21-linux-glibc2.12-x86_64/
   share/charsets/
26 8 rows in set (0.00 sec)
```

◇ character_set_client：客户端请求数据的字符集。

◇ character_set_connection：客户机/服务器连接的字符集。

◇ character_set_database：默认数据库的字符集。无论默认数据库如何改变，都是这个字符集；如果没有默认数据库，那就使用character_set_server指定的字符集。这个变量建议由系统自己管理，不要人为定义。

◇ character_set_filesystem：把os上的文件名转化成此字符集，即把character_set_client转换为character_set_filesystem，默认binary不做任何转换。

◇ character_set_results：结果集，返回给客户端的字符集。

◇ character_set_server：数据库服务器的默认字符集。

◇ character_set_system：系统字符集，这个值总是utf8，不需要设置。这个字符集用于数据库对象（如表和列）的名字，也用于存储在目录表中的函数的名字。

4. 查看当前数据库的校验规则

动手写17.7.4

```
01  mysql>  show variables like 'collation%'\G
02  *************************** 1. row ***************************
03  Variable_name: collation_connection
04          Value: utf8_general_ci
05  *************************** 2. row ***************************
06  Variable_name: collation_database
07          Value: latin1_swedish_ci
08  *************************** 3. row ***************************
09  Variable_name: collation_server
10          Value: latin1_swedish_ci
11  3 rows in set (0.00 sec)
```

◇ collation_connection：当前连接的字符集。

◇ collation_database：当前日期的默认校验。每次使用USE语句来"跳转"到另一个数据库的时候，这个变量的值就会改变。如果没有当前数据库，这个变量的值就是collation_server变量的值。

◇ collation_server：服务器的默认校验。

17.7.2　设置字符集

1. 为数据库指定字符集

创建的每个数据库都有一个默认字符集，如果没有指定，就用latin1。

动手写17.7.5

```
create database lyxtcharset=utf8;
```

2. 为数据库指定校验规则

动手写17.7.6

```
create database lyxt default charset utf8 collate utf8_romanian_ci;
```

3. 为表分配字符集

动手写17.7.7

```
01  create table table_charset(
```

```
02      c1 varchar(10),
03      c2 varchar(10)
04  )engine=innodb default charset=utf8;
```

4. 为表指定校验规则

动手写17.7.8

```
01  create table table_collate(
02      c1 varchar(10),
03      c2 varchar(10)
04  )engine=innodb default charset utf8 collate utf8_romanian_ci;
```

5. 为列分配字符集

动手写17.7.9

```
01  create table column_charset(
02      c1 char(10) character set utf8 not null,
03      c2 char(10) char set utf8,
04      c3 varchar(10) charset utf8,
05      c4 varchar(10)
06  ) engine=innodb;
```

6. 为列分配校验规则

动手写17.7.10

```
01  create table column_collate(
02      c1 varchar(10) charset utf8 collate utf8_romanian_ci not null,
03      c2 varchar(10) charset utf8 collate utf8_spanish_ci
04  )engine=innodb;
```

17.7.3 处理乱码

处理乱码的步骤：

（1）首先要明确你的客户端是何种编码格式，这是最重要的（一般IE6用UTF-8，命令行用GBK，程序用GB 2312）。

（2）确保你的数据库使用的是UTF-8格式，这样很简单，所有编码通吃。

（3）一定要保证connection字符集大于等于client字符集，不然就会丢失信息，比如：Latin1<GB 2312<GBK<UTF-8，若设置character_set_client=GB 2312，那么至少connection的字符集要大于等

360

于GB 2312，否则就会丢失信息。

（4）以上三步都做正确的话，所有中文都会被正确地转换成UTF-8格式存储进数据库。为了适应不同的浏览器、不同的客户端，读者可以修改character_set_results，以不同的编码显示中文字体。由于UTF-8是大方向，所以Web应用也是倾向于使用UTF-8格式显示中文。

 ## 17.8　数据库索引

17.8.1　索引介绍

建立MySQL索引是非常重要的提升MySQL运行效率的手段，使用索引能够大大提高MySQL的检索速度。创建索引时，首先需要确保该索引是应用SQL查询语句的条件（一般作为WHERE子句的条件）。

索引分单列索引和组合索引。单列索引，即一个索引只包含单个列，一个表可以有多个单列索引，但这不是组合索引。组合索引，即一个索引包含多个列。

实际上，索引也是一张表，该表保存了主键与索引字段，并指向实体表的记录。

前面说了使用索引的好处，但过多地使用索引将会造成滥用。索引也有它的缺点，虽然使用索引能够大大提高查询速度，但同时也会降低更新表的速度，如对表进行INSERT、UPDATE和DELETE时。因为更新表时，MySQL不仅要保存数据，还要保存索引文件。而且建立索引会占用磁盘空间的索引文件。

17.8.2　唯一索引

唯一索引与前面提到的普通索引类似，区别在于索引列的值必须唯一，但允许有空值。如果是组合索引，则列值的组合必须唯一。唯一索引有以下三种创建方式：

1. 直接创建索引

动手写17.8.1

```
CREATE UNIQUE INDEX indexName ON mytable(username(length))
```

2. 通过修改表结构增加索引

动手写17.8.2

```
ALTER table mytable ADD UNIQUE  [indexName] (username(length))
```

3. 创建表时直接指定

动手写17.8.3

```
01  CREATE TABLE mytable(
02      ID INT NOT NULL,
03      username VARCHAR(16) NOT NULL,
04      UNIQUE [indexName] (username(length))
05  );
```

17.8.3 普通索引

普通索引是最基本的索引，它没有任何限制。它有以下三种创建方式：

1. 直接创建索引

```
CREATE INDEX indexName ON mytable(username(length));
```

如果是CHAR和VARCHAR类型，length可以小于字段实际长度；如果是BLOB和TEXT类型，则必须指定length。

2. 修改表结构（添加索引）

动手写17.8.4

```
ALTER table tableName ADD INDEX indexName(columnName)
```

3. 创建表时直接指定

动手写17.8.5

```
01  CREATE TABLE mytable(
02      ID INT NOT NULL,
03      username VARCHAR(16) NOT NULL,
04      INDEX [indexName] (username(length))
05  );
```

删除索引的语法如下：

动手写17.8.6

```
DROP INDEX [indexName] ON mytable;
```

17.9 小结

本章向读者详细介绍了MySQL数据库的基本知识与相关操作，讲解了MySQL数据库如何安装与登录，以及通过MySQL如何创建、查看、修改、删除数据库，并介绍了MySQL中支持的字段数据类型，向读者展示了如何对MySQL数据库中表内的数据进行增、删、改、查。同时，介绍了数据表字符集和数据库索引等知识，读者需要对MySQL的基本操作和知识进行重点掌握。

17.10 知识拓展

17.10.1 MySQL关键字

MySQL的关键字（如表17.10.1所示）见官网https://dev.mysql.com/doc/refman/5.7/en/keywords.html。

表17.10.1 MySQL的关键字

ADD	ALL	ALTER
ANALYZE	AND	AS
ASC	ASENSITIVE	BEFORE
BETWEEN	BIGINT	BINARY
BLOB	BOTH	BY
CALL	CASCADE	CASE
CHANGE	CHAR	CHARACTER
CHECK	COLLATE	COLUMN
CONDITION	CONNECTION	CONSTRAINT
CONTINUE	CONVERT	CREATE
CROSS	CURRENT_DATE	CURRENT_TIME
CURRENT_TIMESTAMP	CURRENT_USER	CURSOR
DATABASE	DATABASES	DAY_HOUR
DAY_MICROSECOND	DAY_MINUTE	DAY_SECOND
DEC	DECIMAL	DECLARE
DEFAULT	DELAYED	DELETE
DESC	DESCRIBE	DETERMINISTIC
DISTINCT	DISTINCTROW	DIV
DOUBLE	DROP	DUAL

（续上表）

EACH	ELSE	ELSEIF
ENCLOSED	ESCAPED	EXISTS
EXIT	EXPLAIN	FALSE
FETCH	FLOAT	FLOAT4
FLOAT8	FOR	FORCE
FOREIGN	FROM	FULLTEXT
GOTO	GRANT	GROUP
HAVING	HIGH_PRIORITY	HOUR_MICROSECOND
HOUR_MINUTE	HOUR_SECOND	IF
IGNORE	IN	INDEX
INFILE	INNER	INOUT
INSENSITIVE	INSERT	INT
INT1	INT2	INT3
INT4	INT8	INTEGER
INTERVAL	INTO	IS
ITERATE	JOIN	KEY
KEYS	KILL	LABEL
LEADING	LEAVE	LEFT
LIKE	LIMIT	LINEAR
LINES	LOAD	LOCALTIME
LOCALTIMESTAMP	LOCK	LONG
LONGBLOB	LONGTEXT	LOOP
LOW_PRIORITY	MATCH	MEDIUMBLOB
MEDIUMINT	MEDIUMTEXT	MIDDLEINT
MINUTE_MICROSECOND	MINUTE_SECOND	MOD
MODIFIES	NATURAL	NOT
NO_WRITE_TO_BINLOG	NULL	NUMERIC
ON	OPTIMIZE	OPTION
OPTIONALLY	OR	ORDER
OUT	OUTER	OUTFILE
PRECISION	PRIMARY	PROCEDURE
PURGE	RAIDO	RANGE

（续上表）

READ	READS	REAL
REFERENCES	REGEXP	RELEASE
RENAME	REPEAT	REPLACE
REQUIRE	RESTRICT	RETURN
REVOKE	RIGHT	RLIKE
SCHEMA	SCHEMAS	SECOND_MICROSECOND
SELECT	SENSITIVE	SEPARATOR
SET	SHOW	SMALLINT
SPATIAL	SPECIFIC	SQL
SQLEXCEPTION	SQLSTATE	SQLWARNING
SQL_BIG_RESULT	SQL_CALC_FOUND_ROWS	SQL_SMALL_RESULT
SSL	STARTING	STRAIGHT_JOIN
TABLE	TERMINATED	THEN
TINYBLOB	TINYINT	TINYTEXT
TO	TRAILING	TRIGGER
TRUE	UNDO	UNION
UNIQUE	UNLOCK	UNSIGNED
UPDATE	USAGE	USE
USING	UTC_DATE	UTC_TIME
UTC_TIMESTAMP	VALUES	VARBINARY
VARCHAR	VARCHARACTER	VARYING
WHEN	WHERE	WHILE
WITH	WRITE	X509
XOR	YEAR_MONTH	ZEROFILL

17.10.2　MySQL的发展历程

MySQL的历史可以追溯到1979年，有一个名为蒙蒂·维德纽斯（Monty Widenius）的程序员一边为TcX公司打工，一边用BASIC设计了一个报表工具，使其可以在4MHz主频和16KB内存的计算机上运行。当时，这只是一个很底层的且仅面向报表的存储引擎，名叫Unireg。

1990年，开始有TcX公司的客户要求蒙蒂为他的API提供SQL支持。蒙蒂决定直接借助mSQL的代码，自己重写一个SQL支持。

1996年，MySQL 1.0发布，它只面向一小拨人，相当于内部发布。到了1996年10月，MySQL

3.11.1发布（MySQL没有2.x版本），最开始只提供Solaris下的二进制版本。一个月后，Linux版本出现了。在接下来的两年里，MySQL被依次移植到各个平台上。

1999—2000年，MySQL AB公司在瑞典成立。蒙蒂雇了几个人与Sleepycat合作，开发出了Berkeley DB引擎。由于BDB支持事务处理，MySQL从此开始支持事务处理了。

2000年，MySQL不仅公布了自己的源代码，还采用了GPL（GNU General Public License）许可协议，正式进入开源世界。同年4月，MySQL对旧的存储引擎ISAM进行了整理，将其命名为MyISAM。

2001年，MySQL集成存储引擎InnoDB，这个引擎不仅支持事务处理，并且支持行级锁。后来该引擎被证明是最成功的MySQL事务存储引擎。MySQL与InnoDB的正式结合版本是4.0。

2003年12月，MySQL 5.0版本发布，提供了视图、存储过程等功能。

2008年1月，MySQL AB公司被Sun公司以10亿美金收购，MySQL数据库进入Sun时代。在Sun时代，Sun公司对其进行了大量的推广、优化、Bug修复等工作。

2008年11月，MySQL 5.1发布，它提供了分区、事件管理以及基于行的复制和基于磁盘的NDB集群系统，同时修复了大量的Bug。

2009年4月，Oracle公司以74亿美元收购Sun公司，自此MySQL数据库进入Oracle时代，而其第三方的存储引擎InnoDB早在2005年就被Oracle公司收购。

2010年12月，MySQL 5.5发布，其主要新特性包括半同步的复制及对SIGNAL/RESIGNAL的异常处理功能的支持，最重要的是InnoDB存储引擎终于变为当前MySQL的默认存储引擎。MySQL 5.5不是时隔两年的一次简单的版本更新，而是加强了MySQL各个方面在企业级的特性。Oracle公司同时也承诺MySQL 5.5和未来版本仍是采用GPL授权的开源产品。

MySQL由于它的开源性被广泛传播，也让更多的人了解到这个数据库。它的历史也富有传奇性。在这里我们仅将MySQL的发展史作为一个故事来讲解，这段历程在网上有很多不同版本。随着更多的技术开发人员加入到MySQL的开发中，相信MySQL会不断完善，发展得越来越好。

>> 第 **18** 章
Python 操作 MySQL 《

 18.1 **Python数据库API**

18.1.1 DB–API介绍

　　Python标准库中几乎没有关于数据库的模块，所以使用Python操作数据库需要安装第三方模块。第三方模块质量参差不齐，各个数据库之间的应用接口十分混乱，实现的方式也不尽相同。如果项目需要更换数据库，就会涉及大量的代码修改，既烦琐又容易出错。后来Python社区提出了DB–API标准（PEP248和PEP249），它的出现解决了各个接口不统一的问题。

　　PythonDB–API标准只是制定了接口的规范，并没有实现具体功能。DB–API标准定义了一系列必须的对象和数据库存取方式，以便为各种各样的底层数据库系统和多种多样的数据库接口程序提供一致的访问接口。DB–API标准为不同的数据库提供了一致的访问接口，使得在不同的数据库之间移植代码变成一件轻松的事情。第三方数据库模块只要遵循PythonDB–API标准，就意味着它们的使用方法是大致相同的。

18.1.2 模块接口

　　数据库的访问是通过连接对象（Connection Objects）来实现的。程序模块中必须提供以下形式的连接对象构造函数：

```
connect(parameters...)
```

　　数据库连接对象的构造函数，返回值为Connection对象实例。由于目的数据库不同，函数接收数量不等的一些参数。

模块中必须定义以下模块级的变量：

（1）apilevel：字符串常量，表明支持的DB API版本。目前只允许取值"1.0"和"2.0"。如果没有定义本常量，默认为DB-API 1.0。

（2）threadsafety：整数常量，表明模块支持的线程安全级别。可能的值为：

◇ 线程不安全，线程不能共享模块。

◇ 线程可以共享模块，但是不能共享连接对象（connections）。

◇ 线程可以共享模块和连接对象。

◇ 线程安全，线程间可以共享模块、连接对象以及游标对象（module，connections，cursors）。

（3）paramstyle：字符串常量声明模块使用的SQL语句中的参数引出方式。可能的取值如下：

◇ qmark：问号方式，例如："...WHERE name=?"。

◇ numeric：序数方式，例如："...WHERE name=:1"。

◇ named：命名方式，例如："...WHERE name=:name"。

◇ format：通用方式（ANSI C printf format codes），例如："...WHERE name=%s"。

◇ pyformat：Python扩展方式（Python extended format codes），例如："...WHERE name=%(name)s"。

18.1.3 错误和异常

模块中应该按照下面所阐述的错误类别和层次关系来处理各种错误信息：

（1）Warning：当有严重警告时触发，例如插入数据时被截断等等。必须是Python StandardError的子类（定义于exceptions模块中）。

（2）Error：这应该是警告以外其他所有错误类的基类。你可以使用这个类在单一的except语句中捕捉所有的错误。警告（Warning）不应认为是错误，因此不应该以此类作为基类，而应该以Python StandardError作为基类。

（3）InterfaceError：当有数据库接口模块本身的错误（而不是数据库的错误）发生时触发。必须是Error的子类。

（4）DatabaseError：和数据库有关的错误发生时触发。必须是Error的子类。

（5）DataError：当有数据处理时的错误发生时触发，例如除零错误、数据超范围等等。必须是DatabaseError的子类。

（6）OperationalError：指非用户控制的、而是操作数据库时发生的错误。例如：连接意外断开、数据库名未找到、事务处理失败、内存分配错误等等操作数据库时发生的错误。必须是DatabaseError的子类。

（7）IntegrityError：完整性相关的错误，例如外键检查失败等。必须是DatabaseError的子类。

（8）InternalError：数据库的内部错误，例如游标（Cursor）失效、事务同步失败等等。必须是DatabaseError的子类。

（9）ProgrammingError：程序错误，例如数据表（Table）没找到或已存在、SQL语句语法错误、参数数量错误等等。必须是DatabaseError的子类。

（10）NotSupportedError：不支持错误，指使用了数据库不支持的函数或API等。例如在连接对象上使用.rollback()函数，然而数据库并不支持事务或者事务已关闭。必须是DatabaseError的子类。

下面是错误类的层次关系：

StandardError

|__Warning

|__Error

　|__InterfaceError

　|__DatabaseError

　　|__DataError

　　|__OperationalError

　　|__IntegrityError

　　|__InternalError

　　|__ProgrammingError

　　|__NotSupportedError

18.1.4　连接和游标对象

1. 连接对象

连接对象应该具有以下方法：

（1）.close()

马上关闭数据连接（而不是当__del__方法被调用的时候）。此后连接变得不可用，再次访问本连接对象会触发一个错误（Error或其子类）。同样，所有使用本连接对象的游标（Cursor）对象，也会导致例外发生。需要注意的是，在关闭连接对象之前，没有首先提交对数据库的改变将会导致一个隐含的回滚动作（Rollback），这将丢弃之前的数据改变操作。

（2）.commit()

提交任何挂起的事务到数据库中。需要注意的是，如果数据库支持自动提交（Auto-commit），必须在初始化时关闭，一般会有一个接口函数关闭此特性。不支持事务的数据库也应该实现此方法，只需什么都不做。

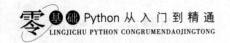

（3）.rollback()

并非所有数据库都支持事务，此方法是可选的。对于支持事务的数据库，调用此方法将导致数据库回滚到事务开始时的状态。关闭数据库连接之前没有明确调用commit()提交数据更新，将导致一个隐含的回滚动作，rollback()被执行。

（4）.cursor()

方法返回给定连接上建立的游标对象（Cursor Object）。如果数据库没有提供对应的游标对象，那么将由程序来模拟实现游标功能。

2. 游标对象

游标对象应具有以下的方法和属性：

（1）.description

这是一个只读属性，是由七个项目组成的tuple的序列，每个tuple包含描述一个结果集中的列的信息描述：

◇ name
◇ type_code
◇ display_size
◇ internal_size
◇ precision
◇ scale
◇ null_ok

其中，前两个项目（name和type_code）是必须的，其他五项是可选的。如果没有意义可以设置为None。对于没有返回结果集的操作或者游标对象还没有执行过任何.execute*()的操作，本属性可以为空（None）。type_code的含义可以比对下面Type对象的描述。

（2）.rowcount

这是一个只读属性，描述的是最后一次数据库操作影响的数据行数（执行.execute系列方法）。可以是数据查询语句（DQL），比如'select'等返回的数据行，也可以是数据操纵语句（DML），比如'update'和'insert'语句等所影响的数据行。

如果还没有执行过任何语句，或者操作本身影响的函数由于数据访问接口的原因不能检测到，则本属性的值为-1。

（3）.close()

立即关闭游标（不论__del__方法是否已调用）。从此刻开始游标对象就变得不可用了。任何试图访问此游标对象的方法或属性的动作都将导致一个错误Error或其子类被抛出。

（4）.execute(operation [,parameters])

准备和执行数据库操作（查询或其他命令）。所提供参数将会被绑定到语句中的变量，变量的定义和数据库模块有关。游标对象将会保留这个操作的引用，如果一个后续的相同的操作被调用，游标对象将会以此来进行优化。当有相同的操作调用（不同的参数变量被传递）时，这是最为有效的优化。一项数据库操作，为了获得最大的执行效率，最好先使用方法.setinputsizes()来指定参数的类型和大小。执行时实际给出的参数和预定义的不同也是合法的，模块的实现需要容忍这个问题，即使以效率的损失为代价。参数可以以tuples的tuple或list的形式提供，例如在一次调用中插入多行数据。但是这种调用应被认为是抛弃的，不建议使用，应该使用专用的方法.executemany()。没有对返回值进行明确界定。

（5）.executemany(operation,seq_of_parameters)

准备数据库操作（查询或其他命令），然后以序列形式的函数来执行该操作。

模块开发可以自由选择是转化为一系列的.execute()方法调用，还是以数组操作的形式调用，以便使数据库把这个序列的操作作为一个整体。使用此方法可能产生一个或多个由未知的行为构成的结果集。建议模块作者（而不是要求）当检测到一次调用已经产生结果集时抛出例外。对于.execute()方法的描述同样适用于此方法。没有对返回值进行明确界定。

（6）.fetchone()

从查询结果集中获取下一行数据，返回值为一个值的序列，如果没有更多数据则返回None。如果上次的.execute系列方法的调用没有生成任何结果集"()"空集或还没有进行任何数据库操作的调用，则调用此方法将抛出例外（Error或其子类）。

（7）.fetchmany([size=cursor.arraysize])

从查询结果中获取下一组行数据，返回值为包含序列的序列（例如元组序列）。当没有数据返回时，则返回空序列。每次调用要获取的行数由参数指定，如果没有指定行数，则游标的arraysize属性决定要获取的行数。如果由于指定的行数不可用而导致无法执行此操作，则可能返回的行数较少。如果上次的.execute系列方法的调用没有生成任何结果集"()"空集或还没有进行任何数据库操作的调用，则调用此方法将抛出例外（Error或其子类）。

（8）.fetchall()

从查询结果中获取结果的所有（或者剩余）行数据，返回值为包含序列的序列（例如元组序列）。如果上次的.execute系列方法的调用没有生成任何结果集"()"空集或还没有进行任何数据库操作的调用，则调用此方法将抛出例外（Error或其子类）。

（9）.nextset()

此方法将游标跳到下一个可用的结果集并丢弃当前结果集的所有行，如果没有更多查询结果集则返回None，否则将会返回True，接下来的fetch操作将会从新结果集返回数据了。如果上次的.execute系列方法的调用没有生成任何结果集"()"空集或还没有进行任何数据库操作的调用，则调用此方法将抛出例外（Error或其子类）。

（10）.arraysize

这是一个可读写的属性，该属性指定每次查询调用返回的行数。默认为1，意味着返回一行数据。

（11）.setinputsizes(sizes)

此方法可以在调用.execute系列方法之前使用，用于预定义内存区域。sizes参数接收一个序列类型的值，每一个元素对应一个输入参数，该元素应该是一个类型对象，对应于将要使用的参数，或者一个整数，用于指定字符串的最大长度。如果元素是None，则没有预定义的内存区域作为保留区域。

（12）.setoutputsize(size [,column])

为一个很大的列（例如LONG、BLOB等类型）设置缓冲区大小。不指定将使用默认大小。

18.1.5　类型

许多数据库需要以特定的格式输入以绑定到操作的输入参数。例如，如果输入的列是DATE列，那么它必须以特定的字符串格式绑定到数据库。在数据库操作的过程中，为了能够正确地与数据库进行数据库交互操作，DB-API定义了一系列用于特殊类型和值的构造函数以及常量，所有模块都要求实现。

◇ Date(year, month, day)：创建日期对象。

◇ Time(hour, minute, second)：创建时间对象。

◇ Timestamp(year, month, day, hour, minute, second)：创建时间戳对象。

◇ DateFromTicks(ticks)：以纪元以来的秒数为参数创建日期对象。

◇ TimeFromTicks(ticks)：以纪元以来的秒数为参数创建时间对象。

◇ TimestampFromTicks(ticks)：以纪元以来的秒数为参数创建时间戳对象。

◇ Binary(string)：以字符串为参数创建二进制对象。

◇ STRING type：字符串类型（例如CHAR）。

◇ BINARY type：二进制类型（例如LONG、RAW、BLOB）。

◇ NUMBER type：数字类型。

◇ DATETIME type：时间/日期类型。

◇ ROWID type：数据库ROWID列对应的类型。

SQL中的NULL类型由Python中的None类型作为对应。

纪元以来的秒数表示的是从1970年1月1日 00：00：00UTC开始的秒数。

 ## 18.2　数据库操作

18.2.1　安装模块

MySQL的Python的第三方库常见的有以下几个：官方提供的mysql-connector（不遵循PythonDB-API规范）、第三方客户端MySQLdb（不兼容Python 3）、MySQLdb的二次封装torndb（兼容Python 3）和PyMySQL（纯Python实现）。本节以PyMySQL为例。

Linux以及Mac用户可以使用命令（请使用管理员权限运行）：

```
pip3 install PyMySQL
```

Windows平台下的Anaconda用户可以在打开Anaconda Prompt后使用命令：

```
conda install PyMySQL
```

18.2.2　连接数据库

下面是一个连接MySQL数据库的例子：

动手写18.2.1

```
01  #!/usr/bin/env python
02  # -*- coding: UTF-8 -*-
03
04  import pymysql
05
06  host = "localhost"
07  username = "01kuaixue"
08  password = "01Kuaixue"
09  db_name = "test"
10
11  # 创建connect对象
12  connect = pymysql.connect(host, username, password, db_name)
13
14  # 获取游标对象
15  cursor = connect.cursor()
16
```

```
17  cursor.execute("SELECT VERSION()")
18  result = cursor.fetchone()
19
20  print(result)
21
22  cursor.close()
23  connect.close()
```

如果配置一切正确，这个例子将会打出MySQL版本。

18.2.3 创建表

上一小节中已经介绍了如何通过PDO连接MySQL数据库，下面将介绍向MySQL数据库中写入数据的方法。

在数据库"test"中创建一张表"users"，表中包含"id""name""age"等字段：

动手写18.2.2

```
01  #!/usr/bin/env python
02  # -*- coding: UTF-8 -*-
03
04  import pprint
05  import pymysql
06
07  host = "localhost"
08  username = "01kuaixue"
09  password = "01Kuaixue"
10  db_name = "test"
11
12  create_sql = """
13  CREATE TABLE `users` (
14      `id` INT NOT NULL AUTO_INCREMENT,
15      `name` VARCHAR(45) NULL,
16      `age` INT NULL,
17      PRIMARY KEY (`id`))
18  DEFAULT CHARACTER SET = utf8;
19  """
20
21  # 创建connect对象
```

```
22  connect = pymysql.connect(host, username, password, db_name)
23
24  # 获取游标对象
25  cursor = connect.cursor()
26
27  # 创建数据表
28  cursor.execute(create_sql)
29
30  # 查询我们创建的新表的结构
31  cursor.execute("DESC users")
32  result = cursor.fetchall()
33
34  pprint.pprint(result)
35
36  cursor.close()
37  connect.close()
```

执行结果如下：

```
(('id', 'int(11)', 'NO', 'PRI', None, 'auto_increment'),
('name', 'varchar(45)', 'YES', '', None, ''),
('age', 'int(11)', 'YES', '', None, ''))
```

可以看出，执行结果和我们期望的结果是一致的。

18.2.4　插入数据

插入数据和执行创建表的方式基本相同，只是要注意在最后需要调用commit方法提交对数据库的修改，否则数据并不会真的插入到数据库中。

动手写18.2.3

```
01  #!/usr/bin/env python
02  # -*- coding: UTF-8 -*-
03
04  import pprint
05  import pymysql
06
07  host = "localhost"
08  username = "01kuaixue"
09  password = "01Kuaixue"
```

```
10  db_name = "test"
11
12  insert_sql = """
13  INSERT INTO users (id, name, age)
14      VALUES (1, 'Python小白', 20),(2, 'Python老鸟', 40)
15
16  """
17
18  # 创建connect对象插入中文需要指定编码
19  connect = pymysql.connect(host, username, password, db_name,
    charset='utf8')
20
21  # 获取游标对象
22  cursor = connect.cursor()
23
24  try:
25      # 插入数据
26      cursor.execute(insert_sql)
27      connect.commit()
28  except Exception as e:
29      # 发生错误回滚
30      connect.rollback()
31
32  cursor.close()
33  connect.close()
```

18.2.5 查询数据

查询数据的时候可以使用fetchone方法返回一行数据，也可以使用fetchall获取多条数据。
例如：

动手写18.2.4

```
01  #!/usr/bin/env python
02  # -*- coding: UTF-8 -*-
03
04  import pprint
05  import pymysql
06
07  host = "localhost"
```

```
08  username = "01kuaixue"
09  password = "01Kuaixue"
10  db_name = "test"
11
12
13  # 创建connect对象插入中文需要指定编码
14  connect = pymysql.connect(host, username, password, db_name,
    charset='utf8')
15
16  # 获取游标对象查询返回字典
17  cursor = connect.cursor(pymysql.cursors.DictCursor)
18
19
20  cursor.execute("SELECT * FROM users")
21
22  # 只返回一个
23  result = cursor.fetchone()
24  print("fetchone")
25  pprint.pprint(result)
26
27  cursor.execute("SELECT * FROM users")
28  # 全部返回
29  result = cursor.fetchall()
30  print("fetchall")
31  pprint.pprint(result)
32
33  cursor.close()
34  connect.close()
```

执行结果如下：

```
fetchone
{'age': 20, 'id': 1, 'name': 'Python小白'}

fetchall
[{'age': 20, 'id': 1, 'name': 'Python小白'}, {'age': 40, 'id': 2,
'name': 'Python老鸟'}]
```

18.2.6 更新数据

更新操作和插入操作类似，在修改完之后需要调用commit方法提交修改。

动手写18.2.5

```python
01  #!/usr/bin/env python
02  # -*- coding: UTF-8 -*-
03
04  import pprint
05  import pymysql
06
07  host = "localhost"
08  username = "01kuaixue"
09  password = "01Kuaixue"
10  db_name = "test"
11
12
13  # 创建connect对象插入中文需要指定编码
14  connect = pymysql.connect(host, username, password, db_name,
    charset='utf8')
15
16  # 获取游标对象查询返回字典
17  cursor = connect.cursor(pymysql.cursors.DictCursor)
18
19
20
21  cursor.execute("SELECT * FROM users")
22  result = cursor.fetchall()
23  print("更新前")
24  pprint.pprint(result)
25
26  cursor.execute("UPDATE users SET age=30 WHERE id = 2")
27  connect.commit()
28
29  cursor.execute("SELECT * FROM users")
30  result = cursor.fetchall()
31  print("更新后")
32  pprint.pprint(result)
33
34
35  cursor.close()
36  connect.close()
```

执行结果如下：

```
更新前
[{'age': 20, 'id': 1, 'name': 'Python小白'}, {'age': 40, 'id': 2,
'name': 'Python老鸟'}]
更新后
[{'age': 20, 'id': 1, 'name': 'Python小白'}, {'age': 30, 'id': 2,
'name': 'Python老鸟'}]
```

18.2.7　删除数据

删除操作对应SQL语句的DELETE操作，操作完也需要调用commit方法提交。

动手写18.2.6

```python
01  #!/usr/bin/env python
02  # -*- coding: UTF-8 -*-
03
04  import pprint
05  import pymysql
06
07  host = "localhost"
08  username = "01kuaixue"
09  password = "01Kuaixue"
10  db_name = "test"
11
12
13  # 创建connect对象插入中文需要指定编码
14  connect = pymysql.connect(host, username, password, db_name,
    charset='utf8')
15
16  # 获取游标对象查询返回字典
17  cursor = connect.cursor(pymysql.cursors.DictCursor)
18
19
20
21  cursor.execute("SELECT * FROM users")
22  result = cursor.fetchall()
23  print("删除前")
24  pprint.pprint(result)
25
26  cursor.execute("DELETE FROM users WHERE id = 2")
27  connect.commit()
28
```

```
29  cursor.execute("SELECT * FROM users")
30  result = cursor.fetchall()
31  print("删除后")
32  pprint.pprint(result)
33
34
35  cursor.close()
36  connect.close()
```

执行结果如下：

```
删除前
[{'age': 20, 'id': 1, 'name': 'Python小白'}, {'age': 30, 'id': 2,
'name': 'Python老鸟'}]
删除后
[{'age': 20, 'id': 1, 'name': 'Python小白'}]
```

18.3 事务

事务是数据库管理系统执行过程中的一个逻辑单位，由一个有限的数据库操作序列构成。事务的目的是为了保证数据的一致性。例如银行转账，假设有A、B和C三个账户，从A账户转100元到B账户需要进行至少两次的数据库修改操作，即A账户余额减少100元和B账户余额增加100元。如果由于一些意外发生，例如断电断网等，导致A账户余额减少后B账户无法增加余额，那么A账户就不应该减少100元，在生活中的例子就是转账失败，存款退回原账户。如果没有事务，在执行A账户余额减少后程序意外终止（例如宕机或者系统资源不足等），导致A账户白白损失了100元，这显然是不可接受的。有了事务就能保证这两步数据库操作要么都能完成，要么都不能完成，更不会影响到C账户的余额，这就是事务的作用。

数据库事务拥有以下四个特性，习惯上称之为ACID特性：

（1）原子性（Atomicity）：事务作为一个整体被执行，包含在其中的对数据库的操作要么全部被执行，要么都不执行。

（2）一致性（Consistency）：事务应确保数据库的状态从一个一致状态转变为另一个一致状态。一致状态的含义是数据库中的数据应满足完整性约束。

（3）隔离性（Isolation）：多个事务并发执行时，一个事务的执行不应影响其他事务的执行。

（4）持久性（Durability）：已被提交的事务对数据库的修改应该永久保存在数据库中。

Python DB-API中为事务提供了两个方法：commit和rollback。

动手写18.3.1

```
01  #!/usr/bin/env python
02  # -*- coding: UTF-8 -*-
03
04  import pymysql
05
06  host = "localhost"
07  username = "01kuaixue"
08  password = "01Kuaixue"
09  db_name = "test"
10
11  # 创建connect对象
12  connect = pymysql.connect(host, username, password, db_name)
13
14  # 获取游标对象
15  cursor = connect.cursor()
16
17  # 正确的sql语句
18  insert_sql1 = "INSERT INTO users (name, age) VALUES ('', 1)"
19  # 错误的sql语句
20  insert_sql2 = "INSERT INTO users (name, age) VALUES ( 1)"
21  try:
22      cursor.execute(insert_sql1)
23      cursor.execute(insert_sql2)
24      # 执行成功提交更改数据
25      connect.commit()
26  except pymysql.err.InternalError:
27      # 执行失败回滚数据
28      connect.rollback()
29
30  cursor.close()
31  connect.close()
```

这个例子中执行了两条SQL语句，只要有一条错误，两条都不会生效。DB-API中的commit
方法用于提交所有更新，rollback方法用于回滚当前游标的所有操作。每个方法都开启一个新的
事务。

18.4 小结

本章主要介绍了Python编程语言如何操作MySQL。Python标准库中并没有操作MySQL的模块，但是Python官方定义了数据库API的规范，使开发人员在使用不同的数据库时能使用相同的操作方式。本章的大部分函数和方法不单单适用于MySQL，也适用于Oracle、PostgreSQL等兼容DB-API规范的扩展。

18.5 知识拓展

18.5.1 SQLAlchemy模块介绍

虽然PythonDB-API统一了数据库接口，但是并不是所有开发人员都精通SQL语句和数据库，而且SQL语句在Python代码中就是一系列的字符串，要融入到原生的Python代码中并不是件容易的事，但如果操作数据库和操作类一样的话就能极大地方便开发并且更容易理解。这就是ORM技术（Object-Relational Mapping），它能把关系数据库的表结构映射到对象上。SQLAlchemy是最流行的Python ORM模块之一。

Linux以及Mac用户可以使用命令（请使用管理员权限运行）：

```
pip3 install sqlalchemy
```

Windows平台下的Anaconda用户可以在打开Anaconda Prompt后使用命令：

```
conda install sqlalchemy
```

18.5.2 SQLAlchemy模块简单使用

使用SQLAlchemy需要先初始化Session并定义表结构对应的类：

动手写18.5.1

```
01  #!/usr/bin/env python
02  # -*- coding: UTF-8 -*-
03
04  from sqlalchemy import Column, Integer, String, create_engine
05  from sqlalchemy.orm import sessionmaker
06  from sqlalchemy.ext.declarative import declarative_base
07
08
```

```
09    # 创建对象的基类:
10    Base = declarative_base()
11
12    # 定义User对象:
13    class User(Base):
14        # 数据库中表的名字:
15        __tablename__ = 'users'
16
17        # 数据库表结构对应的字段:
18        id = Column(Integer(), primary_key=True)
19        name = Column(String(20))
20        age = Column(Integer())
21    # 初始化数据库连接:
22    
23    engine = create_engine('mysql+pymysql://01kuaixue:01Kuaixue@
      localhost:3306/test?charset=utf8')
24    # 创建DBSession类型:
25    DBSession = sessionmaker(bind=engine)
```

创建数据库连接时可以使用dburi的格式:

```
mysql+pymysql://<username>:<password>@<host>:<port>/<dbname>?<option>
```

前面的mysql+pymysql表示我们连接的是MySQL数据库,并使用pymysql作为数据库连接driver。

要在数据库中创建数据只要新建对象即可:

动手写18.5.2

```
01    #!/usr/bin/env python
02    # -*- coding: UTF-8 -*-
03
04    from sqlalchemy import Column, Integer, String, create_engine
05    from sqlalchemy.orm import sessionmaker
06    from sqlalchemy.ext.declarative import declarative_base
07
08    # 创建对象的基类:
09    Base = declarative_base()
10
11    # 定义User对象:
12    class User(Base):
13        # 数据库中表的名字:
```

```
14        __tablename__ = 'users'
15
16        # 数据库表结构对应的字段：
17        id = Column(Integer(), primary_key=True)
18        name = Column(String(20))
19        age = Column(Integer())
20
21    # 初始化数据库连接：
22    engine = create_engine('mysql+pymysql://01kuaixue:01Kuaixue@
      localhost:3306/test?charset=utf8')
23    # 创建DBSession类型：
24    DBSession = sessionmaker(bind=engine)
25
26    session = DBSession()
27
28    xiaoming = User(id=5, name='小明', age=18)
29    # 添加到session：
30    session.add(xiaoming)
31    # 提交即保存到数据库：
32    session.commit()
33    # 关闭session：
34    session.close()
```

由于篇幅有限，本节就不再展开更多细节。读者可以从SQLAlchemy官网上查阅更多示例。

>> 第 **19** 章

使用 Django 创建
Web 站点

 19.1 常见的Web开发框架

19.1.1　Python与Web

随着Internet的迅速发展，越来越多的应用程序从传统的C/S（客户端/服务端）架构转向了B/S（浏览器/服务端）架构。在互联网发展的早期，由于当时计算机性能网页的业务逻辑相对简单，所以当时的Web开发人员把网页HTML页面内容和业务逻辑混合在一个文件中编写。然而随着计算机性能的提升，这些Web应用的业务逻辑变得越来越复杂，常见的有HTML5页面、网页游戏、网页版微软Office，甚至出现了像Chrome OS这样的围绕浏览器开发的操作系统，显然，像以前一样一个文件、一个网页、一个功能的方式已经不再适用于现代的Web开发了。为了让Web开发人员能够开发更复杂的应用逻辑而不是处理简单的HTML，各式各样的Web开发框架应运而生。

Web开发框架能够帮助用户处理许多和HTTP相关的操作，例如URL路由解析、POST和GET参数获取等等。当然，最重要的是Web框架已经定义了一系列的处理方式和模板，开发人员只需要开发数据应用的业务逻辑即可。并且大部分Web开发框架还有分层的作用，使业务逻辑可以细化到不同的逻辑层次，从而实现组件化、模块化。

Python语言中已经有很多发展成熟的Web开发框架。这其中有"微框架"设计的Bottle、Flask、CherryPy，拥有异步非阻塞IO的Tornado、Sanic，功能大而全的Django、Pyramid、TurboGears和Web2py，也有基于现有Web开发框架再次开发的Dash、DjangoRESTframework等等。本章将会介绍一些常见的Web开发框架。

19.1.2　Flask

Flask是一个使用Python、基于Werkzeug WSGI工具箱和Jinja2模板引擎编写的轻量级Web应用框架。Flask使用BSD授权。

Flask被称为"Microframework"，因为它使用简单的核心，用Extension增加其他功能。Flask没有默认使用的数据库、窗体验证工具。然而，Flask保留了扩增的弹性，可以用Flask-extension加入这些功能：ORM、窗体验证工具、文件上传和各种开放式身份验证技术。

2004年，一群来自世界各地的Python热衷者组成了Pocoo团队，Flask的作者正是来自Pocoo的阿明·罗拉撒（Armin Ronacher）。Flask本来只是作者的一个愚人节玩笑，不过后来大受欢迎，进而成为一个正式的项目，它的设计受到了基于Ruby语言的Sinatra项目的影响。Flask的特色有：

◇ 内置开发用服务器和调试器。

◇ 集成单元测试。

◇ RESTful请求分发。

◇ 使用Jinja2模板引擎。

◇ 支持安全Cookies（客户端会话）。

◇ 100% WSGI 1.0兼容。

◇ 基于Unicode。

◇ 详细的文件、教学。

◇ Google App Engine兼容。

◇ 可用Extension增加其他功能。

19.1.3 Tornado

Tornado的完整名称是Tornado Web Server，是一个用Python语言写成的Web服务器兼Web应用框架，由FriendFeed公司在自己的网站FriendFeed中使用，被Facebook收购以后，该框架才以开源软件的形式开放给大众。

作为Web框架，Tornado十分轻量，类似于另一个Python Web框架Web.py，其拥有异步非阻塞IO的处理方式。

作为Web服务器，Tornado有较为出色的抗负载能力，官方用Nginx反向代理的方式部署Tornado和其他Python Web应用框架进行对比，结果它能承受的最大浏览量超过第二名近40%。

Tornado使用了异步非阻塞IO的编程方式，拥有强大的并发性能，但是这也带来了不少副作用。不同于其他Web开发框架，有许多第三方的数据库引擎不能直接应用在Tornado上。幸好Tornado官方和许多第三方开发者开发了不少适合Tornado的数据库引擎，不过相对于其他Web框架，Tornado的兼容性就没有任何优势了。

19.1.4　Django

Django是一个开放源代码的Web应用框架，由Python写成。Django采用了MVT的软件设计模式，即模型Model、视图View和模板Template。Django最初是被开发来用于管理劳伦斯出版集团旗下的一些以新闻内容为主的网站的，并于2005年7月在BSD许可证下发布。这套框架以出生于比利时的吉卜赛爵士吉他手强哥·莱恩哈特（Django Reinhardt）的名字来命名。

Django的主要目标是让开发复杂的、数据库驱动的网站变得简单。Django注重组件的重用性和"可插拔性"、敏捷开发和DRY法则（Don't Repeat Yourself）。在Django中Python被普遍使用，甚至包括配置文件和数据模型。

Django框架的核心包括：一个面向对象的映射器，用作数据模型（以Python类的形式定义）和关系性数据库间的介质；一个基于正则表达式的URL分发器；一个视图系统，用于处理请求；一个模板系统。

核心框架中还包括：

◇ 一个轻量级的、独立的Web服务器，用于开发和测试。

◇ 一个表单序列化及验证系统，用于HTML表单和适于数据库存储的数据之间的转换。

◇ 一个缓存框架，并有几种缓存方式可供选择。

◇ 中间件支持，允许对请求处理的各个阶段进行干涉。

◇ 内置的分发系统允许应用程序中的组件采用预定义的信号进行相互间的通信。

◇ 一个序列化系统，能够生成或读取采用XML或JSON表示的Django模型实例。

◇ 一个用于扩展模板引擎的能力的系统。

Django 包含了很多应用在它的contrib包中，包括：

◇ 一个可扩展的认证系统。

◇ 动态站点管理页面。

◇ 一组产生RSS和Atom的工具。

◇ 一个灵活的评论系统。

◇ 产生Google站点地图（Google Sitemaps）的工具。

◇ 防止跨站请求伪造（Cross-Site Request Forgery）的工具。

◇ 一套支持轻量级标记语言（Textile和Markdown）的模板库。

◇ 一套协助创建地理信息系统（GIS）的基础框架。

Django于2008年6月17日正式成立基金会。

19.1.5　Pyramid

Pyramid是一个基于模型、视图、控制器（MVC）架构模式的开源WSGI Web框架。最初该项目

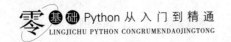

是一个名为Pylons的单一Web框架，但在与新名称Pyramid下的repoze.bfg框架合并之后，Pylons项目现在由多个相关的Web应用程序技术组成，其主要目标是以最小的代价做最多的事。

Pyramid最大的特点就是灵活性和可扩展性（尤其和Django相比）。在使用Pyramid时，程序员可以自由地选择使用什么样的数据库、URL结构和模板风格等等，可以不费劲地利用SQLAI创建传统的RDBMS应用。和Flask一样，Pyramid支持多种类型的模板语言和引擎，包括Jinja2和Mako，而且它自己也有内置解决方案。甚至，它还兼容Chameleon———一个便捷的、通用的ZPT模板工具。

Pyramid被大家广泛认可的优点包括：可以将一个完整的网站生成一个单一的文件；可修改的模板；可配置的资源；灵活的身份验证和授权；高级的引导工具——pcreate；基于view的方法；支持命令型和陈述型的配置语法；HTTP缓存；内建Session会话等等。Pyramid是目前流行的构建大中小型应用的框架，但也正是因为Pyramid具有强大的灵活性，可能会让一些有"选择困难症"的初学者纠结于功能使用选择上，如果选择不好，可能会掉进一个又一个的坑里去。

19.1.6　选择合适的框架

每个Web开发框架都有着各自的特性和使用范围，面对众多的Web开发框架，开发者需要根据项目的需求以及以后可能的扩展来选择适合自己的Web开发框架。

如果只是想开发一个简单的Web应用或者仅仅只是一个雏形，那么可以选择比较轻量级的Web开发框架，比如Flask、Bottle等。选择这些"微框架"可以使用简单的语法迅速完成简单的功能。但是与此同时，当需求增加的时候，这些开发框架的特性就带来了限制。因为其中许多功能都需要开发者自己来实现，无形中反而增加了不少工作量。

而如果开发的项目从一开始就是一个相当复杂的项目，需要实现许多功能，则可以使用像Django、Pyramid这样的框架。因为像Django这类框架本身实现了一个Web应用所需要的大部分功能。功能丰富的组件是在实际应用中不断扩展的，以满足Web应用中的大部分需求。但是也正因为其组件繁多，功能强大，导致这种"全栈"的Web开发框架很难掌握，需要长期地投入大量时间来学习。

各个Web开发框架都有自己的优势和劣势，所以要根据项目的实际需求来选择合适的Web开发框架。

19.2　开发环境介绍

19.2.1　Django安装

Django是一个纯Python（部分网页模板会涉及HTML、CSS和JavaScript）的Web开发框架。由于

Python语言的跨平台特性，使Django可以很方便地安装在Windows、Linux、Mac OS以及其他的操作系统上。并且Django是一个"全栈"框架，其本身已经实现了Web开发所需要的组件，所以只需要Django就可以完成一个完整的Web开发了。

　　Django项目的主页为https://www.djangoproject.com/。截止到本书截稿时，最新的稳定版本为2.1。从2.0开始Django就不再支持Python 2了，如果有用户还在使用Python 2的话，可以安装1.11版本。1.11版本是一个长期支持版本（LTS版本），也是最后一个同时支持Python 2和Python 3的版本，官方承诺将会维护1.11版本至2020年。所以本节将采用1.11版本进行讲解。

　　安装Django和安装其他第三方Python模块的步骤是一样的：

　　Linux以及Mac用户可以使用命令（请使用管理员权限运行）：

```
pip3 install Django==1.11
```

　　Windows平台下的Anaconda用户可以在打开Anaconda Prompt后使用命令：

```
conda install Django==1.11
```

　　安装完毕后可以尝试引入Django模块并打印版本信息来确认是否安装成功：

动手写19.2.1

```
01  #!/usr/bin/env python
02  # -*- coding: UTF-8 -*-
03
04  import django
05
06  print(django.get_version())
```

　　如果一切正常则会打印出安装的Django版本号。这个例子的输出结果如下：

```
1.11.3
```

19.2.2　创建Django项目

　　在安装完Django之后，就可以开发Web应用了。Django框架提供了一种迅速的方法来创建功能丰富的Web应用，那就是django-admin.py。在Django成功安装完之后在系统中创建django-admin命令。

　　此命令中包含许多子命令选项，可以通过这些选项来操作项目。在命令行中输入命令"Django-admin.py help"可以获得如下提示：

```
(base) C:\WINDOWS\system32>django-admin.py
```

```
Type 'django-admin.py-script.py help <subcommand>' for help on a
specific subcommand.

Available subcommands:

[django]
    check
    compilemessages
    createcachetable
    dbshell
    diffsettings
    dumpdata
    flush
    inspectdb
    loaddata
    makemessages
    makemigrations
    migrate
    runserver
    sendtestemail
    shell
    showmigrations
    sqlflush
    sqlmigrate
    sqlsequencereset
    squashmigrations
    startapp
    startproject
    test
    testserver
Note that only Django core commands are listed as settings are not
properly configured (error: Requested setting INSTALLED_APPS, but
settings are not configured. You must either define the environment
variable DJANGO_SETTINGS_MODULE or call settings.configure() before
accessing settings.).
```

从输出结果可以看到，有许多子命令可以帮助我们进行Web开发。使用命令"Django-admin.py version"也可以显式使用Django版本号。

可以使用子命令startproject来迅速创建Django项目：

```
django-admin.py startproject blog
```

命令会在当前目录生成如下结构的文件夹：

blog
 | manage.py
 |
 └──blog
    settings.py
    urls.py
    wsgi.py
    __init__.py

◇ 最外面的blog/ 根目录：一个包含了我们项目所有文件的文件夹。这个目录的名字无关紧要，我们可以修改成任意想要的名字。

◇ manage.py：这是一个命令行的工具集，它将会帮助我们管理创建好的Django项目。

◇ 目录内的blog/ 目录：我们项目的Python模块，这个名字是我们在项目中需要导入模块的最上层的模块名，所以我们不应该修改这个目录的名字。

◇ blog/settings.py：此文件包含了所有Django项目的设置和配置信息，之后的章节会介绍如何使用它。

◇ blog/urls.py：此文件包含了项目的URL的信息，也是用户访问Django与应用的方式。

◇ blog/wsgi.py：此文件是一个兼容WSGI的Web服务器的入口点。在本章的知识拓展中可以学到和此文件相关的知识。

◇ blog/__init__.py：这是一个空文件，其用途只是为了指明blog目录是一个Python模块。

19.2.3　开发服务器

从最外层的blog文件夹进入之后就可以看到manage.py文件。在命令行中运行manage.py文件。Linux和Mac OS用户使用命令：

```
./manage.py
```

Windows用户使用命令：

```
python manage.py
```

命令会输出如下内容：

```
Type 'manage.py help <subcommand>' for help on a specific subcommand.

Available subcommands:

[auth]
    changepassword
    createsuperuser

[contenttypes]
    remove_stale_contenttypes

[django]
    check
    compilemessages
    createcachetable
    dbshell
    diffsettings
    dumpdata
    flush
    inspectdb
    loaddata
    makemessages
    makemigrations
    migrate
    sendtestemail
    shell
    showmigrations
    sqlflush
    sqlmigrate
    sqlsequencereset
    squashmigrations
    startapp
    startproject
    test
    testserver
```

```
[sessions]
    clearsessions

[staticfiles]
    collectstatic
    findstatic
    runserver
```

可以看到manage.py命令为我们提供了丰富的指令来管理项目，随着项目的深入会一一介绍常用的指令。

接着我们运行runserver命令：

```
python manage.py runserver
```

命令将会在屏幕上输出：

```
Performing system checks...

System check identified no issues (0 silenced).

You have 13 unapplied migration(s). Your project may not work properly
until you apply the migrations for app(s): admin, auth, contenttypes,
sessions.
Run 'python manage.py migrate' to apply them.
August 26, 2018 - 20:33:15
Django version 1.11.3, using settings 'blog.settings'
Starting development server at http://127.0.0.1:8000/
Quit the server with CTRL-BREAK.
```

这时候一个Django内置的开发服务器就成功启动了。这是一个用Python编写的轻量级Web服务器，Django项目组将它包含在Django中，基于内置的开发服务器我们可以快速开发，无须处理配置生产服务器（如Apache）。需要注意的是：不要在生产环境使用这个内置的开发服务器，它只是方便我们开发而已。

现在打开浏览器，访问http://127.0.0.1:8000，我们将会看到一个包含"Congratulations!"的页面（如图19.2.1）。一个最简单的Django项目完成了！

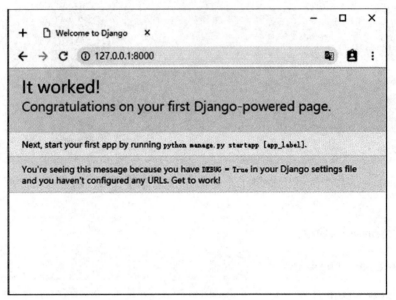

图19.2.1　启动Django

返回之前敲打命令的终端，按下Ctrl+C可以停止这个开发服务器。

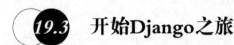 **19.3** **开始Django之旅**

19.3.1　配置数据库

上一节已经介绍了Django的安装和创建项目，以及一个简单的开发服务器。对于网站来说，数据库也是一个必不可少的环节。本章的Django示例选用的是SQLite数据库。SQLite数据库作为一种轻量级的数据库引擎，小巧、简单、方便管理，具有其他大型数据库所不具备的易于上手的优势。Django把数据库操作抽象成了ORM模型，用户只需在配置文件中做相关的配置即可，如果想要换成别的数据库也只需要修改配置文件而不需要修改业务代码，极大地方便了用户的迁移。

在setting.py文件中设置相应的属性值对数据库进行设置：

```
DATABASES = {
    'default': {
        'ENGINE': 'django.db.backends.sqlite3',
        'NAME': os.path.join(BASE_DIR, 'db.sqlite3'),
    }
}
```

默认的Django项目使用的就是SQLite，所以我们并不需要做任何改动。上面的操作只是配置数据库，但是并没有生成数据库。生成数据库可以使用manager.py的migrate来帮助我们操作：

```
python manage.py migrate
```

屏幕上会输出：

```
Operations to perform:
  Apply all migrations: admin, auth, contenttypes, sessions
Running migrations:
  Applying contenttypes.0001_initial... OK
  Applying auth.0001_initial... OK
  Applying admin.0001_initial... OK
  Applying admin.0002_logentry_remove_auto_add... OK
  Applying contenttypes.0002_remove_content_type_name... OK
  Applying auth.0002_alter_permission_name_max_length... OK
  Applying auth.0003_alter_user_email_max_length... OK
  Applying auth.0004_alter_user_username_opts... OK
  Applying auth.0005_alter_user_last_login_null... OK
  Applying auth.0006_require_contenttypes_0002... OK
  Applying auth.0007_alter_validators_add_error_messages... OK
  Applying auth.0008_alter_user_username_max_length... OK
  Applying sessions.0001_initial... OK
```

这个操作会在目录下生成db.sqlite3文件，并且帮助我们生成数据库和相应的表。

19.3.2　生成Django应用

一个Django网站可能会包含多个Django应用。可以使用manage.py的startapp子命令来生成Django应用。

```
python manage.py startapp news
```

这样会创建一个news目录，它的目录结构大致如下：

```
news
    │  admin.py
    │  apps.py
    │  models.py
    │  tests.py
```

```
|   views.py
|   __init__.py
|
└──migrations
        __init__.py
```

这个目录包含了news应用的全部内容，现在让我们开始编写第一个网页。

首先打开news/views.py文件，输入如下代码：

动手写19.3.1

```
01  from django.http import HttpResponse
02
03  def index(request):
04      return HttpResponse("Hello, world! This is news index")
```

这是Django中最简单的视图。要调用视图，我们需要将它映射到一个URL。为此，我们需要一个URLconf。

在news目录中创建一个新的URLconf，可以在目录下新建文件urls.py，并编写如下代码：

动手写19.3.2

```
01  from django.conf.urls import url
02
03  from . import views
04
05  urlpatterns = [
06      url(r'^$', views.index, name='index'),
07  ]
```

读者可能已经发现，在内部的blog下也有一个urls.py文件。下一步就是要把news应用的urls.py加入到项目的urls.py中。编辑blog/urls.py文件，先在开头导入include模块，然后在urlpatterns中加入前面新建news的URLconf，修改后的文件如下：

动手写19.3.3

```
01  from django.conf.urls import include, url
02  from django.contrib import admin
03
04  urlpatterns = [
05      url(r'^news/', include('news.urls')),
06      url(r'^admin/', admin.site.urls),
07  ]
```

　　方法include()相当于二级路由策略，它将接收到的URL地址去除了它前面的正则表达式，将剩下的字符串传递给下一级路由进行判断。

　　include方法的背后是一种即插即用的思想。项目根路由不关心具体app的路由策略，只管往指定的二级路由转发，实现了解耦的特性。app所属的二级路由可以根据自己的需要随意编写，不会和其他的app路由发生冲突。app目录可以放置在任何位置，而不用修改路由。这是软件设计里很常见的一种模式。

　　现在已将索引视图连接到URLconf。让我们来验证它的工作，运行以下命令：

```
python manage.py runserver
```

　　如果一切就绪，就打开浏览器访问http://127.0.0.1:8000/news，将会看到如图19.3.1所示的网页。

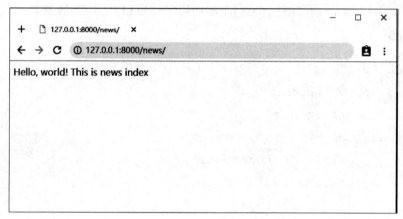

图19.3.1　第一个Django

　　第一个网页就大功告成了。

19.3.3　创建模型

　　定义应用的模型本质上就是定义该模型所对应的数据库设计及其附带的元数据。在本章的一个简易的news应用中，只需要创建一个模型Post，将Post对象的content属性作为消息内容，publish_date属性作为发布时间。

　　规划好模型接口之后就可以使用Python类来定义模型了。编辑news/models.py文件：

动手写19.3.4

```
01  from django.db import models
02
03
04  class Post(models.Model):
```

```
05      title = models.CharField(max_length=20)
06      content = models.CharField(max_length=200)
07      publish_date = models.DateTimeField('date piblished')
```

代码很简单，Post继承自django.db.models.Model，并且定义了一些类变量，这些变量表示模型中对应的数据库字段。每个字段都是由Field类的实例表示的，例如这个例子中表示字符串类型字段的CharField和表示时间类型字段的DateTimeField，这样就在Django中定义了每个字段持有的类型了。有些字段还需要一些必要的参数，比如CharField字段需要max_length参数。这不仅仅在数据库中使用，在验证中也会被用到。

要在项目中激活使用应用，用户需要在INSTALLED-APPS中设置添加对应用配置类的引用。应用news对应的配置类是NewsConfig，位于news/apps.py文件中，因此引用的路径就是"news.apps.NewsConfig"。编辑blog/setting.py文件，把引用添加到INSTALLED_APPS列表中：

动手写19.3.5

```
01  INSTALLED_APPS =  [
02      'news.apps.NewsConfig',
03      'django.contrib.admin',
04      'django.contrib.auth',
05      'django.contrib.contenttypes',
06      'django.contrib.sessions',
07      'django.contrib.messages',
08      'django.contrib.staticfiles',
09  ]
```

在Django设置中添加news应用配置类的引用之后就可以准备数据库迁移了，在终端中运行：

```
python manage.py makemigrations news
```

该命令会输出如下代码：

```
Migrations for 'news':
  news\migrations\0001_initial.py
    - Create model Post
```

运行makemigrations子命令，用于告诉Django对模型做了一些变更（创建了Posts模型），Django会根据这些编程生成迁移文件。新生成的迁移文件位于news\migrations\0001_initial.py。这一切都是自动生成的，大部分情况下用户并不需要修改迁移文件。

生成迁移文件之后用户可以让Django输出迁移文件对应的SQL语句。这一步并不是必需的，只是方便用户确认操作。在终端中输入：

```
python manage.py sqlmigrate news 0001
```

该命令会输出如下代码：

```
BEGIN;
--
-- Create model Post
--
CREATE TABLE "news_post" (
"id" integer NOT NULL PRIMARY KEY AUTOINCREMENT,
"title" varchar(20) NOT NULL,
"content" varchar(200) NOT NULL, "publish_date" datetime NOT NULL
);
COMMIT;
```

用户并不需要了解SQL语句也能使用Django生成数据库表结构。

接着使用migrate命令自动就可以把这些变更带到数据库中了，运行如下命令：

```
python manage.py migrate
```

该命令会输出如下代码：

```
Operations to perform:
  Apply all migrations: admin, auth, contenttypes, news, sessions
Running migrations:
  Applying news.0001_initial... OK
```

迁移功能非常强大，它可以让你在开发过程中不断修改你的模型而不用删除数据库或者表，然后再重新生成一个新的——它专注于升级你的数据库且不丢失数据。

19.3.4　管理站点

为员工或客户生成管理网站，用来添加、更改和删除内容是一项烦琐的工作，并不需要太多的创造力。因此，Django可以完全自动地创建模型的管理界面。Django是在一个新闻编辑室的环境中编写的，在里面，"内容发布者"和"公共"网站之间有着非常明确的区分。网站管理员使用系统添加新闻故事、事件、体育等，并且将该内容显示在公共网站上。Django解决了为网站管理员

创建统一界面以编辑内容的问题，管理网站不打算供网站访问者使用。

首先，我们需要创建一个可以登录到管理网站的账户。运行以下命令：

```
python manage.py createsuperuser
```

输入用户名：

```
Username: admin
```

输入邮箱地址：

```
Email address: admin@example.com
```

最后一步是输入你的密码。要求输入密码两次，第二次作为第一次的确认。

```
Password: **********
Password (again): *********
Superuser created successfully.
```

Django的管理站点是默认启用的。让我们启动开发服务器：

```
python manage.py runserver
```

启动开发服务器后打开浏览器访问http://127.0.0.1:8000/admin，用户可以看到一个登录界面（如图19.3.2所示）。

图19.3.2　Django登录界面

使用刚才创建的账户登录就可以看到一个管理后台（如图19.3.3所示）。

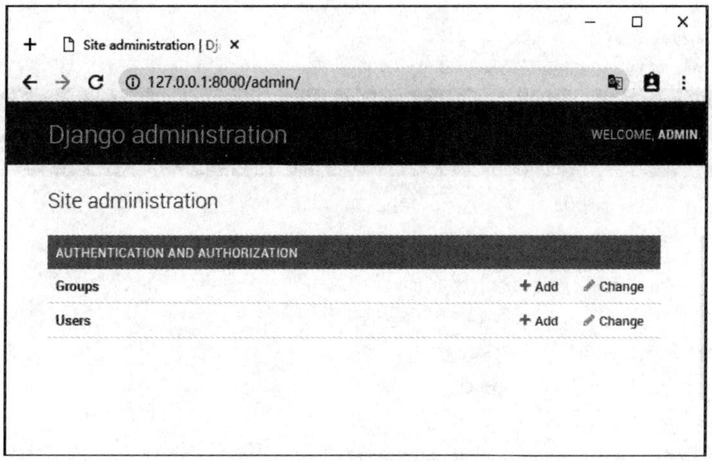

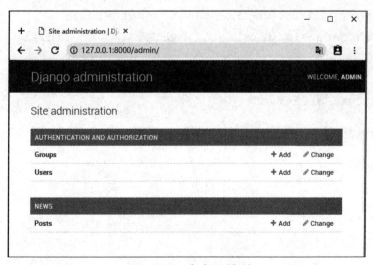

图19.3.3　Django管理后台

默认情况下里面只有用户和用户组的管理。用户可以很方便地把自己创建的模型添加到管理站点中。

打开news/admin.py，修改为如下内容：

动手写19.3.6

```
01  from django.contrib import admin
02  from .models import Post
03
04  admin.site.register(Post)
```

在浏览器中刷新刚才打开的http://127.0.0.1:8000/admin，就可以看到用户自定义的模型了（如图19.3.4所示）。

图19.3.4　自定义模型

用户可以点击Add来添加新的news（如图19.3.5所示），点击Change来修改已有的news。

图19.3.5　修改模型

在添加了几条Post之后我们会发现，在news的列表页面显示的都是Postobject，我们可以修改之前的Post模型，添加__str__方法显示较为直观的信息：

动手写19.3.7

```
01  from django.db import models
02
03
04  class Post(models.Model):
05      title = models.CharField(max_length=20)
06      content = models.CharField(max_length=200)
07      publish_date = models.DateTimeField('date piblished')
08
09      def __str__(self):
10          return self.title
```

修改之后刷新列表页面，看到的不再是冷冰冰的对象类型名称了（如图19.3.6所示）。

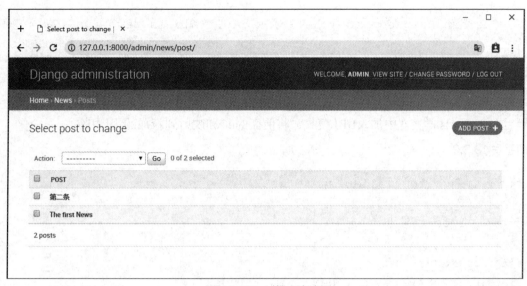

图19.3.6　修改内容

19.3.5　编辑视图

完成前几小节的步骤和操作之后，现在blog项目的news应用已经有了数据和管理后台，接下来就可以做页面将内容展示出来了。

在这个应用中需要两个页面：

◇ news应用的首页：用于显示最新发表的信息，只显示标题。

◇ news应用的详细页面：用于显示详细的内容信息。

在Django中，网页的页面和其他内容都是由视图（views.py）来传递的（视图对Web请求进行回应）。每个视图都用一个Python函数（或者是基于类视图的方法）表示。Django通过对比请求的URL地址来选择对应的视图函数。

平时在浏览网页时你可能经常会碰到类似 "markets/3c/tbdc?spm=a21bo.2017.201867-main.11.5af911d9T9Bnpk" 的URL。庆幸的是Django支持使用更加简洁的URL模式（Patterns），而不需要编写上面那种复杂的URL。Django的URL模式就是URL的通用模式——例如：/post/<post_id>/。Django使用 'URLconfs' 的配置来为URL匹配视图函数。

URLconf使用正则表达式将URL匹配到视图上。

打开news/views文件，修改为以下代码：

动手写19.3.8

```
01  from django.http import HttpResponse
02
03  def index(request):
```

403

```
04        return HttpResponse("Hello, world! This is news index")
05
06  def detail(request, post_id):
07        return HttpResponse("You're looking at post {}".format(post_id))
```

然后在news/urls.py文件中加入URL模式，将前面的detail映射到新加的视图中：

动手写19.3.9

```
01  from django.conf.urls import url
02
03  from . import views
04
05  urlpatterns = [
06      url(r'^$', views.index, name='index'),
07      url(r'^(?P<post_id>[0-9]+)/$', views.detail, name='detail'),
08  ]
```

现在去浏览器中访问http://127.0.0.1:8000/news/1/就会看到"You're looking at post 1"，说明URL已经顺利地绑定到detail函数上，访问URL就像调用了函数一样。

每个视图函数只负责处理下面两件事中的一件：返回一个包含所请求页面内容的 HttpResponse 对象，或者抛出一个诸如HTTP 404异常。该如何去做这两件事，就看你自己的想法了。你的视图可以从数据库读取记录，也可以不读取；可以使用模板系统如Django的或第三方Python模板系统，也可以不使用；可以生成PDF文件，输出XML，即时创建ZIP文件，生成、使用任何你想要的Python库。Django只要求返回的是一个类django.http.HttpResponse，或者抛出一个异常。

继续编辑news/views.py文件加入一些数据库API：

动手写19.3.10

```
01  from django.http import HttpResponse
02  from .models import Post
03
04  def index(request):
05      latest_post_list = Post.objects.order_by('-publish_date')[:5]
06      output = ', '.join([p.title for p in latest_post_list])
07      return HttpResponse(output)
08
09  def detail(request, post_id):
10        return HttpResponse("You're looking at post {}".format(post_id))
```

使用浏览器打开页面访问http://127.0.0.1:8000/news/，可以看到显示了最近五条Post信息。

19.3.6　使用模板

这里有一个问题：页面的设计被硬编码在视图中。如果你想更改页面的外观，就得编辑这段Python代码。因此，我们要使用Django的模板系统，通过创建一个视图能够调用的模板，将页面的设计从Python中分离出来。

首先在news目录下创建一个叫作templates的目录，Django将在这里查找模板。项目的settings.py中的TEMPLATES配置决定了Django如何加载渲染模板。将APP_DIRS设置为True。DjangoTemplates将在INSTALLED_APPS所包含的每个应用的目录下查找名为"templates"的子目录。

在刚刚创建的templates目录中，创建另一个名为news的目录，并在其中创建一个名为index.html的文件。换句话说，你的模板应该是news/templates/polls/index.html。由于 app_directories 模板加载器如上所述工作，因此你可以在Django中简单地引用此模板为news/index.html（省掉前面的路径）。

编辑文件news/templates/news/index.html模板文件：

动手写19.3.11

```
01  {% if latest_post_list %}
02  <ul>
03      {% for post in latest_post_list %}
04  <li><a href="/news/{{ post.id }}/">{{ post.title }}</a></li>
05      {% endfor %}
06  </ul>
07  {% else %}
08  <p>No Posts are available.</p>
09  {% endif %}
```

接着更新news/views.py中的index视图，将其使用模板：

动手写19.3.12

```
01  from django.http import HttpResponse
02  from django.template import loader
03  from .models import Post
04
05  def index(request):
06      latest_post_list = Post.objects.order_by('-publish_date')[:5]
07      template = loader.get_template('news/index.html')
08      context = {
```

```
09            'latest_post_list': latest_post_list,
10        }
11        return HttpResponse(template.render(context, request))
12
13  def detail(request, post_id):
14        return HttpResponse("You're looking at post {}".format(post_id))
```

该代码加载名为news/index.html的模板，并传给它一个Context。Context是一个字典，将模板变量的名字映射到Python对象。接着通过浏览器访问http://127.0.0.1:8000/news/，就可以看到效果了。

也可以使用django.shortcuts中render方法提供的快捷方式来合并loader和HttpResponse操作：

动手写19.3.13

```
01  from django.http import HttpResponse
02  from django.shortcuts import render
03  from .models import Post
04
05  def index(request):
06      latest_post_list = Post.objects.order_by('-publish_date')[:5]
07      context = {
08          'latest_post_list': latest_post_list,
09      }
10      return render(request, 'news/index.html', context)
11
12  def detail(request, post_id):
13        return HttpResponse("You're looking at post {}".format(post_id))
```

使用django.shortcuts中的render方法只是简化了操作，并不会改变别的行为。

现在开始准备Post的内容页面，继续编辑news/views.py文件：

动手写19.3.14

```
01  from django.http import HttpResponse
02  from django.shortcuts import render
03  from .models import Post
04
05  def index(request):
06      latest_post_list = Post.objects.order_by('-publish_date')[:5]
07      context = {
08          'latest_post_list': latest_post_list,
09      }
10      return render(request, 'news/index.html', context)
11
```

```
12  def detail(request, post_id):
13      try:
14          post = Post.objects.get(pk=post_id)
15      except Post.DoesNotExist:
16          raise Http404("Post does not exist")
17      return render(request, 'news/detail.html', {'post': post})
```

这里的新概念：如果具有所请求的ID的问题不存在，则该视图引发HTTP 404异常。

同样，Django输出HTTP 404异常也有快捷方法：

动手写19.3.15

```
01  from django.shortcuts import get_object_or_404, render
02  from .models import Post
03
04  def index(request):
05      latest_post_list = Post.objects.order_by('-publish_date')[:5]
06      context = {
07          'latest_post_list': latest_post_list,
08      }
09      return render(request, 'news/index.html', context)
10
11  def detail(request, post_id):
12      post = get_object_or_404(Post, pk=post_id)
13      return render(request, 'news/detail.html', {'post': post})
```

下面是news/detail.html模板的内容：

动手写19.3.16

```
01  <h1>{{ post.title }}</h1>
02  <p>
03      {{ post.content }}
04  </p>
```

这样就大功告成了。

19.3.7　总结

上一小节可以说只是Django框架的初窥，操作的内容十分简单，比Django官方网站的新手例子还要简洁，但是这并不妨碍我们学到Django丰富的功能以及Django大致的开发过程。Web开发涉及的知识点很多，无论是前端HTML、JavaScript、CSS的知识还是后端服务器的高可用、高并发以及安全性，数据库的相关知识并不是一朝一夕就能学会和精通的。由于篇幅有限，本节并不能帮助读者开发一个内容丰富的博客系统，但是希望读者可以从本章中了解到Django框架的强大之处，之后可以通过Django官方网站和其他相关网站继续学习。

 小结

　　本章主要介绍了Python编程语言编写Web应用程序的基本概念，先介绍了常见的Web框架，之后介绍了使用Django框架开发一个简单的Web应用的过程。Django是十分流行的Web开发框架，读者可以从中学到开发一个Web应用程序的完整步骤。

 知识拓展

19.5.1　WSGI介绍

　　Web服务器网关接口（Python Web Server Gateway Interface，缩写为WSGI）是为Python语言定义的Web服务器和Web应用程序或框架之间的一种简单而通用的接口。自从WSGI被开发出来以后，其他语言中也出现了类似接口。

　　以前，如何选择合适的Web应用程序框架是一个困扰Python初学者的问题，这是因为Web应用框架的选择将限制可用的Web服务器的选择，反之亦然。那时的Python应用程序通常是为CGI、FastCGI、mod_python中的一个而设计的，甚至是为特定Web服务器的自定义的API接口而设计的。

　　WSGI是Web服务器与Web应用程序或应用框架之间的一种低级别的接口，以提升可移植Web应用开发的共同点。WSGI是基于现存的CGI标准而设计的。

　　WSGI分为两个部分：一部分为"服务器"或"网关"，另一部分为"应用程序"或"应用框架"。在处理一个WSGI请求时，服务器会为应用程序提供环境信息及一个回调函数（Callback Function）。当应用程序完成处理请求后，通过前述的回调函数，将结果回传给服务器。

　　所谓的WSGI中间件同时实现了API的两方，因此可以在WSGI服务器和WSGI应用之间起调解作用：从Web服务器的角度来说，中间件扮演应用程序；而从应用程序的角度来说，中间件扮演服务器。"中间件"组件可以执行以下功能：

　　◇ 重写环境变量后，根据目标URL，将请求消息路由到不同的应用对象。

　　◇ 允许在一个进程中同时运行多个应用程序或应用框架。

　　◇ 负载均衡和远程处理，在网络上转发请求和响应消息。

　　◇ 进行内容后处理，例如应用XSLT样式表。

19.5.2　实现一个简单的WSGI接口

WSGI接口定义十分简单，它只要求Web开发者实现一个函数用于响应HTTP请求：

动手写19.5.1

```
01  def app(environ, start_response):
02      start_response('200 OK', [('Content-Type', 'text/html')])
03      return [b'<h1>Hello, web!</h1>']
```

第一行定义了一个名为app的函数，接受两个参数environ和start_response。environ是一个字典，包含了CGI中的环境变量；start_response也是一个callable，接受两个必须的参数，status（HTTP状态）和response_headers（响应消息的头）。第二行调用了start_response，状态指定为"200 OK"，消息头指定内容类型是"text/plain"。第三行将响应消息的消息体返回。

整个app函数本身没有涉及任何解析HTTP的部分，也就是说，底层代码不需要我们自己编写，我们只负责在更高层次上考虑如何响应请求就可以了。

Python内置了一个WSGI服务器，这个模块叫wsgiref，它是用纯Python编写的WSGI服务器的参考实现，类似于Django的开发服务器。这个WSGI服务器只能用于开发调试，请不要用在生产环境中。

动手写19.5.2

```
01  #!/usr/bin/env python
02  # -*- coding: UTF-8 -*-
03
04  from wsgiref.simple_server import make_server
05
06  def app(environ, start_response):
07      start_response('200 OK', [('Content-Type', 'text/html')])
08      return [b'<h1>Hello, web!</h1>']
09
10  httpd = make_server('', 2018, app)
11  print("Serving HTTP on port 2018...")
12
13  httpd.serve_forever()
```

运行之后打开浏览器访问http://127.0.0.1:2018/，就可以看到"Hello, web!"的网页了。